元防衛省情報分析官
上田篤盛

中国が仕掛けるインテリジェンス戦争

国家戦略に基づく分析

並木書房

まえがき

一九八〇年代以降、鄧小平が主導する改革開放政策により、中国は飛躍的な経済発展を遂げた。それにより国民の生活水準の大幅な向上がみられたが、経済格差と失業者の増大、宗教・民族問題、農村人口の流出、共産党政権の腐敗・汚職、これに対する国民不満の増大などのさまざまな不安定要因が山積し、現共産党政権の存続の安危《あんき》も取り沙汰されている。

他方で中国は、飛躍的な経済発展を背景に軍事力の近代化政策を押し進め、科学技術を主体とする軍の「情報化」を指向し、軍事大国としての体裁を着実に整えつつある。経済発展と軍事強化の先にある国家目標は、共産党政権を維持し、米国の一極支配を打破し、「中華民族の偉大なる復興」を果たし、米国に伍する世界大国になることを目指しているのであろう。このための当面の目標となるのが台湾を併合し、建国以来の悲願である祖国統一を成就することである。

こうした状況下、中国による情報活動や秘密工作は、共産党政権の安定維持、台湾併合のための有利な国際環境の構築、経済発展および軍事力強化のための科学技術の獲得など、広範多岐な役割を担っている。そのため中国の将来動向を見積るうえで、中国による情報活動などに対する研究を行なうことの意義は大きい。

本書においては情報活動、諜報活動、カウンターインテリジェンス、秘密工作、秘密戦、プロパガンダなどと呼ばれる活動を総称する場合には、「インテリジェンス戦争」という言葉を用いることとする。なぜならば、かかる情報活動などは平時における非軍事戦争そのものであり、国家戦略の下で統一して行なわれる総力戦の一環であって、インテリジェンスを用いた戦争と認識して対処すべきであると思うからである。それゆえに、本書のタイトルも『中国が仕掛けるインテリジェンス戦争』とすることにした。

さて、昨今の日中関係について目を転じれば、両国間には歴史認識問題、台湾問題、東シナ海のガス田をめぐる利権争い、さらには尖閣諸島問題など、種々の対立点が顕在化している。これらをめぐっては時間の経過とともに、いつの間にか中国による対日優位の態勢が構築されている。その要因の一つには、中国情報機関などによる水面下でのインテリジェンス戦争の存在を挙げることができる。

将来的に日中間に軍事衝突が生起すれば、中国は軍事力行使の前段階として、平素のインテリジェンス戦争を本格化させるほか、有事には武力戦と併用した心理戦、宣伝戦、サイバー戦などを仕掛ける可能性が高い。日中軍事衝突の危険性を察知し、事態のエスカレーションを防止する、万一の事態発生時に迅速に対応するためにも、中国によるインテリジェンス戦争の展開をシミュレートし、平素からその対応策を検討しておくことが必要となろう。

本書は以下の構成になっている。

第1章では、中国情報機関が設立されるに至った歴史的背景や当時の活動状況について解説する。

第2章では、今日の中国情報機関の概要および特性について解説し、インテリジェンス戦争を行なう主体について考察する。

第3章と**第4章**では、今日の中国の国家戦略を推察し、そこから情報活動の役割、活動内容、秘密工作の実態・特徴などをひも解く。

第5章と**第6章**では、それぞれ軍事におけるインテリジェンス戦争と対日インテリジェンス戦争をトピックとして取り上げ、中国がわが国に仕掛けるインテリジェンス戦争の実態に対する脅威認識を深める。

第7章では、予想される日中衝突シナリオを想定し、その中で展開されるであろう対日インテリジェンス戦争の実像に迫る。

以上の順序を踏まえ、**終章**では各章の主要点を総括しつつ、中国のインテリジェンス戦争に対する対応策について、主としてインテリジェンスの観点から筆者の私見を提示することとしたい。

本書は、すべて公開資料（オシント）を基に記述しており、いわゆる伝聞情報はいっさいない。そもそも、各国とも情報機関や情報活動の類はほとんどが秘密事項であり、伝聞情報は出所不明なことが多い。とりわけ中国の中でも特段に秘密性が高い中国情報機関に関して信頼できる情報は乏しいと思う。

したがって、本書を執筆するにあたっては、できるだけ複数の公開資料にあたり、個々の資料の妥当性、他の資料との一貫性、内容の正確性などの評価を試みつつ、中国の国家戦略・政策を踏まえ、筆者が長年の情報分析で培った尺度に照らし、全体像をジグソーパズルのように組み立てる手法をとった。そもそも、他の領域における中国情勢の分析も多くはそのような過程を経るものであろう。

本書は、この種の著述に付き物の「センセーショナリズム」や一方的な「中国悪玉論」を排除し、中国が国家戦略の一環として展開しているインテリジェンス戦争の実像に、戦略的思考をもって迫ることを意識したつもりである。

本書は、歴史検証を目的としたものではないことをお断りする。あくまでも中国によるインテリジェンス戦争の実態を戦略的に把握し、中国が仕掛ける対日インテリジェンス戦争への対処法に関する教訓を得ることを狙いとする。読者におかれては、かならずしも全章をお読みいただく必要はないと思う。興味ある章からお読みいただき、中国によるインテリジェンス戦争が水面下で仕掛けられ、現在の日中間問題などにおいて中国優位の態勢を形成していることと、それに対処することの重要性をご理解いただければ、筆者として幸甚である。

目次

第1章 中国インテリジェンス戦争の歴史

1 新中国建国までの中国情報機関の沿革

中国では伝統的に情報重視の思想が確立

中国共産党（以下、建国前の中国共産党は「中共」と呼称）の歴史はいまだ一世紀も満たないが、国家としての中国は悠久五千年の歴史を有する。この間、統一と分裂のせめぎ合いを続け、征服戦争による版図《はんと》の拡大と、異民族による被侵略の歴史を繰り返してきた。しかも中国の歴史は平和で勢力横溢《おういつ》な時代よりも、強大な周辺国による圧力や内乱の恐怖に恐れおののいていた時代がはるかに長い。そのため、いかにして国家としての安定を維持し、政権を存続していくかが最大の課題であり、情報は国家安定に不可欠な要素と認識され、歴史的に諜報および謀略が重視された。

中国ではスパイのことを間者《かんじゃ》と呼ぶが、歴史上最も古い間者は殷の伊尹《いいん》という人物である。伊尹は殷の湯王に推挙され、夏の桀王に奉仕していたが、桀王に疎略に扱われたために殷に逃げ帰った。この伊尹がのちに湯王を助けて夏を滅ぼし天下を統一した。湯王は夏の内実に通じた伊尹をスパイとして重用したことで夏を滅ぼし、殷を建国することができたのである。

戦国春秋時代の紀元前五世紀頃に兵法家・孫武が著した『孫子』の中でも、伊尹は周時代の太公望呂尚（『六韜《りくとう》』の作者）とともに建国の功労者として登場している。『孫子』は両者を「明君・賢将よく上智をもって間（スパイ）となすものは、必ず大功をなす」と絶賛している。

時代を経て清代の一八五五年、朱逢甲が情報を専門に扱った兵法書である『間書』を著した。朱はその中で「伊尹は聖の任ずる者にして、民の水火を拯《すく》い、即ち身《みず》から間《かん》と為る。何の傷あらん」と書いている。つまり、伊尹を「非常な苦しみから人員を救った聖人である」と崇めるとともに「スパイは何ら悪いことではない」と説いているのである。

中国では古来、才能有徳の士を「君子」と尊称し、その君子が事前に周密な計画を立てることを「謀」といった。そしてこれを政治・軍事面で用いた言葉が謀略である。（張可炳『孫子之謀略』）

つまり古代の中国においては「諜報および謀略は忌むべき卑怯な手段である」というアレルギー感はまったくなかった。これは初代米大統領のジョージ・ワシントンの「桜の木」にみられる正直さを道徳的訓話とし、太平洋戦争前の一九二九年に新任のヘンリー・L・スティムソン国務長官が「紳士は互いの手紙をみることはしない」として国務省の通信情報機関の活動を停止した、米国文化とは大きくかけ離れている。

以上のように中国では古くから諜報・謀略重視の思想が確立され、それが中国社会あるいは中国人の精神文化に深く浸透してきた。このような伝統的な精神文化は時代を経て、今日の中国が行なうインテリジェンス戦争に脈々と受け継がれているとみられる。よって中国のインテリジェンス戦争の実態を解明するうえでは、まず、その歴史や伝統的思想まで遡って考えることが重要なのである。

長い歴史と伝統を誇る中国情報機関

諜報と謀略が重視された中国では情報機関が発足した歴史も古い。『史記』によれば紀元前九世紀の周王朝の時代には巫女《みこ》がスパイとなり、反体制派を密告する情報活動に従事していたという。

紀元前二世紀の秦の始皇帝時代には、兵法書の『尉繚子《うつりょうし》』を著したことで有名な魏の法学者の尉繚、前漢の高祖（劉邦）の天下統一を補佐した陳平などの優れた情報参謀が登場した。彼らは国内外に情報網を張りめぐらせ、戦勝に直結する情報活動を展開したのである。

宋代には皇城司《こうじょうし》が設立された。皇城司は国内治安組織であり、軍および民衆監視、偵察活動、敵からの防備などを行なった。暴力性を伴う組織であり、敵方のスパイは、誰であろうと秘密裏に処刑した。

中国の版図を最大に拡張した元代には、国内と国外の情報活動が本格的に発達した。チンギス・ハンの国外情報網は遠く欧州にまで及んだ。モンゴル人にみえない作戦地域の住民をスパイとして起用し、隊商、ラクダ追い、交易人などに変装させて、現地軍の先導隊よりもはるか先を進ませた。チンギス・ハンは、「情報というものはどんなに正確でも、伝わるのが遅ければ何の価値もない」と確信し、そのため、道路沿いの二五マイル間隔に厩舎《きゅうしゃ》を設置し、急使を走らせて、通信連絡を行なった。（ジョック・ハスウェル『陰謀と諜報の世界』）

明代には諜報・謀略を担当する情報機関が一つの制度として確立された。明の洪武帝（一三六八年〜九八年）は即位するとすぐに、反乱分子を取り締まるために儀鸞司《ぎらんし》を設置し、その後、これを錦衣衛《きんいえい》に再編・改組（一三八二年）した。なお、錦衣衛は二〇一〇年、中国で映画化され、日本でも「処刑剣」として公開され、有名な存在になった。錦衣衛は永楽帝の時代には東廠《とうしょう》に改称され、その後、西廠《せいしょう》が設置され、東・西廠を取り締まる内行廠《ないこうしょう》が設置された。

清朝時代には情報活動を生業とする秘密結社が中国各地に跋扈した。代表的なものに華南の天地会、華中の哥老会《かろうかい》（紅帮《ほんぱん》とも呼称）、上海の青帮《ちんぱん》などが設立された。これら秘密結社は、隠語や暗号を使用し、各地の地方組織と情報を交換し、謀略テロなどを企てた。秘密結社は、一九世紀中庸から始まった列強支配からの脱却と、清朝を打倒するうえでも重要な役割を果たした。

中華民国を建国した孫文は、一八九四年に中国国内だけでなくハワイと香港にも支部を持つ興中会《こうちゅうかい》という秘密結社を設立し、「中華復興」運動を推進するための諜報・謀略活動を展開した。

蔣介石の中華民国時代においては、清朝時代の秘密結社を基礎にCC団、藍衣《らんい》社《しゃ》、中央統計局（中統）、軍事統計局（軍統）などの特務組織が結成され、それらは中共および日本軍との諜報・謀略合戦を展開した。

中共情報機関の草分け、中央特科の誕生

中共は一九二一年の結成直後から情報機関の設立に着手した。それは国民党よりも一歩先んじた。中共は当時、不法組織として位置づけられていたため、党員は身分を隠して、防諜（カウンターインテリジェンス）機関による厳密な安全防護の下に水面下で活動しなければならなかった。これが証拠に一九二一年の第一回共産党全国代表大会（党大会）は、上海で開催中に国民党から襲撃を受けて、急遽、浙江省に逃れ、南湖の船上で行なわれた。

一九二七年四月、蔣介石が「上海クーデター」を起こし、多数の共産党員とそのシンパを逮捕、殺害した。中共はこの翌月、党指導者の安全確保、会合場所およびアジトの警備、連絡要員の派遣などを担任する、中共中央軍事委員会特務工作処を武漢に設立した（郝在今『中国秘密戦』ほか）。この設立には、中央軍事部長である周恩来が直接関わった。特務工作処は同年九月に上海に移り、特別行動科に改編され、同年一一月に正式に中国共産党中央特別特科（以下、中央特科）として発足し、国民党の情報機関（特務機関）と熾烈な秘密戦を戦うことになる。

中央特科の設立には周恩来を責任者として、ソ連で政治保衛を学んだ陳賡《ちんこう》や顧順章らが加わった。同機関は第一科（総務科）、第二科（情報科）、第三科（行動科）および第四科（交通科）から編成された。

第一科は、中央特科の成立と同時に組織された。洪揚生を責任者とする表の機関であり、中央会議の警備・保全、秘密文件・書類の保全、アジトの警備、秘密党員の安全確保などにあたった。

第二科は、一九二八年四月に組織され、陳賡や潘

漢年らが責任者となり、国民党内部へ潜入し、諜報活動や内部撹乱などを行なった。

第三科は、中央特科の成立と同時に、顧順章がそれまで率いていた「赤隊（打狗隊）」から組織された。主要任務は防衛、叛徒鎮圧、党敵対者の暗殺などであり、隊長には蔡飛、譚忠余《たんちゅうよ》らがいた。

第四科は、中央特科の中では最後に設立された組織であり、周恩来自らが設置を決定した。李強、陳寿昌らが指導し、のちに中共中央書記処の直轄組織となり、党中央と各地ソビエト区およびソ連との間の無線連絡、党員の陸・水路移動の護送などにあたった。一九二九年冬、李強は上海の英国租界に初めて無線通信所を開設し、三〇年に無線を携帯して香港九龍地区に潜入し、上海から香港までの長距離無線通信網を確保することに成功した。

一九二八年一〇月、中央特科の秘密工作（国民党政府統治の中国では特務と呼称）を直接指導する中央特別委員会が設置され、周恩来、向忠発および顧順章が委員に就任した。周は「学習班」を結成し、二〇名以上の特務要員を練成した。周は、特務工作を行なうための「三つの任務、一つの不実施（三任務一不准）」を規定した。三つの任務とは、「情報収集を行なう」「叛徒に対する処罰を行なう」「特務工作を実施する」であり、一つの不実施とは、「党内の相互監視を行なわない」というものである。

周は自ら「豪密」と呼ばれる無線暗号を作り、暗号翻訳には妻の鄧頴超があたった。周は李維漢、任弼時、鄧小平らと共同研究し、『中央通知第四七号』「白色テロの下での党組織の整頓、発展および工作」を議定し、その方針および方法を体系的に整理した。

中共を揺るがした大事件

一九三一年四月、中共を揺るがす大事件が発生した。第三科責任者である顧順章が武漢で国民党に捕えられて国民党側に寝返り、南京にいた蒋介石に対し、上海の中共地下組織の存在や、周をはじめとする中共指導者の各アジトを暴露した。しかし、中央特科所属の銭壮飛が、国民党の地下組織である中央組織部調査科（CC団）に、秘密工作員として浸透していたことで組織の主要メンバーらは難を免れた。調査科主任の徐恩曹に仕えていた銭壮飛は、顧順章逮捕の情報に接すると直ちに、その情報を人づてに李克農、陳賡を経て周恩来のもとに届けた。周らの指示により、すぐさま党中央、江蘇委員会、コミンテルン機関の要人は各アジトから脱出した。一方、顧順章の家族は中共によって皆殺しにされた。のちに国民党が押収した中共の文書には、「顧順章は江蘇人である。一九三〇年四月党を裏切ったため、伍豪同志（周恩来のこと）が処罰執行責任を負った」と書かれており、暗殺は周恩来が命じたという。（斎藤遼太郎『北京私書箱一号』）

一九三一年六月、特務工作の立て直しを目的に周恩来、康生、陳雲、潘漢年《はんかんねん》、鄺恵安《こうけいあん》などをメンバーとして「中央特別秘密工作委員会」を新設した。中央特科の組織替えが行なわれ、中央政治局委員の陳雲が中央特科の責任者、副責任者には康生（当時は趙容と呼称）が就任した。陳雲が全般と第一科、江蘇省委員会宣伝部長の潘漢年が第二科の情報、康生が第三科の赤隊を指導した。

一九三二年に陳雲は全国総工会党団の書記に転任した。これ以降、康生が中央特科の責任者となった。まもなくして康生は中央組織部部長に転任し、潘漢年が中央特科の責任者となり、上海で地下活動を行なったが、三四年一〇月に長征が開始された以降は活動が停滞し、三五年一一月に解散した。

中華ソビエト共和国に国家政治保衛局が創設

のちの中央社会部となる国家政治保衛局は、中央特科とは異なる設立および発展の経緯がある。（郝在今『中国秘密戦』）

一九二七年一二月一一日、中共は広州蜂起を決行し、広州ソビエト政府の下に内部粛反（粛清のこと）委員会を設置した。二八年三月、各地のソビエト地区に粛反委員会の設置が命令された。同年七月、モスクワで開催された第六回党大会の「ソビエト政権組織問題決議案」で、革命根拠地に粛反保衛機関を設置することが決定された。これら粛反委員会を統制する組織として、三一年一月に中央政治保衛処が設立された。

一九三一年一一月、中華ソビエト共和国臨時中央政府が江西省瑞金で樹立され、毛沢東が主席に選出された。ソビエト共和国には検察院、司法院、内務部、裁判部などが設置されるなど司法系統が整えられた。同時に中央政治保衛処に代わり国家政治保衛局が新設された。同共和国憲法では、「国家政治保衛局は中華ソビエト組織の一部分であり、ソビエト特別組織の特別機関である。当該組織は、政府の指導の下、公開、秘密及び一切の軍事・政治・経済的な反革命闘争を実行するとともに、ソビエト政府を保衛する一機関である」と規定された。また「中華ソビエト共和国国家政治保衛局組織綱要」では、「国家政治保衛局は臨時中央政府人民委員会の管轄下で、偵察、抑圧、暗殺などの一切の反革命組織活動などを行なう」と規定された。

国家政治保衛局は偵察部、執行部、紅軍工作部、白区工作部および政治保衛隊から構成され、その局長には胡底が就任した。同局の権限は絶大であり、周恩来が創設した中央特科をはるかにしのぐ能力と規模を有していた。ソビエト地区に出入りする人員の物品検査、敵区に対する諜報要員の浸透などに従事し、少しでも怪しい党員は、同局の手により逮捕・処刑された。長征までの三年間だけでも数万人が処刑されたという。

「革命の聖地」延安で中央社会部が誕生

国家政治保衛局は一九三四年一〇月からの長征に参加し、その途中の三五年一〇月に西北政治保衛局に改称され、局長には王首道が就任した。

一九三六年以降、中共司令部は保安から延安に移駐した。中央特科は三五年一一月に解散していたが、上海、北京および重慶などの主要都市における地下組織は残置された。中共情報機関は日本軍や国民党特務機関との間で、血で血を洗うテロ戦を展開し、とくに上海におけるテロ戦は熾烈を極めた。

一九三七年一二月、延安地区において中央特別工作委員会が設立された。同委員会は対外的には敵区工作委員会と呼称された。当初、周恩来が主任、張浩が副主任に就任したが、まもなくして主任が康生、副主任が潘漢年に代わった。

一九三八年春、政治局決定会議により、特別工作委員会の下に戦区部、都市部、幹部部、中央保衛部が設けられた。

一九三九年二月一八日、中央書記処の決定で、特別工作委員会を中央社会部に改編することが決定された。

中央社会部は、国家政治保衛局よりもはるかに大きな組織へと発展した。日中戦争終了後には、東北軍政区、西北軍政区、東北直轄軍政区、華東軍政区、中南軍政区、西南軍政区の計六個軍政区に社会処を設置し、全国の共産党支配地域の治安を取り締まった。

初代社会部部長に康生が就任

中央社会部部長には康生が就任し、同副部長には潘漢年、李克農が就任した。中央社会部は二部構成であり、第一部長には許建国が就任し偵察業務を、第二部長に潘漢年（潘漢年は副部長を兼務）が就任し情報業務を担任した。また続々と地方社会部が設立された。

康生は一九三三年にモスクワに派遣され、ここでKGB（国家保安委員会）の前身であるGPU（国家政治保安部）から、諜報・謀略技術を修得した。三七年一一月に帰国し、中央特別工作委員会の主任に就任し、その後、改編された中央社会部の部長に就任した。

康生は、一九四二年から延安整風運動において親ソ派の排除に乗り出すなど、中央社会部のトップとして辣腕を振るった（二〇頁参照）。彼はスターリンの大粛清の執行者、ラヴレンチー・ベリア（KGBの前身NKVDの長官）になぞらえて、自らを「中国のベリア」と称した。

しかし、一九四五年末、康正は失脚し、中央社会部部長を解任された（三三頁参照）。その後任として副部長の李克農（三〇頁参照）が部長に昇任し、鄒大鵬《すうたいほう》（三〇頁参照）が副部長に就任した。

康生解任の理由には次のような複数の説がある。①康生が行なった四二年の延安整風運動（四三年末まで継続）の責任を周恩来および劉少奇から追及された、②康生と毛沢東を結ぶ強いパイプ役であった江青女史が以前ほど毛沢東の寵愛を受けなくなっていた（当時、次々と新しい愛人を求める毛沢東は江青を静養の目的と称し、ソ連に送っていた）、③康生のかつての秘書であった趙耀斌《ちょうようひん》が蒋介石側に寝返った、というものである。

毛沢東系列の情報機関、調査研究局の設立

一九四一年七月、毛沢東系列の情報機関として調査研究局が設立された。同局は情報部、政治研究室、党務研究室から構成された。情報部部長は中央社会部部長である康生が兼務し、同副部長の李克農が情報部副部長を兼務した。情報部は中共中央および中央軍事委員会のすべての情報活動を統括し、各地の党と軍の情報活動を指導した。政治研究室には国内政治、国内経済、敵軍研究、国際研究などの部署が置かれた。

調査研究局の主任、その下部組織である政治研究室の主任は毛沢東が自ら就任した。このことは毛沢東が情報部門を統括してきた周恩来に対し強い対抗心を有していたことをうかがわせるものであった。

中央社会部と調査研究局情報部は指導部が一つであったことから、両組織の役割の区分は不明確である。ただし、社会部が党の組織防衛および反対派の粛清などの幅広い治安・秘密工作を展開するのに対し、調査研究局情報部の方は純粋な情報活動に特化していたとみられている。一九四三年、調査研究局は中央研究局に改編され、情報部は中央社会部に実質的には吸収されたが、情報部の看板だけは残ったようである。

軍情報機関が逐次に整備

中国では軍における情報機関も早くから整備された。中国人民解放軍は一九二七年八月一日の江西省南昌における武装蜂起を建軍記念日としている。二七年の南昌蜂起により軍の指導組織となった中共前敵委員会の隷下に、李立三を長とする政治保衛処が設立された。毛沢東は二七年から三〇年にかけて、井崗山の革命根拠地を中心に、中国各地にソビエト地区を建設したが、各ソビエト地区には政治保衛処の分局が設置された。

政治保衛処の主な任務は、軍内の反体制派および国民党諜報員などの摘発、軍人の思想教育などであった。建軍当初の中国人民解放軍では、軍人に対する党への忠誠心と帰属意識を植え付ける思想工作、ならびに軍隊としての指揮関係を徹底する組織工作が重視された。これら秘密工作において政治保衛処が重要な役割を果たした。

一九二九年四月、毛沢東は工農革命軍第四軍（二八年四月～三〇年までの紅軍の呼称）の政治部内に政治保衛科を設立した。中共前敵委員会が党中央に提出した文書には「軍及び縦隊は政治保衛科を設立した」と記された。

一九三〇年下半期から三一年一月にかけて、中央軍事委員会の隷下に、総政治部および中央政治保衛処を設立した。三一年四月に紅軍（工農紅軍第一方面軍）総政治部主任・王稼祥が中央政治保衛処長を兼務したが、すぐに鄧発が後任の政治保衛処長として就任した。

一九三一年一一月に中華ソビエト共和国が樹立された翌一二月、周恩来はソビエト共和国臨時中央政府の中央軍事委員会副主席に就任し、三二年六月に「第一軍団政治保衛局」を設置した。その局長には羅瑞卿が就任し、周恩来は三二年一一月に紅軍第一方面軍の総政治委員に就任した。

一九三二年初め、中央革命軍事委員会の隷下に総参謀部偵察科が設置された。同偵察科は、やがて情報局（軍事委員会二局）へと発展し、紅軍の統一した情報活動を主導することになった。

秘密通信を開始

紅軍は一九三〇年一二月の第一次反囲剿《はんいそう》（囲剿とは中共の農村ソビエトに対する国民政府軍による包囲攻撃）後、敵からろ獲した通信機を利用して敵情報の収集を開始した。三一年頃には、紅軍はろ獲した通信機を利用し、無線電子技術偵察を行なう専門機関として無線電総隊を設立した。無線電総隊の設立は紅軍の作戦勝利に大いに貢献したとみられている。

一九三三年五月、中央革命軍事委員会は中国工農紅軍総部の設立を決定し、情報局のほかに机要（機密）通信局を増設した。

一九三五年一一月、毛沢東は紅軍総司令部二局に無線電隊を設立したほか、機密通信局に第一局、新聞局および通信科などの各機構を設置した。これにより無線機を使用した情報収集、秘密通信などが本格的に開始された。（以上、張暁軍『軍事情報学』ほか）

2 建国までのインテリジェンス戦争の歴史

上海を中心に水面下でのテロ戦が展開

中共が一九二一年に上海で誕生の産声をあげてから建国に至るまでの過程は、まさに「激動の歴史」であった。

一九三〇年代から四〇年代にかけて、水面下でのテロ戦が上海を中心に展開された。この戦いには、中共からは中央特科（三五年一一月解散）、中央社会部（三九年二月結成）が参加し、国民党からは戴笠が率いる藍衣社（三民主義力行社および中華民族復興社が正式名称。三八年一月に解散して軍事委員会調査統計局〔軍統〕に発展改組）、陳兄弟（陳果夫、陳立夫）が率いるCC団（四〇年に中央執行委員会調査統計局〔調統〕に発展改組）が参加し、双方が政治テロを繰り返した。

日本軍は一九三九年五月、国民党右派の親日派を取り込み、国民党中央委員会「特務委員会特工総部」を設立した。同部の運営は、丁黙邨および李士群に委任した。本部の所在地がジェスフィールド路七六号にあったことから、「ジェスフィールド七六号」と呼ばれ、残虐な手口でのテロ活動は恐れられた。

毛沢東が中央社会部を使い党内闘争に勝利

毛沢東は一九三五年の遵義会議で共産党の主導権を握ったが（毛沢東が中央政治局常務委員に選出）、外敵である国民党および日本軍との戦いに勝利し、内なる敵である親ソ派を排除するという、内外の戦いに迫られていた。このため、二度にわたる国共合作を画策し、国民党との全面対決を回避する一方、国民党内部に深く秘密工作員を浸透させて、内部蜂起を画策し、中共内部では反対派を徹底的に粛清した。毛は戦闘を回避し、謀略を用いて国民党と日本軍との交戦を惹起させることを基本方針とした。

党内闘争では、一九四二年二月から延安整風運動を開始し、康生の指揮する中央社会部をフル活用し、ライバルであった王明（陳紹禹）、博古らの親ソ派排除に乗り出した。のちに王明がソ連に亡命して毛沢東の完全勝利に終わった。これに関し、四二年に延安にやってきたソ連駐在官ウラジミロフは「私の知っている従順な中共ではない」と驚き、「中共がソ連を打倒し共産主義の首座を手に入れる、あるいはアジアを昔の中華帝国のように支配するためではないか」と予想した。（ピョートル・ウラジミロフほか『延安日記』）

国民党勝利に貢献する中共情報機関

一九四五年八月、日本が無条件降伏し、国民党との国共内戦に突入した以降、中共は軍事作戦の一方、全国各地でゲリラ戦を展開し、中間層の共産党支持への取り込みを謀り、国民党統治地域では経済インフレ、社会不安などを煽った。

日本軍の敗戦後、上海を中心とした水面下のインテリジェンス戦争が中央社会部と、国民党の情報機関である軍事委員会調査統計局（藍衣社の後継、軍統と略称）との間で勃発した。しかし、一九四六年三月に戴笠が飛行機事故により死亡（国民党内のライバルが飛行機事故にみせかけて戴笠を殺害したとの説もある。ジョン・バイロン『龍のかぎ爪康生』）以降、軍統は統制能力を急速に失った。このことも国民党軍が共産党軍に敗北した大きな要因であった。というのは、軍統は共産党に対する秘密工作のみならず、国民党内部の人事、組織維持に対し絶大な権力を保持していたから、軍統の権力減衰とともに国民党内部では汚職・腐敗が蔓延し、人心が国民党から共産党へと急速に傾斜したからである。

康生が主導する中央社会部は、共産党内の親ソ派の排除、日本軍および国民党軍に対する謀略、ゲリラ戦などに従事した。中央社会部は個人および組織に対する徹底した調査、見せしめ逮捕・粛清などによる党内の引き締めと弾圧、国民党および日本軍に対する秘密工作などを展開した。

こうした水面下のインテリジェンス戦争が、圧倒的に優勢であった国民党軍に短期間で勝利し、中華人民共和国の建国に成功した大きな要因の一つであったことは間違いない。

3 中共によるインテリジェンス戦争の実態

「戦わずして勝つ」が基本

中共の戦略・戦術的特徴は『孫子』の「戦わずして勝つ」の実践にあった。つまり、直接的な対決を回避し、インテリジェンスによって優位な態勢を築くというものである。一九二七年三月の南京事件（上海労働者第三回武装蜂起）、三六年一二月の西安事件は、蒋介石を反帝国主義へと導き、中共に対する掃討戦を中止させ、一致抗日に引き込むための中共による謀略であったとの見方が今日ではほぼ確定している。

中共は「戦わずして勝つ」ための宣伝および煽動、国民党の内部蜂起を目的とする浸透・組織化などを併用し、国民党と日本軍との共倒れを狙って、「夷《い》をもって夷を制す」「二虎共（競）食」式のインテリジェンス戦争を展開した。

では、こうしたインテリジェンス戦争の基本戦略・戦術の特徴をみてみよう。

基本戦略は統一戦線

中共による基本戦略は統一戦線である。毛沢東は統一戦線を、「武装闘争、党建設と並ぶ革命の三つの宝だ」と指摘した。統一戦線とは中共にとっての主敵を孤立させ崩壊させるために、味方を固め、友を広範囲に結集しようとする戦略・戦術である。

一九三六年の西安事件を契機に、中共は内戦停止と一致抗日で国民党との合意に成功した（第二次国共合作の契機となる）。これは、主敵である日本軍を崩壊させるために、国民党を友として結集する統一戦線の実践であった。日本軍降伏後は再び国民党を敵にし、広範囲に反蒋介石の統一戦線を結成し、国民党に勝利した。

統一戦線を組織的に実施するために、一九三七年から統一戦線のための機構づくりに着手し、三九年一月に中央統一戦線工作部（六三頁参照）を設立し、王明（二〇頁参照）を部長に就任させた。同部はそれまでの敵軍工作部を周恩来が改編して設立した組織であった。

中共は内戦勝利後に中華人民共和国建国の過程においても統一戦線を活用した。一九四九年九月、各民主諸党派や著名な知識人に呼びかけ、全国的な統一戦線組織である政治協商会議の第一回会議を開催し、中華人民共和国の臨時憲法となる「政治協商会議協同綱領」を制定し、同綱領において、民主諸党派を結集した人民政府の下で中華人民共和国の設立を宣言した。

しかし、民主諸党派とは名ばかりで、これらは抗日戦争から国共内戦に至るなかで中共の政治的・経済的支援下で設立された傀儡政党であった。つまり、新中国が一党独裁体制ではなく、中共が民主政党の一つであるかのような印象を海外に与えるための欺瞞工作であった。米国はこうした中共の謀略が見抜けず、中国建国に際して国民党よりも共産党を支援する結果となった。

統一戦線と併用される宣伝工作

統一戦線と併用して行なわれたのが宣伝工作（プロパガンダ）である。中共が国民党や地方軍閥に勝利するためには、あらゆる地位、階級、党派の区別なく統一戦線を結成する必要があった。そのため全民族の結集力を高めるための宣伝が重視された。毛沢東は「すべて政権を覆す者は、世論を作り、イデオロギー面での秘密工作を行なわなければならない」と、その重要性を強調した。

日中戦争と一九四五年以降の国共内戦を戦い抜くうえでも政治・軍事宣伝が重視された。これは敵側内部に戦況の不利と、迫り来る恐怖を扶植する一方で、自己に有利な世論を醸成し、敵軍事力を減殺することが主目的であった。つまり、宣伝が軍事的心理戦の一環として用いられた。

宣伝には、味方に対する放送あるいは広報と、敵に対する謀略を区別し、味方が偽情報などによって混乱しないような配慮が必要となる。そのため、宣伝を組織的、統一的に実施する専門組織として、一九三一年一一月、中共は中華ソビエト共和国臨時政府の樹立と同時に、紅色中華通信社を瑞金に設立した。その後、同通信社は延安に移り、三七年一月に新華社に改名された。

一九四一年一二月末、「延安新華広播電台」（延安新華ラジオ局）が設立された。ここでは中国語放送に加え、抗日戦争のための日本語放送が開始された。これが中共による対外放送の第一歩となった。同ラジオ局は新華社からアナウンサーが派遣されるなど新華社付属であったが、中国語放送は新華社が、日本語放送は敵軍工作部が実質的に仕切っていた。

一九三九年末、落馬で負傷した周恩来が右腕の治療にモスクワに行き、周の治療中に中共コミンテルン代表としてモスクワに駐在していた任弼時が、コミンテルン常任会議議長ディミトロフと会談した際に「ラジオ放送局を設置したい」と提起し、これに同意したスターリンが、周の「帰国みやげ」に中古のソ連製のラジオ放送用送信機を用意した。これがラジオ放送局開局のきっかけとなった。（水谷尚子『「反日」以前』）

宣伝を指導するもう一つの組織として、一九二四年五月に中央宣伝部（中宣部）が設立された。建国後、中宣部はイデオロギー教育を担当し、党組織を掌握する中央組織部、非党員工作を担当する中央統戦部と並ぶ党中央機構に昇格した。中宣部は、今日も党中央直属の機関として党の宣伝・イデオロギー分野における統括指導組織として存在している（六五頁参照）。

中共に勝利をもたらした浸透戦術

中共は一九二一年の結党当時から浸透戦術を活用した。これは、国民党内部の政党、労働階級、学校および軍隊など、あらゆる階層に共産党員を浸透させ、協力者を獲得し、その中に細胞組織を形成していくというやり方であった。

中共は、敵対政党である国民党とその他の政党に区分し、それぞれに対し浸透を仕掛けた。国民党に対しては、一九二四年から二七年にかけての第一次国共合作時に多数の共産党員を国民党内部に浸透させた。これにより、多くの共産党員が国民党内の中央・地方指導部の重要ポストを占めるようになった。中共は国共合作を浸透戦術として採用し、国民党の内部崩壊を画策していたのである。

労働階級に対しては、工場労働者やその家族に働きかけてゼネストを画策した。共産党員は、工場内に壁新聞を張りめぐらし、労働者の不平・不満を煽動し、工場新聞を読む会を作り、工場労働者の中に党支部を結成し、党支部の闘争綱領を作成し、罷業委員会を組織してサボタージュを行なった。また、失業者を活用して労働運動を広く展開するなどの戦術・戦法を採用した。

中共革命が一九一九年の労働運動から開始されたことが物語るように、中共は当初から労働運動を重視していた。二五年五月、中共が主導権を握る中華全国総工会が広州で結成され、五・三〇事件における上海ゼネスト、香港ゼネストなどにおいて成果を挙げた。しかし、二七年の蔣介石による上海クーデター以降、ゼネストは下火に転じた。三五年の抗日民族統一戦線以後、労働闘争の好機が再び訪れた。中共は国民党が育成した労働組合へ加入し、三六年の上海在華紡《ざいかぼう》（日系企業によって経営されていた紡績業）ストの画策などで成果を挙げた。三七年以降の抗日戦争時期には、国民党が支配地域の労働運動に対する統制を強化した。しかし、中共はこの陰で労働者層に対する影響力を拡大させ、四八年には全国総工会を創設することに成功した。全国総工会は中国建国後、党と一体化した官製労組と化し、労働者の運動は中共による取り締まり対象となった。

軍隊に対しては、黄埔軍官学校に対する浸透戦術が活発に行なわれた。周恩来が同学校の政治主任に、葉剣英（教授部副主任）、聶栄臻《じょえいしん》などが教官に就任した。中共情報機関を主導していた周恩来が国民党軍の幹部を養成する軍学校の政治部副主任であったのだから、軍内に共産党の細胞組織を作ることは、いとも簡単であったろう。

中共による浸透は、国民党内部まで深く浸透し、その組織を内部から蝕み、やがて崩壊へと導いた。元国民党員の李天民は「われわれは中共の思想に敗れたのでもなければ、中共の軍隊に負けたのでもない。彼らの浸透戦術を軽視したばかりに、抗日戦争終了後の絶対優勢から、たちまちの間に劣勢へと転落した」と述懐した。（李天民『中共の革命戦略』）

4 新中国建国から文化大革命までの歴史

国内治安維持を徹底する中国情報機関

一九四九年一二月、毛沢東はモスクワを訪問し、ソ連と政治、経済、外交、軍事などの協議を重ね、翌五〇年に中ソ友好相互援助条約を締結した。その結果、多数のソ連顧問団が中国支援に訪れたが、一緒にソ連情報要員が中国に派遣され、情報関係の教育にあたった。

建国により執政党となった中国の最重要課題は国内を安定させることであった。当時、台湾に逃亡した国民党は、大陸反攻政策を放棄しておらず、中国大陸の各地および中国内部組織に多数の秘密工作員を残置し、大陸反攻の機会をうかがっていた。そのため中国は、党内部の引き締め、国民党秘密工作員の浸透防止および摘発・排除などを目的に、全国規模の国内治安維持に携わる組織を必要とした。そこで、国務院（当時は政務院）隷下の中国公安部を設置し、その初代部長に羅瑞卿を就任させた。

創設期の公安部には、国内のカウンターインテリジェンスを指導する政治保衛局、全国の鉱工業・物資・食料および金融関係などを監視・調査する経済保衛局、全国の警察機能を指揮する治安行政局、国境防衛を任務とする辺防保衛局、人民公安部隊および民兵組織を指揮する武装保衛局（二八頁参照）など一〇以上の内部部局が設置された。また、全国各地に公安庁・処・局などの地方組織が設置され、農村には末端の治安保衛委員会が設置された。

公安部は、反革命分子の弾圧、殺人・放火および食料強奪などの刑事事件の取り締まり、党・政治・経済・交通などのあらゆる機関とその幹部の安全確保、在外公館の保全・警備業務などを担任した。これらの任務を遂行するうえで必要な情報収集も公安部の任務であった。

中国人民武装警察の前身となる人民公安部隊の指導についても公安部の任務とされた。人民公安部隊は、延安時代の保衛総隊を前身とし、一九四九年一〇月に政務院公安部の指揮下に組織され、五四年九月に公安軍に改編、六三年一〇月に再び公安部隊に改編、八三年に現在の人民武装警察へと発展した。

朝鮮戦争が勃発し、国内取り締まりを強化

一九五〇年六月に朝鮮戦争が勃発し、中国にとって国内の動揺を鎮め、治安を強化することがますます重要になった。このため、情報保全や治安維持に関連する法令を次々と制定した。

一九五〇年七月「反革命活動鎮圧指示」、翌五一年二月「反革命処罰条令」が制定された。本条令は全二一カ条からなり、人民民主独裁政権の転覆と人民の民主的事業の破壊を目的とする各種犯罪を反革命罪と規定し、類推適用と遡及効（同条例の制定以前の犯罪までも取り締まること）を認めた。言うなれば、本条令は中国指導部が恣意的に反革命罪を認定し、反対派を取り締まる根拠となった。このほか、五一年六月「国家機密保護暫定条令」、五二年八月「治安保衛委員会暫定組織条令」を制定した。

一九五一年、毛沢東の呼びかけで治安保衛委員会が設立された。五一年から実施された「三反五反運動」（五二年まで）および「反革命鎮圧運動」（五三年まで）では、公安部長の羅瑞卿（三四頁参照）と北京市長の彭真は、全国の公安部のみならず、治安保衛委員会のネットワークを全国展開し、反毛沢東派の粛清を行なった。

当時、公安部は党員、軍人および一般人を「档案《とうあん》」と呼ばれる個人情報記録簿により管理し、個人の不利情報を材料に、反体制派の摘発・粛清などを行なった（一一八頁参照）。これにより百万人近くの国民が逮捕・拘禁されたという。

ソ連圏の暴動の余波を警戒

一九五四年九月、第一期全国代表大会の開催により、中華人民共和国憲法が制定され、毛沢東が国家主席に就任した。毛沢東の地位はますます揺るぎなきものになり、国内体制も安定に向かうかにみえた

が、国際情勢の変化が国内安定化の道を妨げた。

一九五三年三月、ソ連のスターリン死亡により、共産党圏における結束にゆるみが生じ、同年六月にはベルリン暴動が発生。五六年二月のソ連共産党第二〇回党大会と、同年四月のコミンフォルム解散によって、ソ連・東欧には「雪解けムード」が蔓延した。五六年六月のポーランドのポズナニ暴動、五六年一〇月のハンガリー動乱など、相次ぐ反ソ運動がソ連圏で生起し、ソ連共産党による統制力の弱体化が始まった。

中国は、こうした暴動の余波が中国国内に及ぶことを警戒し、ソ連から自立する道を目指した。毛沢東は一九五五年三月の党中央委員会で、高崗および饒漱石の両名を、ソ連共産党を背景に国内で影響力を保持しようと企む「ソ連スパイ」だと断定し、排除に乗り出した。これは、ソ連のフルシチョフに対し、「中国に干渉するな」と暗に警告メッセージを送る意図も含まれていた。

毛沢東は、一九五六年四月の党政治局拡大会議において「百家斉放、百家争鳴」の方針を提起した。当時、国内では共産主義批判や毛に対する個人攻撃の風潮が表出していた。これに対し、毛は五七年、「整風運動に関する指示」を公布し、反右派闘争を開始した。同年六月には「人民警察条令」を公布し、本格的に右派に対する弾圧を開始した。反右派闘争では、五五万人が右派と認定され、粛清あるいは労働改造所送りにされた。また、毛は「治安管理処罰条令」を制定するなど、治安維持のための一連の法定措置を講じた。

以上のように、毛は公安部、治安保衛委員会などの治安機関の機能を強化することで国内安定化を模索する一方で自らの政権基盤の強化を図ったのである。

総参謀部第二部などの軍情報機関が発達

建国後の一九四九年一一月、中国人民革命軍事委員会（のちの中央軍事委員会）に武装保衛局が設立された。武装保衛局（二六頁参照）は当初、公安部および革命軍事委員会隷下の総政治部から二重指揮を受け、軍内部の保全・防諜などを担当していた。その後、公安部の指揮下から離れ、総政治部隷下に改編され、全国の大軍区級に保衛部、軍・省軍区政治部に保衛処、師団政治部に保衛科、連隊政治処に政治股（係）、党支部に保衛委員が設置され、今日の総政治部保衛部の基礎が築かれた。

一方、建国により人民解放軍は党の柱石《ちゅうせき》としての党防衛任務に加えて、国防軍として侵略対処任務を受け持つことになった。そのため軍事作戦を支援する軍事情報を扱う機関を整備する必要性が生じた。総参謀部および総政治部系列の軍事情報機関は一九三〇年代にはすでに設立されていたが、建国後、その組織が本格的に整備されることになった。

軍事情報の収集・分析を担任する総参謀部第二部（情報部）は、一九五〇年に勃発した朝鮮戦争では、情報要員を戦場に派遣し、米軍捕虜に対する尋問などに従事した。またシギント（信号情報）を担当する総参謀部第三部（技術偵察部）も五〇年代初期に本格的な対外情報組織として発達した。当時、ソ連から受信機を供給されて、南京所在の通信所で台湾情報を、瀋陽所在の通信所において韓国と日本に駐留する米軍の通信を傍受したという。

一九六〇年代の中ソ対立の最中には、中国の北部地区と西部地区に通信所が新たに設置され、ソ連の通信・電子傍受を開始した。蘭州、ジレムト、哈密、ウルムチ、ロプノールなどに開設された傍受局は主としてソ連の戦略ミサイルに関する監視活動を行なったとみられる。このほか中国東南部に位置する広州および南部に位置する成都にも通信所が設置され、インド、ビルマ、ベトナムなどの東南アジア諸国からの通信を傍受したという。

建国に伴い、国外活動が本格化

建国以前、中国は香港、マカオなどにおいて米国などに対する情報を細々と収集していたにすぎなかった。建国により国家中枢機能となった中国は政治・外交および国防上の理由から、本格的な国外に対するインテリジェンス戦争に着手した。

まず新設した公安部に対し、中国駐在の外国公館に対する監視業務を行なわせた。また海外に情報要員を派遣して、本格的な国外活動を開始した。そのため、建国と同時に政務院隷下に情報総署を設立した。同署の初代署長には、日中戦争時に情報将校であった鄒大鵬（一七頁参照）が就任した。

一九五〇年の朝鮮戦争の勃発により、中国は米国を主敵として強く意識するようになり、在外中国大使館に情報部署を新設し、対米インテリジェンス戦争を強化した。

一九五二年八月、情報総署は廃止され、その機能は新設された人民解放軍連絡部に移管された。毛沢東は情報機関の管理を目的に、「党中央特別工作委員会」を設立し、劉少奇を委員会の代表とした。

人民解放軍連絡部は軍人を構成員とする軍の組織であったが、軍事情報以外の国外情報活動を主任務とした。同部長には情報総署の署長であった鄒が就任した。なお連絡部は今日の総政治部連絡部（六一頁参照）の前身でもある。

外交部に情報司が新設され、外交関係を通じた国外活動も開始した。

中央調査部が発足

建国後、国内治安を担任する公安部、国外情報を担任する情報総署および人民解放軍連絡部、軍事情報に従事する総参謀部および総政治部隷下の情報機関が続々と整備されたが、これら情報機関は、建国後も党中央組織の中央社会部による統一的な統制・管理を受けていた。

李克農は一九四六年に中央社会部部長の要職を康生から引き継ぎ（一七頁参照）、建国後も同部長のポストに就任していた。彼は同時期に、人民解放軍副総参謀長（階級は上将）、国務院外交部副部長を兼務した。このことは中央社会部が軍事と外事の両情報活動を統括していたことを示唆する有力な証左となりえる。

一九五五年六月、中国の新たな情報機関である中国共産党中央調査部が設立された。中央調査部は中央社会部と同じく党の直轄組織であるが、中央社会部が国内の安定や党内の反対派の粛清することが主要の役割であったのに対し、中央調査部の方は、前出の人民解放軍連絡部の機能を吸収した総合的な情報機関であった。中央社会部と同様に公安部、外交部、統戦部および総参謀部などが実施するインテリジェンス戦争を統括した。

中央調査部の初代部長には中央社会部部長の李克農が就任した。中央社会部はまもなく消滅した（時期不詳）。

しかし、李克農は就任後まもなくの一九六二年に急死した（三五頁参照）。その後任には羅青長が就任した。なお李克農の急死は康生が暗殺を企てたものとの疑惑もある。

米・ソとの対立から、中国革命を輸出

一九六〇年代、中ソ対立が勃発したことで、米国に加えソ連が新たな中国の敵として加わった。一方、ベトナム戦争の勃発により対米脅威は一段と高まった。当時、毛沢東は中国を取り巻く安全保障環境について「米国が北ベトナム国境、朝鮮国境、台湾および沖縄の四カ所から中国に侵入してくる。この場合、ソ連は中ソ共同防衛条約を口実に内蒙、東北（旧満州）に侵入し、これを占領しようとする。朝鮮もソ連軍に占領され、内蒙、東北、朝鮮を占領したソ連軍は南下し、中国は二分される」との厳しい危機認識を表明した。

このような認識に基づき、中国は香港、マカオ、北朝鮮、日本などの周辺国における情報収集網を拡張し、海外を拠点とする米ソ両国に対するインテリジェンス戦争を展開した。中央調査部などの情報機関は、これら周辺国において大量の偽米ドルを流通させ、米国経済の混乱を画策し、在ベトナム米兵の士気喪失を目的に中国製アヘンを輸出するなどの秘密工作を展開した。

中国は、米ソの二大敵国からの安全を確保するため、統一戦線（二二頁参照）の国際版である「国際統

一戦線」と「中間地帯論」に基づく革命輸出を行なった。毛沢東は、アジア、アフリカ、南米を米帝国主義と社会主義陣営の中間に位置する「中間地帯」に分類し、これら諸国に積極的に接近し、広範囲の「国際統一戦線」を形成することを画策した。

このため、中間地帯諸国に親中国武装組織を結成し、武装組織に対する資金援助、武器供与、破壊・転覆活動のための教育訓練などを行なった。当時、マレーシア、シンガポール、インドネシア、ガーナなどの国には中国の資金援助による秘密組織や特殊訓練学校が設立され、そこでは『毛沢東ゲリラ戦教程』を使用した革命教育が行なわれた。一九六五年に発生した「九・三〇事件」前においては、中国はインドネシアに多数の軍関係者を入国させ、大量の武器を支援物資として送っていた。（二〇〇九年三月一六日『産経新聞』ほか）

中南米に対しては、米国の対外関心を中国から同地域に振り向けせることを狙いにインテリジェンス戦争が仕掛けられた。中南米の共産党員による破壊・転覆活動を惹起させることを目的に、特殊訓練学校が一九六〇年に北京に設置され、コロンビア、エクアドル、キューバ、ペルーなどからの要員を訓練した。

日本も「中間地帯」に位置づけられ、重要な工作対象地域となった。二〇〇二年五月に米国立公文書館で発見された米国防省の機密文書『中国スパイ網報告書』によれば、中国が当時、日本共産党などを通じて、日本の政財界の要人に対して資金援助を行ない、その見返りとして情報提供を強要するなどの秘密工作が行なわれた。また、中国国内で訓練した旧日本軍兵士を、日本における情報活動、秘密工作などを実施することを条件に帰還させ、これら帰還兵を使って米軍施設に浸透し、米軍情報の入手や、日本国内での武装蜂起準備などを指示したという。（二〇〇二年五月二日『産経新聞』）

毛沢東と康生が文化大革命を仕掛ける

一九五八年五月、毛沢東は大躍進政策を打ち出したが、同政策はまったく軌道に乗らず、国内で四千万人近い餓死者を出した。五八年末、毛沢東は責任をとるかたちで国家主席から辞任することを表明し、五九年四月、劉少奇が新国家主席に選出された。

一九五九年六月、ソ連は中国に対する核の提供を拒否し、中ソ対立が幕開けした。同年九月の廬山会議では、毛沢東は大躍進政策の中止を求める彭徳懐国防部長を解任し、かろうじて大躍進政策を継続した。しかし、ダライ・ラマ事件をめぐる中印対立の生起、ソ連の軍事援助の完全停止などから、大躍進政策はますます苦境におかれた。六二年一月に毛沢東は部分的に自己批判し、大躍進政策は完全に停止した。そこで、劉少奇および鄧小平らの実権派の下で経済再建が進められることになった。

毛沢東と劉少奇グループとの対立は次第に深刻化し、その対立が沸点に至ったのが文化大革命である。文化大革命の直前の中国中央の権力は、劉少奇、鄧小平および羅瑞卿（公安部長兼総参謀長）らの実権派の手中にあった。情報機関についても同様に実権派が握っており、毛沢東の私邸にまで盗聴マイクが仕掛けられた。ただし、これは鄧小平の部下である党中央弁公室主任の楊尚昆（のちの国家主席）が、毛沢東の背後で四人組を操っていた江青女史の動向を探る目的で行なったとの説も有力である。

文化大革命は毛沢東と康生の二人三脚で行なわれた。康生は一九四五年末に中央社会部部長から解任されたが（一七頁参照）、完全失脚は免れ、山東省党委員（地方トップ）として留まることで一定の権力は保持し、中央政権への復帰を虎視眈々とうかがっていた。

康生は一九五四年に政治協商会議常務委員として中央政界への復帰を果たした。この復活劇の背後には、東北部を北京中央から独立させようとした高崗と党中央組織部長だった饒漱石の両名を康生が粛清したという成功報酬があった。

康生は一九五六年に党中央政治局候補委員、六二年に中央書記処書記、六四年七月に文化革命五人小

組顧問に就任し、六六年の文化大革命開始までには中央政界における有力者となっていた。

劉少奇らの実権派から権力奪還を目論む毛沢東と、自己の政治権力の強化を企む康生の利害が一致し、ここに文化大革命の幕が切って落とされたのである。

康生による情報機関への攻撃

文化大革命が開始されるやいなや、康生は文革派を主導して実権派の摘発に着手した。彼は一万六千余人の死者を出した「新疆反逆者集団冤罪事件」（一九六八年九月）など数々の冤罪事件を捏造し、反毛沢東派の党内幹部（実権派）や、反体制派の一般大衆などを迫害した。

実権派が迫害を受けるなか、実権派が掌握していた情報機関についても攻撃対象とされた。とくに羅瑞卿が影響力を保持していた公安部は最大の標的となった。紅衛兵による攻撃にさらされた公安部は壊滅的打撃を受け、公安部が行なうべき国内治安任務は人民解放軍が代行することになった。

公安部への激しい攻撃は、背後で紅衛兵を操る康生による、羅瑞卿に対する個人攻撃でもあった。羅瑞卿は、一九四九年の創設と同時に初代公安部部長に就任し、そのポストを保持しながら、五九年四月に公安部長かねて国務院副総理に就任した。同年九月に公安部長職を離任すると、国防部副部長かねて総参謀長に就任し、彼は文革前には公安部および人民解放軍の両組織に対する絶大なる影響力を保持していた。

康生は一九五九年九月、配下の謝富治を公安部長に就任させ、公安部から実権派を一掃することを狙った。羅瑞卿は文革開始直後の六五年、康生により投獄された。彼は厳しい拷問調査に耐えられず、同年三月に飛び降り自殺を図った。幸いにも命拾いはしたが、両足骨折という重傷を負った。

情報機関の長の相次ぐ不審死

その後、公安部長の相次ぐ不審死が続いた。謝富治は一九六七年の武漢事件で失脚し、七二年三月に何者かの手で絞殺された。謝富治の後任の公安部長である李震は就任して一年も経たないうちに死亡（七三年一月）した。その後任には康生の息がかかった華国鋒（のちの国家主席）が就任した。

党の情報機関である中央調査部についても、公安部同様に文革派による攻撃対象となった。一九六二年二月、中央調査部長の李克農が謎の死を遂げ（三一頁参照）、副部長の鄒大鵬も文革派により粛清された。

李克農の死亡により、新たに中央調査部長に就任した羅青長は（三一頁参照）周恩来に庇護され、なんとかその地位に留まったが、組織としての中央調査部は壊滅状態に追い込まれ、大半の指導者は地方に下放《かほう》され、調査部要員とその協力者網は総参謀部第二部に吸収された。

康生は実権派の掌握下にあった情報機関を壊滅させることで実権派から権力を奪還した。康生は一九六九年に党中央政治局常務委員に昇任し、七〇年に党中央宣伝部と中央組織部が合体し中央組織宣伝組が成立すると、その組長に就任した。七一年に林彪国防部長が死亡すると、康生は中央調査部などの情報組織を再建し、七五年一二月に病没するまで中国情報機関を牛耳った。

なお、相次ぐ情報機関の長の変死は、自らの失脚につながりかねない証拠を握る「康生ファイル」を抹消する目的で康生が暗殺を企てたとの見方がある。

5 文化大革命後から現在までの歴史

鄧小平時代の到来と近代的情報機関の幕開け

一九七五年に康生が死亡し、翌七六年には毛沢東が死亡した。両巨頭の相次ぐ死去は、鄧小平時代の到来と近代的情報機関の幕開けを告げた。

毛沢東の死亡後、一時的に中央政権に君臨したのは、華国鋒（国家主席）と汪東興（同副主席）ペアであった。華は公安・情報畑の出身であり、一九七三年一月、謝富治が変死したあとの公安部長に就任（国務院副総理を兼務）した。一方の汪も早くから公安部の要職を歴任し、文化大革命時には要人警護を担任する「八三四一部隊」の最高責任者になっていた。

彼らは「特務は政権を制す」とばかりに、情報機関を後ろ盾に権力の階段を駆け昇った。毛沢東死後の一九七六年一二月、汪東興は「八三四一部隊」を率いて、「江青四人組」を逮捕した。華国鋒らは、公安部や中央調査部の組織力をフル活用し、権力固めを急いだ。

しかし、華国鋒が鄧小平との党内闘争に敗北すると、権勢を誇っていた中央調査部の権能は急速に縮減した。中央調査部は在外中国大使館に諜報員を派遣し、ここを活動拠点としてさまざまなインテリジェンス戦争を行なっていたが、鄧小平はこうした態勢・体制を全面的に改めた。

その背景には、改革開放（経済改革・対外開放）政策の推進と鄧小平自身の権力基盤固めの二つの思惑があった。つまり、改革開放政策を推進するためには、外国との友好関係を構築する必要があったため、非公然・非合法的な活動は都合が悪くなったのである。また鄧小平が自らの権力基盤を固めるには、ライバル華国鋒らの権力基盤の後ろ盾である中央調査部の権力を削ぐ必要があった。

かくして中央調査部は少数の秘密工作員を残すのみとなり、大半の国外要員は中国国内に召還された。その後、国外活動は主として新華社などの報道関係者や中国企業社員らの手に委ねられることになった。

国家組織改革の一環で国家安全部が創設

一九八三年六月、第六期全人代第一回会議において、国務院隷下に国家安全部を創設することが決定された。国家安全部は公安部と中央調査部が保有していた情報の収集・分析、保全機能を統合し、公安部が一般犯罪を、国家安全部がスパイなどの国家安全に関わる取り締まりを担当することになった。

改革開放とそれが目指す市場経済体制を推進するためには、新たな国家指導組織が求められた。中国は一九八二年に新憲法を制定し、国家中央軍事委員会の設置、人民武装警察の新設などの国家組織改革を行なった。こうした一連の改革と連動して国家安全部が創設された。

改革開放による外部社会との交流が拡大すれば、外部勢力による諜報活動や影響力が国内に流入し、社会主義体制を崩壊に導く可能性が高まることになる。こうした諜報、秘密工作に対する脅威認識の高まりが、国家安全部の創設と大きく関係したとみられる。

国家安全部の初代部長には喬石（六三頁参照）の部下の凌雲が就任した。同じく公安部長にも、喬石の部下の劉復之が就任した。凌雲は建国後、中央社会部、中央調査部および公安部の要職を歴任したが、文革期には康生により共産党から除名されていた。しかし一九七五年に康生が死亡したあと、鄧小平によって復権を果たし、七九年には公安部副部長に就任した。

凌雲は国家安全部の技術レベルの向上を目指し、その発展に大きな功績を残したが、国家安全部対外諜報局局長の兪真三（現在の政治局常務委員・兪正声の実兄）による米国亡命事件（八〇、一四二頁参照）の責任を取らされるかたちで、一九八五年に辞任に追い込まれた。後任には公安部長経験者の賈春旺《かしゅんおう》が就任した。

党がインテリジェンス戦争の第一線から退却

国家安全部の創設後、中央調査部はまもなく消滅した。これにより、党は表面的にはインテリジェンス戦争の第一線から退いた。

その背景には、かつての中央社会部および中央調査部が党と近すぎる関係にあったことによる弊害があった。建国前から建国初期にかけ、中央社会部あるいは中央調査部は、党権力と密接に結びつき権勢を誇ったが、文革期には康生から攻撃対象とされ、組織壊滅の寸前に瀕した。華国鋒時代には中央調査部の機能強化が図られたが、鄧小平時代になって再び機能が縮減された。このように党の情報機関は、党に近すぎる存在ゆえに党内権力闘争に翻弄され、盛衰の歴史を繰り返してきた。

これでは情報機関の本来の役割である継続かつ一貫した情報活動を行なうことは困難である。そこで改革開放後の新たな市場経済への移行期にあたって、党が直接に情報活動を実施するのではなく、党は一歩引いて、国家および軍の情報機関を指導・監督する体制へと政策転換を図った可能性があると考えられる。

また党情報機関がインテリジェンス戦争の表舞台から退いたことは、一党独裁の中国が「裏社会」の代名詞たる情報機関までを統制しているというダーティなイメージを払拭する意味でも意義があったといえよう。

国家としてバランスのとれた情報体制が確立

国家安全部に与えられた最初の重要任務は、香港・マカオの返還であった。一九八〇年代後半から改革開放政策が開始されると、香港と中国大陸との交流は急速に拡大していった。これにより、香港は対中貿易の中継地としての機能を回復し、同時に「香港返還問題」への関心が高まった。

一九八四年一二月一九日、香港返還に関する「中英合意文書」が発表され、香港の一括返還と一国二制度による香港の祖国統一が決定した。これを受けて中国情報機関による香港・マカオの返還工作が本格化することになった。

国家安全部は香港・マカオの企業、政府組織などに情報要員を派遣し、香港返還に向けた有利な環境形成と、返還後の中国による迅速な支配体制を確立するために、各種のインテリジェンス戦争を展開した。

国家安全部の組織拡大とともに、同部の活動上の根拠法令が整備された。一九八八年九月に「中華人民共和国国家秘密保護法」、九三年二月に「国家安全法」が制定された。国家安全法は九四年六月の「国家安全法実施細則」とともに国家安全部の活動根拠となった。

党直轄の情報機関の喪失により、中国の今日の情報機関体制は欧米の情報機関体制と類似している。たとえば、米国のCIA（中央情報局）、DIA（国防情報局）、に相当する機関として、それぞれ国家安全部、総参謀部第二部、FBI（連邦捜査局）に相当する機関として公安部がある。つまり、国家としてのバランスのとれた情報体制が構築されたとみることができる。

革命輸出型から経済情報獲得型へ

建国以後、中国情報機関はヒューミント活動を重視し、その真骨頂ともいうべき、海外への革命輸出などに深く関与してきた。しかし、近年の中国情報機関の国外活動の軸足は諸外国と同様に近代化のための経済・技術情報の取得へと転換している。

その転換の第一の要因は国際環境の変化である。一九七〇年代の米中国交正常化により国際勢力図は劇的に変化し、安全保障上の敵対国家が米国からソ連に移り、科学技術の最先端をリードする米国から最新技術の取得が公然に行なえるようになった。また国際連合加盟により、多くの国々と正式な外交関係を結び、在外公館設置数が飛躍的に増大したことは、中国が国外活動を展開するための拠点確保へとつながった。中国が国際市場へ参画し、多くの海外経済拠点を得たことは、科学技術をはじめとする経済情報取得のための環境基盤拡充へとつながった。他方、国連の加盟により、一九五〇年代から六〇年代にかけて行なわれた革命輸出は困難となった。

第二に、改革開放が目指す経済発展の後ろ盾となる科学技術や経済情報の価値の上昇である。鄧小平は先進資本主義の生産力水準と技術発展から中国が著しく遅れているとの問題認識に立ち「工業、農業、国防、科学技術」の四つの近代化路線を打ち出した。なかでも他の近代化を支える科学技術は最優先課題であった。

第三に、一九七九年の中越戦争を教訓に、軍の近代化が本格的に開始されたことである。中国は米国から核兵器技術をはじめとする先端軍事技術の獲得に力を入れた。ソ連が敵対国家に転じたことから、中国は、米国がソ連に対するミサイル監視網や通信情報傍受基地を中国国内に設置することを容認し、その見返りに米国から軍事技術の支援を受けた。その一方で、米国の国立研究機関などに対する諜報員の浸透を強化し、秘密の軍事情報の獲得に努めた。また研究交流事業を通じて米国のハイテク軍事技術の取得を目指した。

以上のように、今日の中国情報機関はかつての共産主義革命を輸出する謀略型の情報機関から経済情報重視型へと転換した。ただし、中国情報機関が現在も、各種の政治工作を重視している点には変化はない。この点については、次章以降で逐次、解説することとしよう。

第2章 中国情報機関の概要

1 中国情報機関の特徴

政府と軍の二大系統

現在の中国情報機関は、政府および軍の二大系統に大別される。

政府系統では中国最大の情報機関である国家安全部がある。このほか国内治安を担っている公安部、国家外交を司る外交部、軍事外交を担う国防部、経済情報を担当している商務部、軍事・科学技術の研究および開発を指導する国防科学技術工業局（前身は国防科学技術工業委員会）などがある。また世界規模で展開する報道機関である新華社は対外情報機関でもある。

軍系統の情報機関には総参謀部隷下の第二部（情報部）、第三部（技術偵察部）および第四部（電子対抗部）、総政治部隷下の保衛部および連絡部などがある

現在、純然たる党系統の情報機関は存在しない。ただし、中国共産党中央政法委員会は公安部や司法関係を部分的に統制・管理しているし、統一戦線工作部、宣伝部および対外連絡部などの党中央組織は、それぞれの党活動に必要なインテリジェンス戦争を行なっている。また、宣伝部が実施する言論統制などは、ソ連でもＫＧＢの任務範囲とされていたことから、これら党機関についても広義な意味において情報機関として扱うことが可能であろう。

以上の中国情報機関の全般体制を簡単にまとめると次頁のとおり図式化できる。

このほか、中国には党や政府の傀儡と揶揄される人民団体（民間団体あるいは社会団体ともいう）の

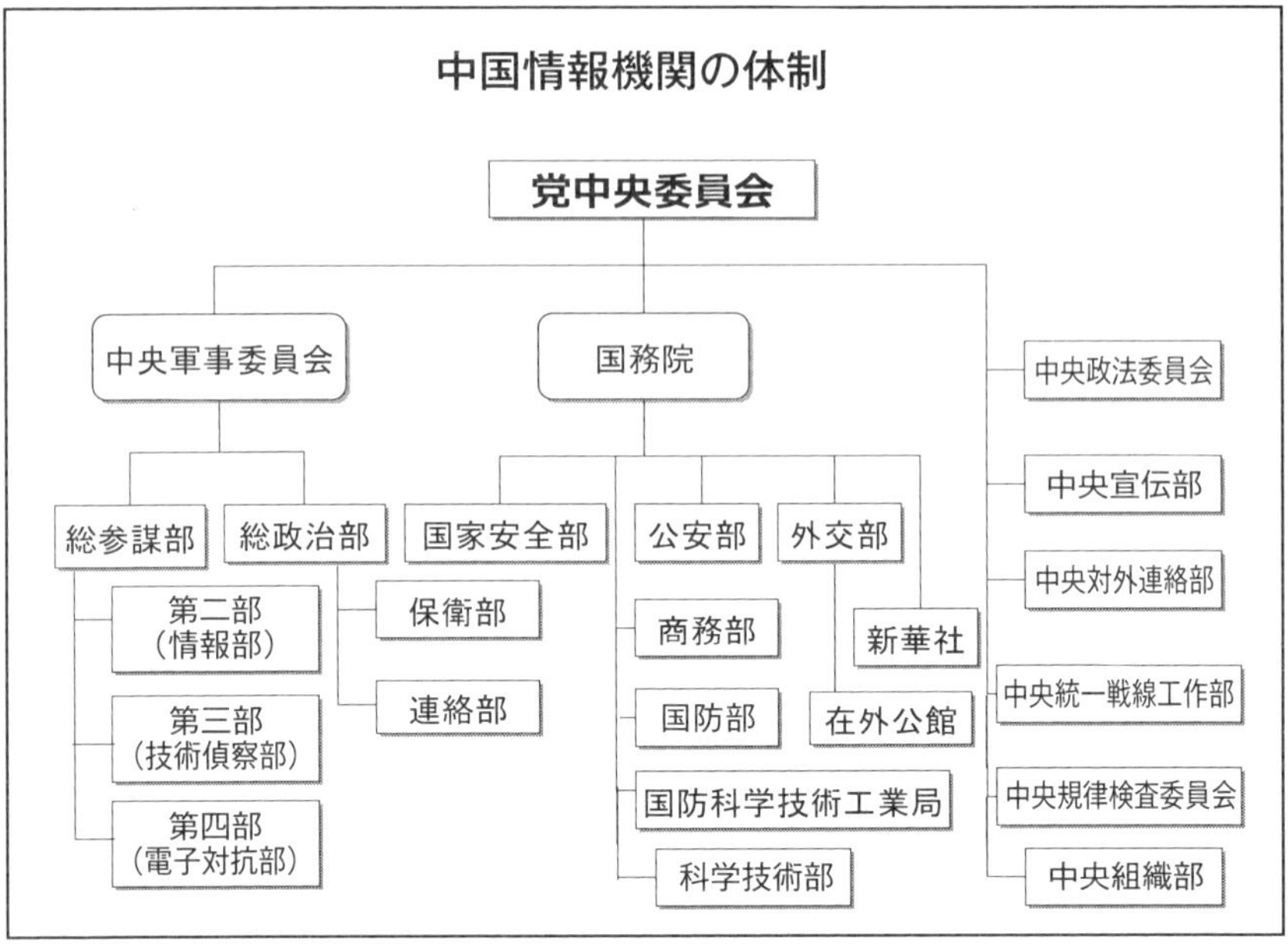

存在がある。人民団体は、関係国の中に友好団体を組織し、友好団体と一体となり、党の意向に沿う活動を実施している。人民団体の活動は外交、経済、文化、出版、旅行および華僑事務などの広範多岐な分野に及んでいる。主要団体には人民外交学会、中国人民対外友好協会、中国国際貿易促進委員会、中日友好協会、中華全国学生連合会、中華全国商業連合会、中華全国青年連合会、中華全国総工会、中華全国婦女連合会、中華全国帰国華僑連合会などがある。

さらに中国には党系列、政府系列、軍系列のさまざまなシンクタンクが存在している。これらシンクタンクについても政策研究、戦略研究などの名目で情報収集、分析活動を行なっている。

ただし、これらの情報機関がどのような任務区分を有し、いかなる相互依存関係にあるのかなど、その詳細は明らかでなく、その解明についても、はなはだ困難というのが実態である。

膨大な人的規模と多彩な組織

世界最大の人口を有する中国が情報機関の規模においても世界最大であることは想像にかたくない。たとえば、国家安全部の人員規模は数万人程度と推定されるが、「中国全土に支部が張り巡らせていることや、各国大使館には外交官の身分で情報要員が派遣されていることから、正規の職員は百万人以上で、協力者も加えると一千万人を超える」との情報さえある。（袁翔鳴『蠢く！中国「対日特務工作」マル秘ファイル』）

右の情報はいささか盛り込みすぎとしても、米CIAの人員規模は約二万人と推定されていることから、国家安全部の人的規模がCIAを上回ることはほぼ確実であろう。

同様に軍事情報機関についても、シギント（信号）を担当する総参謀部第三部が一〇万人以上との情報がある。この情報に基づけば、米シギント機関であるNSA（国家安全保障局）の四万人を大きく上回ることになる。ただし、中国情報機関は厚い秘密のベールに包まれており、実態解明は容易ではないことを重ねて申し述べておく。

組織の多彩性も中国情報機関の特徴の一つといえよう。中国情報機関は西側情報機関とは異なり、政府、軍系列の情報機関に加えて、党機関もインテリジェンス戦争に従事する。新華社のように、報道機関が情報機関に対する身分偽装（カバーストーリー）を提供するだけでなく、報道機関自体が情報機関として積極的に情報活動を実施するケースは世界的に稀である。

各種人民団体が、民間団体の体裁をとり、青年、婦人、学生、華僑といったさまざまな団体と社会階層に浸透し、外交、経済、文化などの各領域に及んだ多様な活動を行なっていることは類をみない。そして、世界中に展開している華僑・華人社会が、これら中国情報機関による多様な活動を支援している。

中国情報機関は、政府、軍、党、人民団体などが〝網の目〟のようにさまざまな領域に浸透し、全体として重層かつ多様な組織を形成している。これこそが、世界でも突出したインテリジェンス戦争を展開し得る大きな要因だといえよう。

党の一元的指導体制

かつて中央社会部および中央調査部は党直轄組織として自らが情報活動に携わっていたほか、軍や政府系列の情報機関が行なう活動を統括していた。しかし、一九八三年に国務院隷下の国家安全部の設立に伴い、中央調査部が消滅した以降、かつてのような党直轄の情報機関は存在していない。

ただし、党による情報機関に対する指導・統制の役割までが消滅したわけではない。一党独裁の中国では、党がすべての国家機関および軍事機関の指導、監督を行なっている。軍事機関に対しては、「党の軍隊に対する絶対指導」が、党規約、憲法、国防法などで規定され、軍隊の中に党委員会が設置され、重要事項はすべて党委員会が決定する体制となっている。(茅原郁生編『中国軍事用語辞典』上田篤盛「党の軍に対する絶対指導」)

党の一元指導体制は、情報機関に対する指導・統制においても徹底されている。つまり、情報機関に対する情報要求の発出、最高幹部人事、情報活動の指導・監督などは、中国政治局などの党組織の一元的な指導の下で実施されている。

現在、情報・治安部門を指導・監督する党組織として政法委員会があるが、同委員会の書記は公安部長経験者であり、現職の公安部長が副書記を務めるなど、党機関の要職者が情報機関の要職を兼務している。このように党組織と中国情報機関とは重層かつ複雑につながっている。

国家安定を最優先する体制

中国は国内における反政府主義団体および独立派組織などの取り締まりや、外国情報機関の監視などにおいて強固なカウンターインテリジェンス体制を敷いている。

国内の治安・カウンターインテリジェンスは国家

安全部と公安部が担っている。軍内におけるカウンターインテリジェンスについては、国家安全部および公安部とは別個に、軍内の総政治部保衛部が担任している。

中国の国家安定に関わる任務は、国外活動の分野にまで及んでいる。国家安全部は総参謀部第二部とともに国外活動における二大双璧であるが、国家安全部は主として国家安定の維持という観点から、国外活動を展開している。つまり、海外に拠点を置く民主化組織、反中国組織、邪教と認定された宗教団体「法輪功」などが国家安全部の重要な監視対象である。すなわち、国家安全部の国内任務と国外任務は国家安定という一本線に収斂されるのである。

中国情報機関が国家安定を最優先する背景には、国内の不安定要因から国家崩壊を繰り返したという歴史的教訓がある。

また中国が国民党内部に秘密工作員を浸透させ、国民党の内部蜂起と分裂工作を画策することで国共内戦に勝利したという成功体験に基づいているのであろう。

軍情報機関の突出した実力

中国における軍情報機関の実力は突出している。諸外国では軍情報機関は主として軍事情報を扱うのが一般的だ。しかし中国における軍情報機関の活動範囲はロシアGRU（軍参謀本部情報総局）よりもはるかに広い。それは軍事と軍事産業などの軍事部門にとどまらず、政治情報、経済情報の収集・分析から、中国の海外駐在員および留学生対する監視活動まで幅広い領域を網羅しており、さらに各種の政治工作にまで活動の幅を広げている。（平可夫『二〇〇〇年の中国軍』）

総参謀部第二部、総政治部連絡部などは、軍事情報の領域をはるかに超えて活動している。こうした軍事情報機関の優越性は旧ソ連の軍事情報機関と異なる点として認識されている。これに関して、カナダに拠点を置く「漢和情報」の主宰者である軍事評論家の平可夫は、その優越性について「中共の政権奪取の過程が主として長期にわたる戦争によるものであったため自ずと軍事諜報闘争を含んでいた」「人民解放軍の政治を左右する力量がソ連軍を凌いできた」との理由を挙げている。（『二〇〇〇年の中国軍』）

歴史的にも軍情報機関は優遇されてきた。文化大革命時期、国内活動を担当する国家公安部と、党の直轄情報組織として国内外のインテリジェンス戦争を展開していた中央調査部は、康生により主要幹部が粛清されるなど、あわや組織壊滅の危機に瀕した（三五頁参照）。しかし、軍情報機関が直接の攻撃対象となることはなく、総参謀部第二部は中央調査部の海外の協力者網を引き継ぐなど、情報機関としての存在価値を保持し続けた。

人民解放軍は、建国の最大の功労者であり、建国後も他国の侵略から国家を防衛する「戦闘隊」としての役割のほか、党の柱石として国内の安定維持と思想工作を担当する「政治工作隊」、国家建設事業に貢献する「生産隊」としての役割を担ってきた。人民解放軍が歴史的に極めて高い地位と重要な国家的役割を占めてきたことが、今日の突出した軍情報機関の実力の背景にあるといえる。

テキント分野は欧米情報機関との差を急速に縮小

中国情報機関は伝統的なヒューミント分野では世界有数の実力を誇るが、シギントおよびイミント（画像情報）などのテキント（技術的情報）分野は、欧米水準に比して、いまだ発展途上と推測される。

欧米の情報機関はすでに一九世紀末からシギントに着手し、第一次世界大戦、第二次世界大戦を戦うなかでシギント機能を強化した。一九六二年のキューバ危機では、米国のＵ２偵察機によるイミントが大きな役割を果たした。

他方、中国情報機関については、電子情報を担任する総参謀部第四部の成立は一九九〇年代（七〇年代とする説もある）、初期型の偵察衛星の打ち上げ成功も七〇年代半ばであり、その後進性は明白である。

中国情報機関の近代化が阻害された要因はいくつかある。なかでも、文化大革命などの国内闘争が情報機関の主導権競争へと発展した点が大きい。康生という一人の人物が、一九三〇年代の中国情報機関の草創期から、彼が病没する一九七六年まで、ほぼ一貫して情報機関を支配し、情報機関を自らの権力維持の後ろ盾とするようでは、情報機関の近代化の波は訪れようもなかった。

八〇年代に入り国家安全部が新設され、中国情報機関は近代組織としての歩みを開始した。初代の国家安全部長の凌雲は、組織の近代化に尽力した。彼は国家安全部長に就任する以前の一九七九年、華国鋒・国家主席の欧州外遊に随行し、西ドイツ連邦警察（ＢＫＡ）を訪問し、同地でコンピュータを使用した対人監視システムなどを研修し、国家安全部長に就任後、コンピュータ・システムの導入を推進した。

七〇年代末の改革開放の導入に伴い、八〇年代以降、外国からの最新科学技術の取得が容易になったことから、国家安全部、総参謀部の第二部、第三部および第四部などのテキント分野のレベルは飛躍的に向上した。

今日、各国の情報機関におけるテキント部署は、国家の科学技術レベルの優劣でしのぎを削っている。中国は経済優先主義とそれを支える科学技術を重視する政策をとっており、軍事領域では宇宙を利用した攻撃能力の強化を図るなど、科学技術レベルを飛躍的に向上させている。中国情報機関のテキント分野についても欧米情報機関との差を急速に縮めている可能性は高い。

またサイバー空間を利用したインテリジェンス戦争においては注目すべき事象が多数確認されており、一部領域における技術レベルは注目に値する。

2 政府系列の情報機関

国家安全部

国家安全部は一九八三年六月、公安部と中国中央調査部が保有していた課報、カウンターインテリジェンス機能を吸収して創設された。現在、国内活動においては公安部とともに二大双璧、国外活動においては総参謀部第二部とともに中国を代表する対外情報機関である。歴代の国家安全部長は、凌雲（一九八三～八五年）、賈春旺（一九八五～九八年）、許永躍（一九九八～二〇〇七年）、耿恵昌《こうけいしょう》（二〇〇七年～）である。

国家安全部の組織、規模、予算などはすべて非公表であり、その組織構成は資料によって異なる。ただし、各種資料からは少なくとも一〇以上の内部部局を有し、要員は数万人規模に達していると推定される。

内部部局には人員および予算などを扱う総務管理部門、国外活動部門、国内活動部門、カウンターインテリジェンスを行なう部門、盗聴や通信などの技術部門、諸外国との渉外業務を行なう渉外部門、台湾、香港およびマカオにおける活動を指揮する部門などがあるとみられる。（『中国情報部』ほか）

なお次頁の表は、公刊情報を基にした国家安全部の推定される内部組織の構成である。

地方組織には省・自治区・直轄市に国家安全庁（局・処）を設置している。地方組織は各地方と接する隣国、全国に所在する在中国外国機関、中国国内を移動する外国人などの監視業務を担任しているとみられる。このほか、隷下に情報機関要員の教育機関である北京国際関係学院、シンクタンクである現代国際関係研究院を有している。

国家安全部は、米ＦＢＩと同様に警察機能も有し、「国家安全法」を根拠として国家機密の保持、海外駐在組織の安全確保、スパイおよび破壊活動に対する取り締まりを行なう。このため、公安部の警察・保安部門である調査局とも密接な協力関係を保

国家安全部の組織（推定）

第1局	中国国内で業務。留学やビジネス、休暇などで海外に渡航する中国人の募集
第2局	スパイの監督や配置。情報部員の派遣
第3局	台湾、香港、マカオにおける活動
第4局	盗聴、通信、写真撮影などの技術担当
第5局	国内の諜報活動
第6局	カウンターインテリジェンスの指揮
第7局	活動報告書の作成
第8局	調査研究
第9局	対監視、スパイや学生の亡命、離脱の防止
第10局	科学技術情報の収集および管理
第11局	組織内のコンピュータの制御管理とハッカー対策
第12局	衛星情報の収集

出典：デイヴィッド・ワイズ『中国スパイ秘録 米中情報戦の真実』ほか

持していると考えられる。

以上から、国家安全部は、総合商社のように多くの内部組織と地方組織で構成されている。

国内活動においては在中国外国政府機関の職員、新聞記者などの重要外国人と、これらに接触する中国人の監視を主に担っているとみられる。二〇〇九年、国務院系シンクタンクの中国社会科学院の日本研究所副所長の金熙徳が、「日本や韓国に対する機密情報漏洩」容疑で摘発されたが（金は懲役一四年）、これはおそらく国家安全部によるものと推定される。二〇一三年七月、朱建栄・東洋学園大学教授が上海で拘束され、半年以上にわたり抑留されたが、これも国家安全部によるものであった可能性が高い。

国外活動においては、国家安全部の要員は外交部などの政府職員、統一戦線工作部、対外連絡部などの党職員、新華社などのマスコミ関係者、中国人民友好協会および貿易商社などの民間人、さらには学者および留学生などに身分を欺騙《ぎへん》して情報活動に従事している可能性がある。また今日、多くの証言から情報収集よりも国外の反中国組織、民主化組織、法輪功などの宗教組織に対する監視に目が向いているようだ。

国外活動では、非公然・非合法な浸透にも手を染めてきた。たとえば、CIA職員のラリー・ウタイ・チン（中国名：金無怠）は、国家安全部副局長の肩書きを持つ二重スパイであった（一三八頁参照）。最近では二〇〇三年、カトリーナ・レオン（中国名：陳文英）という中国系米国人女性が、国家安全部の指令の下でFBI捜査官二人と性的関係を結んで米側の機密情報を窃取していた（一四〇頁参照）。

国家安全部は、東西ドイツ時代から、西ドイツ情報機関BNDとも協力関係を有しており、現在もドイツ情報機関と定期的に要員を相互派遣し、情報交換を行なっているとされる。ドイツの『シュピーゲル』誌は、ドイツの中国との情報協力の理由として、中国に対する過去の贖罪意識を挙げているが（小谷賢編『世界のインテリジェンス』）、冷徹な情報の世界において、こうした浪花節的な理由はいささか納得しかねるものである。

最近、「国家安全部は、国際情勢が安定化傾向にあるため、規模縮小を強いられており、一方の公安部は社会治安維持の目的で勢いに乗って国家安全部の一部の業務を奪う」（二〇一二年六月一三日『大紀元日本』）など、両組織がバトルを繰り広げているとの情報もある。この点は、中国情報機関の国内活動をみるうえで興味深い。

公安部

公安部は、国家の警察業務を担当する一部署であり、人民警察、人民武装警察の最高指導組織である。

歴代公安部長は、羅瑞卿（一九四九〜五九年）、謝富治（一九五九〜七二年）、李震（一九七二〜七三年）、華国鋒（一九七三〜八三年）、趙蒼壁（一九八三〜八五年）、劉復之（一九八五〜八七年）、

阮崇部《げんすうぶ》（一九八七～九〇年）、王芳（一九九〇～九八年）、陶駟駒《とうしく》（一九九八～二〇〇三年）、賈春旺（二〇〇三～〇七年）、周永康（二〇〇七～一〇年）、孟建柱（二〇一〇～一三年）であり、現在は、郭声琨国務委員が公安部長に就任している。

任務はいわゆる公安業務（外事、公安）のほかに一般警察業務の指導・監督である。活動領域は治安維持、交通・消防業務、人民の戸籍・身分証などの調査、在中外国人の在留・出入の監査、集会・デモの管理など広範囲に及んでいる。

公安部は総務部、国内安全保衛局、経済犯罪偵察局、治安管理局、入国管理局、刑事偵察局、交通管理局、麻薬局、法制局、消防局などの二〇以上の内部部局を有している。地方組織として、省・自治区・直轄市レベルに公安庁または公安局、県・市に公安処または公安局、末端レベルの公安派出所を設置し、党に反対する組織および個人、ならびに国内において情報活動などを行なう外国人を監視している。また、鉄道、交通、民航、林業の各部門の系統内部にも公安局、公安分局、公安処、公安科、派出所が設けられ、関連する公安および情報業務を行なっている。

公安部は建国直後の一九四九年一一月に創設され、治安維持、反毛沢東派の粛清などの国内保全・防諜および治安任務に携わった。文化大革命時期には一時的に縮小されたが組織活動は継続し、一九八三年に国家安全部が創設される以前は、国内活動に加えて国外活動も担当していた。国家安全部の創設以後は、その活動範囲は国内活動に限定されたが、改革開放政策やインターネットなどの情報流通により、国内の監視任務などは広範囲に拡大しており、インターネット情報の監視、外国人の行動監視など多種多様な任務を行なっている。

今日の警察業務の国際的連携の高まりを受け、公安部は米国、タイ、トルコ、キルギスなど約二〇カ国の中国大使館・総領事館に警務連絡官を派遣している。警務連絡官制度を通じて、公安部は国際反テロ組織、国際犯罪の取り締まりに関する活動に力を入れている。これに伴い、公安部は中国民主化グループの監視活動についても関与している可能性がある。

外交部

外交部は、外交担当の省庁で日本の外務省に相当する。外交部は一九四九年一〇月、建国と同時に設立。アジア司、アフリカ司、領事司、香港マカオ事務弁公室、台湾事務弁公室など三〇前後の司・局で構成される。

アジア司の下に日本処があり日本外交を担任している。外交幹部の養成ための機関として北京外交学院がある。

中国外交部は世界百カ国以上に在外中国大使館を置いている。各国の外務機関が在外大使館を拠点として情報活動を行なうことはいわば常識である。初代の外交部長である周恩来をはじめ姫鵬飛など、インテリジェンス専門家が歴代の外交部長に就任してきたことは、中国における外交活動と国外活動とが密接不離な関係にあることをうかがわせている。

商務部

商務部は、二〇〇三年三月に対外経済貿易合作部と国家経済貿易委員会の貿易部門を併合して設置された。経済と貿易を管轄する組織であり、アジア司、西アジア・アフリカ、欧州、台湾・香港・マカオ、アメリカ・オセアニアなどの海外地域局と、国際貿易経済協力研究院（北京）、経済調査国立研究所（北京）、経済調査センター（上海）など、多数のシンクタンクを有している。

対外経済貿易合作部は一九八二年三月に設立され（当時は対外経済貿易部）、国務院の国防科学工業委員会とともに「八六三計画」を主導するなど、西側の科学技術情報の獲得において主体的な役割を果たした。また、同部は国家安全部のカバーも提供しており、両組織が密接な関係にあったことを物語っている。

商務部の下部組織である中国国際貿易促進委員会

は表面的には対外投資推進機関として活動しているが、外国の価格戦略、重要な貿易数値、貿易上の策略、生産上の秘密、競合者の投資と事業計画などに関する経済情報を収集している。（Jetro『アフリカにおける中国―戦略的な概観』）

商務部は国家安全部企業局および科学技術局との関係が緊密であり、経済インテリジェンスに関与している可能性がある。（別冊正論一五号『中国共産党―野望と謀略の九〇年』柏原竜一「経済覇権を支える驚愕のインテリジェンス」）

国防部

国防部は、国務院内で国防業務を主管する部署で一九五四年九月に国務院内に設立された。当初は大幅な権限を有していたが、時代とともに変化し、現在は徴兵を担当する徴兵弁公室、軍事交流を担当する外事弁公室、二〇〇一年に新設された平和維持（維和）弁公室（国際平和維持活動を担当）および警備局があるのみで、限られた国防業務しか担任していない。なお実質的な国防業務は総参謀部などの人民解放軍総部が行なっている（ただし現在、国防部および総部の組織機構や機能については改編中）。

国防部外事弁公室は、軍事交流を主宰することで国外活動に関与している。総合局と各地域局があり、総合局が多国間交流、地域局が二国間交流を担任している。地域局で日本を担当しているのはアジア局北東アジア処である。

ただし、軍事交流についても、実態は人民解放軍総参謀部が仕切っており、外事弁公室主任は総参謀部外事局長が兼務している。ちなみに維和弁公室は総参謀部第二部、徴兵弁公室主任は総参謀部動員部副部長が兼務し、実務を処理している。

工業情報（信息）化部・国防科学技術工業局

二〇〇八年三月、国防科学技術工業委員会と国家発展改革委員会、信息産業部、国務院情報化弁公室が合併し、工業情報化部が設立された。国防科学技術工業委員会は工業情報化部が管理する国防科学技術工業局に改編された。

　かつて国防科学技術工業委員会は国防科学技術の発展戦略を研究し、情報調査研究所と科学技術情報局の二つの部門を保有していた。情報調査研究所は全世界の科学技術の発展戦略の研究と関連の情報収集活動を実施し、『国防科技要聞』を出版。科学技術情報局は国防科学技術発展のための理論研究に重点的に実施し、国防科技術大学などの研究機関と密接に連携していた。「八六三計画」と略称されるハイテク研究発展計画は、国防科学技術工業委員会と国防科学技術委員会（現在は科学技術部）が主管していた。

　国防科学技術工業委員会は海外の軍事技術専門家および学者の訪中を招聘し、長期滞在および招待などの業務を通じて、科学技術に関わる情報活動を幅広く行なっていたとの指摘がある。現在の工業情報化部および国防科学工業局の詳細は不明ながら、国防科学技術工業委員会が行なってきた情報活動を継承している可能性は高い。

科学技術部

科学技術部は、国際科学技術協力局、新技術局などを保有する組織で、国務院研究室と関係が深い。日本からの技術協力の窓口でもある。一九五六年に科学企画委員会と国家技術委員会が設立され、五八年に両委員会が合併し、国家科学技術委員会となった。同委員会は九八年三月に改編され、国家科学技術部になった。

　科学技術情報の収集の中心的役割は国際合作司が担っているとみられる。国際合作司には計画総務課、会議運営課、米国・オセアニア課、アジア・アフリカ課、欧州課、研究政策課、東欧中央課という七つの課を設置。また外郭として、科学技術発展戦略研究院という政策研究機関を有している。

新華通信社（新華社）

新華社は、中国の国営通信社であり、党中央委員会の機関紙である『人民日報』とともに、中国政府の意向を代弁する重要な役割を担っている。

新華社は一九三一年一一月に「紅色中華通信社」として産声をあげ、長征後の三七年一月に陝西省延安において正式に発足した。設立時の中心人物は当時の地下活動家で、のちの対日秘密工作の責任者となる廖承志《りょうしょうし》である。彼は新華社の初代社長に就任した。創設当時の活動は中国国内向けの報道に限定していたが、四四年から英語による対外放送を始めた。四九年一〇月の建国とともに国務院直属となり、以来、海外支社を逐次拡大し、今日のような国際通信社へと発展を遂げた。

新華社は、対外ニュース部、国際ニュース部などの内部部門を有し、中国国内に三〇カ所の支部とアジア・太平洋、中東、南米、アフリカなどの地域には総支社を設置し、香港・マカオ特別行政区を含む海外に一〇〇以上の支社、支局を設置しており、社員は二万人以上と推定される。

これら支社・支局を通じ、中国語、英語、フランス語、ロシア語、スペイン語、ポルトガル語、アラビア語などで中国を含む世界の報道機関一万数千社に各種のニュース・情報を二四時間提供している。二〇〇三年のイラク戦争では米軍に従軍し、開戦の第一報を世界に先駆けて発信した。またインターネット・ウェブサイトとして「新華網」を持っており、幅広い読者を獲得している。

アフリカ諸国や東南アジア諸国にロイターやAP通信などに比べて半値以下の価格で記事を配信しており、各地で中国報道機関の存在が高まっている。

(二〇一四年九月『SAPIO』ほか)

新華社の任務として見落としてはならないのが、国営通信社としての表の顔と同時に情報機関としての裏の顔を持ち合わせていることである。新華社の情報機関としての歴史は古く、一九四九年には香港、マカオに新華社分社が設置され、ここで活発なインテリジェンス戦争が行なわれていた。

新華社の膨大な海外駐在員は、そのほとんどの精力を党要人に報告する内部刊行物である『内部資料』の執筆にあててきたといわれてきた。今日では

『内部資料』の扱いも随分と変わってきたが、世界規模に展開したネットワークと国営通信社としての表の顔を使って、党要人が必要とする情報資料を作成している。新華社ソウル支局では五人の記者にエージェントが二〇人以上存在しているとされる。

新華社は国家安全部および総参謀部第二部の活動カバーとして利用されているともいう。つまり国家安全部などの諜報要員が新華社の記者や報道員に身分偽装して諜報活動を行なっているということである。

3 軍系列の情報機関

総参謀部第二部（情報部）

総参謀部第二部は、総参謀部隷下で戦術・戦略的な軍事情報を収集、処理、配布する機関で、軍事に影響のある政治、社会、経済、科学技術情報などを広く収集している。最近の歴代部長は姫勝徳少将（一九九五～九九年）、熊光楷上将（一九九九～二〇〇六年）、楊暉少将（二〇〇六～一一年）、陳友誼少将（二〇一一年～）である。

第二部の歴史は一九三〇年代に遡り、すでに朝鮮戦争では捕虜の尋問などを行なっていたとされるが、詳細な設立経緯などは不明である。文化大革命時期には公安部、中央調査部が縮小されるなかで、第二部だけは情報機関としての機能を保持して今日まで発展を続けてきた。

ほかの情報機関と同様に、第二部の組織構成や人員規模が正式公表されることはない。やや古い情報となるが、『中国情報部』などによれば、内部部局は第一局（総合局）、第二局（戦術偵察局）、第三局（駐在武官）、第四局（ロシア・東欧）、第五局（欧米）、第六局（アジア）、第七局（科学技術）からなり、このほかに管理部門の部局がいくつかあると推定される。

最大の組織は第一局であり、長期にわたり香港および台湾に対するインテリジェンス戦争を担当して

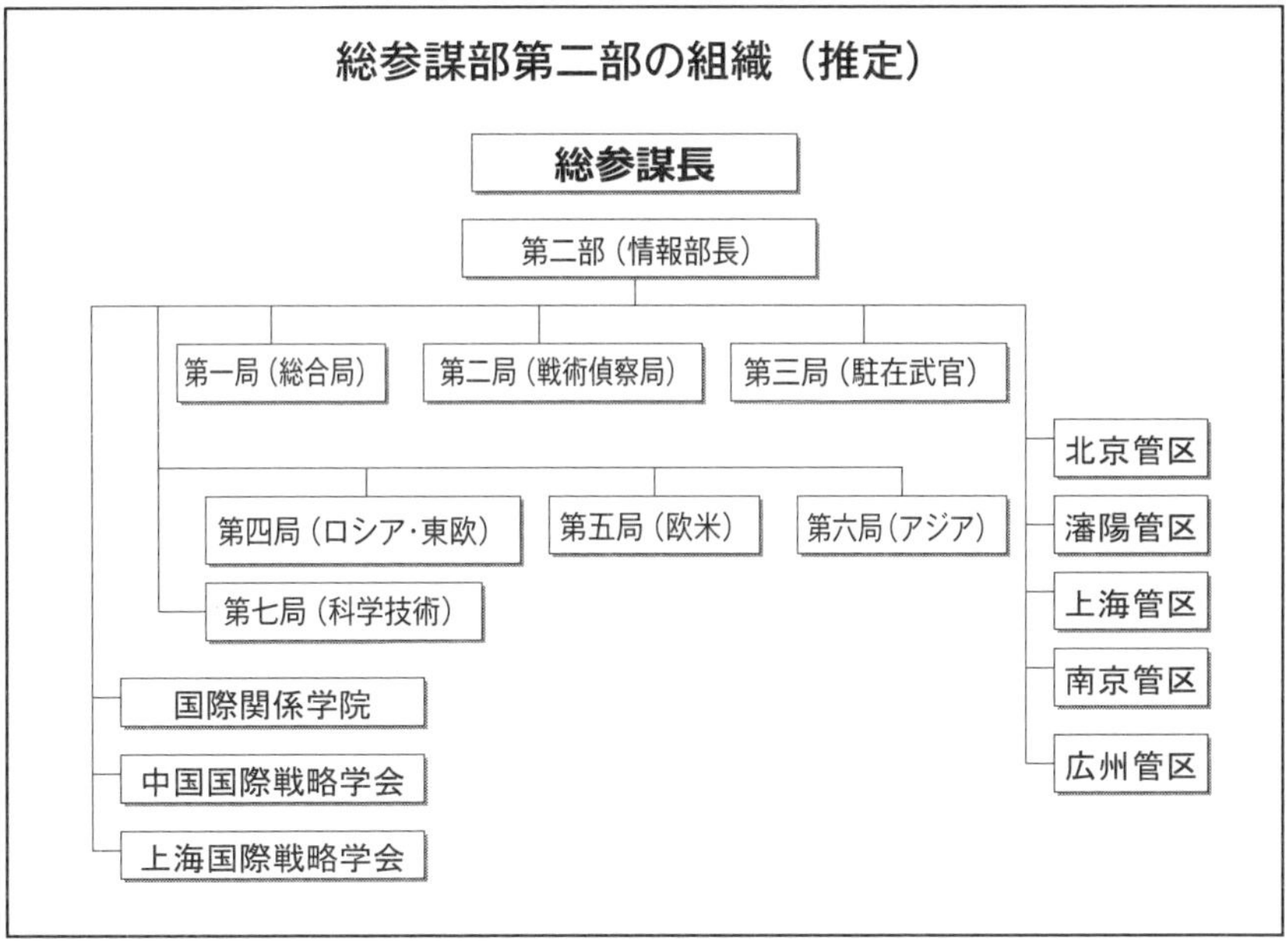

きたが、八〇年代以降、西側との軍事交流の拡大に伴い、活動範囲を世界的に拡大させた。現在は各局が行なう情報業務を統括し、総合的分析業務などを行なっていると推定される。また、第四局から第七局までの各地域局の所掌以外の地域を担任しているという。

第一局は、北京、瀋陽、上海、南京および広州の国内管区を運営し、それぞれ瀋陽管区はロシア、東欧および日本についての情報収集、北京管区は駐中国大使館武官部を保有し、外国軍人の監視などの防諜活動、広州管区は香港・マカオおよび台湾、上海管区は西欧、南京管区は米国を対象とした地域的任務を行なっているという。このほか、軍区以下の情報機関の統括組織である軍区情報局および集団軍情報処と密接な関係を有し、作戦情報と戦略情報の連接、融合を行なっているとされる。

第二局は、戦術偵察局であり、監視、偵察などを通じ、軍事作戦を行なううえで必要となるさまざまな情報の収集・分析することが主要な任務となる。

このため軍区、兵種および集団軍の各レベルの偵察部隊を統括している。また海軍陸戦隊の偵察隊なども密接な関係を有しているとされる。

第三局は、駐在武官管理業務を担っている。在外中国武官は形式上、第三局から派遣される。

第二部の教育機関には、江蘇省南京市に中国人民解放軍国際関係学院がある。同校は旧南京外国語学院から発展し、国際関係、国際戦略および外国語などを教育するとともに『外語研究』および『国際関係学院報』などの出版物を発刊している。武官はここで赴任前の教育を受けることになる。

このほか第二部は外郭団体として中国国際戦略学会および上海国際戦略学会を有する。

総参謀部第三部（技術偵察部）

総参謀部第三部は、総参謀部隷下でシギントおよびイミントの収集・分析を行なう機関で、本部は北京市北西郊外の海淀区向陽崎にある。通称は技術偵察部。一九三〇年代に組織の原型が形成され、当時は中央軍事委員会第二局と呼ばれていた。

第三部は隷下に一二局と三つの研究所を有している。任務は無線電信の監視、各種暗号の解読、偵察衛星の画像分析など。国内の聴取要員を一三万人抱えているとの情報もあり（『轟く！中国「対日特務工作」マル秘ファイル』）、人的規模はヒューミントを主たる収集手段とする第二部よりも大きいと思われる。なお西側諸国においてもシギント機関が情報機関の中で最大規模を有するのが一般的である。

内部組織は監視部門、偵察部門、研究開発部門に分けられる。監視部門は通信傍受が主任務であり、国境地帯および沿岸地域に設置された通信所（監聴站）により、周辺国および国内辺境地区の通信電子情報、海外のファックス通信などの監視を行なう。また、海・空軍のシギント部門と密接に連携し、台湾軍などの動態情報を収集している。

偵察部門は軍用偵察衛星で得られた画像の分析および判読を担当する。研究開発部門は主として器材開発などを行なう機関であり、北京電子廠、海鷗電

総参謀部第三部（技術偵察部）の組織（推定）

第1局	61786（北京）	暗号解読、情報保全
第2局	61398（上海）	米国、カナダの政治・経済・軍事情報の収集
第3局	61785（北京）	通信の傍受・記録、収集の統制・指示 発信の統制および保全（全国に13部署以上）
第4局	61419（青島）	日本、韓国
第5局	61565（北京）	ロシア
第6局	61726（武漢）	台湾、東南・南アジア
第7局	61580（北京）	サイバー戦、情報戦？
第8局	61046（北京）	西欧、東欧
第9局	？　（北京）	戦略情報分析、データベース
第10局	61886（北京）	テレメトリー・ミサイル追尾レーダ、核実験
第11局	61672（北京）	ロシア（第5局との差異は不明。2020 部隊ともいう）
第12局	61486（上海）	衛星情報の収集
56研究所	江南研究所	コンピュータの研究開発
57研究所	西南電子通信技術研究所（成都）	電子・通信傍受システム、衛星通信技術
58研究所	西南自動化研究所（綿陽）	暗号解読、通信保全の研究

出典：Project 2049 Institute “the Chinese people’s liberation army signals intelligence and cyber reconnaissance infrastructure”

子設備廠、第五六研究所、第五七研究所、第五八研究所などが知られている。このほか通信傍受要員の語学教育の場として洛陽外国語学院がある。

全国には分局があり、さらに分局の下に通信所が置かれている。沿岸部にはいくつかのレーダーサイトがあり、台湾支援に向かう米海軍の艦艇の通信やレーダー電波を傍受する態勢がとられている。西沙諸島の永興島にも二つの通信傍受施設があることが知られており、南シナ海、ベトナム、フィリピン全域をカバーしている。（二〇〇八年九月二八日『星島環球ネット』）

また、「ラオス、ミャンマーに傍受施設を開設した」「旧ソ連がキューバにおいていた対米通信傍受施設を中国が譲り受けた」などとする外国の観測もあるが中国側はすべて否定している。（竹田純一『人民解放軍』）

中国は二〇〇七年、東ティモールに監視施設を設置しようと試みたが、米国とオーストラリアの反対で、東ティモールが最終的に拒否し実現しなかったという。東ティモールの北部海域は米艦艇や原子力潜水艦の航行路になっていることから、これらの監視が目的であったようだ。そのほか、同様の目的でフィリピンにもシギント基地を設置することを企図しているという。

総参謀部第四部（電子対抗部）

総参謀部第四部は、総参謀部隷下で電子情報の収集および分析を行なう機関。電子戦レーダー部（電抗雷達部）とも呼称される。近年、サイバーネットワーク攻撃を行なう部署として注目度が高い。

第四部は一九九〇年に設立された比較的新しい組織である（一九七三年設立とする説もある）。第四部の本部は当初、北京市向陽崎の第三部の本部と同一場所に置かれていたが、九一年に和園南東にある塔院へ移動された。

隷下に四つの局と一つの電子対抗旅団、二つの連隊を有している。このほか電子戦幹部の養成や電子戦の研究および教育を行なう電子工程学院（一九七九年に安徽省合肥に設立）を有する。

五四研究所は、主として技術支援を行なう部署であり、国内の電子技術関連の二九研究所（成都）、三六研究所（？）、三八研究所（合肥）と密接な関係を有している。

第四部は司令部などの重要施設の通信電子防護を行なうほか、隷下部隊および海・空軍部隊を通じて、戦術レベルの電子情報の収集、対電子戦および各種の欺騙行動の指導・研究に携わっている。

第四部は合計一五カ所の通信電子情報基地を直轄運用し、洋上でも三隻の情報収集艦を運用している。（二〇〇二年四月『尖端科技』）

海南島には少なくとも二つの施設があり、米国の衛星に対する妨害任務を有している。

総参謀部信息（情報）化部

総参謀部信息化部は、軍の通信関連業務を行なう組織で、以前は通信部と呼称された。二〇一一年六月、総参謀部と集団軍以上の司令部の通信部が信息化部に改称された。その理由は明確ではないが、信息化とはC⁴ISR（指揮・統制・通信・コンピュータ・情報・監視・偵察）の強化による情報のリアルタイム化、知能化などを指す用語であることから、軍の通信電子情報のデジタル化などを強化する狙いでの組織改編であった可能性がある。

総政治部連絡部

総政治部は全軍における党の指導を管理・徹底する組織。総政治部全体が巨大な情報機関であり、かつ秘密工作組織であるともいえる。

なかでも連絡部と保衛部は、情報・保全活動を主任務とする組織であり、連絡部の任務は政治工作条令などによれば、「台湾、外国軍および仮想敵国軍隊に対する策動、心理戦の実施、外国の戦略基盤情報の収集、宣伝を通じての政治的影響力の拡大など」となっている。

連絡部の下部組織には、連絡局、調査研究局、辺防局および対外宣伝局がある。調査研究局は米国、日本、ロシア、タイ、フランスなどの在外大使館に人員を駐在させ、当該地域の政治情報の収集を実施している。辺防局は国境を接する周辺国の政治情報を収集、かつては対ベトナム潜入工作を受け持っていたことがある。外郭団体として「和平と発展研究センター」を保有している。

連絡部は、台湾、香港、シンガポール、米国などに、情報要員を中国企業の従業員あるいは管理職として派遣している。連絡部の対外活動は表面的には「国際友好連絡会」の名の下で実施されている。友連会は人民団体（いわゆる民間団体）であり、表向きには軍事色を出さないが、連絡部の外郭団体であり連絡部とは一心同体の関係にある。

総政治部保衛部

総政治部保衛部は、軍内の防諜、保全を専門に担任する総政治部隷下の機関で、保衛局、偵察局、警衛局などの内部部局を保有している。

軍内保全の歴史は一九二七年八月の南昌蜂起後の政治保衛処の設立に遡る（一八頁参照）。三〇年代には軍内の保全・防衛組織が構成されたが、現在の総政治部保衛部の前身は四九年一一月に設立された武装保衛局である（二六、二八頁参照）。同局は当初、公安部と総政治部の二重指揮を受け、軍内部の保全・防諜などを担当していたが、その後、公安部の指揮下から離れて総政治部隷下に改編された。

保衛部は、企業などの駐在員や公館職員に偽装して秘密工作員を派遣しており、海外における武官の監視工作などを行なうほか、諜報活動も兼ねて実施しているという。

4 党系統の情報関連機関

中国共産党中央政法委員会（中央政法委員会）

中央政法委員会は、治安と司法を担当する中国中央の直轄組織で、その業務は公安、裁判所、検察院、司法部などの政法組織に対する指導、政法部門幹部の管理、政法分野の政策研究、政法部門間の意見調整、社会秩序の総合管理である。ただし、その役割は国内活動に限定され、国外活動に対する指導・監督権限はないとされる。（N・エフティミアデス『中国情報部』）

委員会トップである書記は、司法部長や最高人民法院を束ねる権力者であり、政治局常務委員クラス（現在は政治局委員）が就任する。副書記は公安部長が兼務する。委員には最高人民法院院長、最高人民検察院長、国家安全部長、司法部長らが就任する。

中央政法委員会の前身は、建国後に設立された中央法制委員会である。その後継機関が中央政法領導小組であり、その職務を康生や汪東興といった情報専門家が担当したことから、歴史的に情報機関との関係が強い。

中央政法委員会は、一九八〇年一月に彭真を組長として設立。八八年に党中央政法指導小組に改組されたが、八九年に再び中央政法委員会に改組され、現在に至っている。

同組織はかつて喬石（元全人代委員長）が書記であったことで注目を集めた。喬石は康生死亡（一九七五年）後の情報機関の最大の黒幕であった。喬石は一九四〇年に入党以来、上海などでの地下活動に従事し、建国後は地方都市で宣伝部、組織部、統戦部などの要職を歴任。七八年対外連絡部副部長、八二年に同部長、八四年に中央組織部長を経て、八五年から九二年まで書記を務めた。

中国共産党中央規律検査委員会（中規委）

中規委は、思想の徹底、反党運動の監視・排除などを主導する中共中央の直轄組織で、現在は汚職・腐敗追放運動を指導する。一九二七年の中央監察委員会が前身で、四九年の建国後に規律検査委員会として正式に設立、五五年に再び監察委員会に改称、文化大革命時期にいったん消滅したが、七八年に再び設置され、陳雲が書記として辣腕を振るった。

元中央政法委員会書記の周永康・政治局常務委員が二〇一四年に失脚し、政法委員会の権限が縮減するなか、中規委は王岐山・政治局常務委員がトップの書記に就任し、汚職・腐敗取り締まり運動の中心的組織として、急速に存在感と影響力を高めている。

中国共産党中央統一戦線工作部（中央統戦部）

中央統戦部は、統一戦線工作を担当する中共中央の直轄組織で、一九三九年一月に周恩来らにより、それまでの敵軍工作部を改編して設立された。業務は人民政治協商会議の運営、民主諸党派に対する指導、民主諸党派および党外人士の国家組織への登用、知識人対策、民族問題の処理、宗教対策、華僑・華人を主な対象とする海外への統一戦線の展開、経済面における統一戦線の展開などである。（岩波書店『岩波現代中国事典』）

ただし一党独裁の中国においては民主諸党派との連携は有名無実であり、民主主義をカモフラージュとした統一戦線工作が真の目的との見方がある。実態は諜報部門、捜査・調査部門、盗聴・通信部門を有し（ロジェ・ファリゴ『最新「中国諜報機関」』）、またチベット局（第七局）などの少数民族地域を担当し、統一戦線工作を広範囲に行なっているという。

毛沢東時代には、共産党独裁に民主的な側面を装い、非共産主義勢力の広範囲な支持を得る一方で、中国および共産主義の優越性を映画、サーカス、演劇、スポーツなどを利用して在外華僑を通じて海外に宣伝する、海外の人々を中国に招待して社会主義国家の理想を示す、海外在住中国人の愛国心を喚起し、中国著名人の帰国工作を行なうなどの活動に従事した。銭学森（カルフォルニア工科大学教授）と李宗仁（元国民党副総理）帰国工作は、中央統戦部の歴史的成果であった。銭は一九五五年に帰国し、帰国後に人工衛星の研究開発を指導し、中国の航空宇宙研究の発展に貢献した。李は六五年に中国に帰国し、共産主義イデオロギーの宣伝に貢献したが、文化大革命の初期に不審死している。

国家安全部の創設以後、中央統戦部の活動は従来よりも低調になったが、それでも八〇年代末には中央統戦部の二人の秘密工作担当官が在ワシントン中国大使館を拠点として活動していた。（『中国情報部』）

一九九七年七月の香港返還に際しては、香港の企業および報道機関内の重要人物を共産党に取り込む秘密工作に従事した。香港・マカオの返還により、主要な任務は台湾統一に移り、世界的規模での統一戦線工作が不可欠との認識から、米国、欧州、日本など世界各地の在外華僑を利用して水面下の活動を行なっているとみられる。

二〇一五年七月末、党政治局会議で中央統戦部を

指導する、「中央統一戦線工作指導（領導）小組」が設置され、習近平が組長に就任した。

今後、統一戦線の名目で台湾統一や少数民族の統治に関する工作が強化される可能性がある。

中国共産党中央組織部（中組部）

中組部は、中共中央の直轄組織である。共産党の組織・人事を担当する。一九二四年五月に中央宣伝部などとともに設立された。党員の「档案《とうあん》」（二七、一一八頁参照）などを掌握。国務院人事部長は組織部副部長が兼任している。秘密工作員を訓練する外国語学校が同部に直属しているので情報活動との関係が指摘されている。歴代の中組部部長には喬石、曹慶紅らの情報機関との関係が指摘される実力者が就任してきたことも、中組部と情報活動との少なからぬ関係を指摘できよう。

中国共産党中央宣伝部（中宣部）

中宣部は、中共中央のイデオロギー、路線、方針、政策を実際に宣伝・教育する組織で、一九二一年の共産党創設からまもなく宣伝局が結成され、二四年五月、中央宣伝部が設立された。江沢民政権下において反日教育が重視されるなか、中宣部は九四年に「愛国主義教育実施綱要」を発表し、国内の教育組織に対する反日教育を指導したことで有名である。

現在、中宣部の内部部局として理論、宣伝教育、新聞出版、文化芸術などの各局が設置され、地方組織として各地方の省、市、県の宣伝部があり、中宣部の決定が末端まで届くシステムになっている。

中宣部は対外宣伝弁公室および人民日報社、国務院新聞弁公室、国家広播電影電視、国家新聞出版総署、国営新華社通信、国営人民出版社、人民解放軍の総政治部宣伝部などを通じて、新聞、出版、教育、テレビ、ラジオに及ぶ広範な宣伝部門に対して指導を実施。中国国内における宣伝活動を重視しており、路線に反した文学作品や論文は、中宣部によって発禁や報道禁止などの処分が下される。最近は、インターネットなどの報道統制を強化している。

二〇〇三年、焦国標・北京大学助教授（当時）が『中央宣伝部を討伐せよ』と題する中国の歴史認識を批判する書籍を執筆した。同書は中国国内で発禁とされたが、同書によれば、中宣部は中国大陸にある五千あまりの報道機関の主管部門であり、部内に新聞・雑誌などを検閲する「閲評組」（閲読・評価グループ）が設置されている。

中宣部は、メディア管理のほか、歴史をめぐる論争においても大きな役割を担っている。（リチャード・マグレガー『中国共産党』）

中国共産党中央対外連絡部（中連部）

中連部は、中共の対外関係を統括する中共中央の直轄組織で、一九五一年に設立された。主要な業務は国際統一戦線に基づくマルクス主義支援勢力の拡大、帝国主義反対活動の宣伝などである。

対外関係の最高意思決定機関である党中央外事工作領導小組の指導を受け、国務院隷下の外交部などと密接に連携し、中国の外交活動を統括している。

発足当時、部長にはソ連大使であった王稼祥が就任したが、副部長は廖承志、李初梨のいずれも日本留学経験者であった。六〇年代には海外の共産党や革命主義勢力を支援し、日本共産党および社会党などに対する革命支援を行なった。

鄧小平時代以降、胡耀邦が一九八三年に対外連絡部の職務範囲をすべての外国の政党まで範囲を拡大した。現在では対外連絡部は日本の自民党、民主党、共産党など各政党とのパイプを保有している。

歴代部長は耿飈《こうひょう》（一九七一～七九年）、姫鵬飛（一九七九～八二年）、喬石（一九八二～八五年）、戴秉国（一九九九～二〇〇三年）、王家瑞（二〇〇三～）などである。

第3章 中国における情報活動の役割

1 中国の国家戦略と情報機関の役割

国家戦略は「安定」「安全」「発展」の追求

中国のインテリジェンス戦争の実態を究明するうえで、中国がいかなる国家目標の下で、どのような国益を追求しているのか、すなわちインテリジェンス戦争と国家戦略の関連性に着目する必要がある。

中国の国家目標は、「中華民族の偉大なる復興」を実現することである。中国は歴史的に「地理的国境」概念が希薄であり、勢力の横溢時には周辺に対する影響力の拡大を図ってきた。そのため、再び大国化した現在の中国が、地理的な支配圏、または影響圏をどこまで拡大していくのかが議論を呼んでいる。

これに関しては、中国が「中華民族の偉大なる復興」を御旗に掲げ、清王朝時代の「華夷《かい》秩序」の現代版を復活することを狙っているとの見方もある。

中国の国益は「安定」「安全」および「発展」に大まかに区分できる。「安定」は共産党政権の政治安定や社会の安定を意味し、共産党を脅かす各種要因を排除して一党独裁を未来永劫に堅持することである。「安全」は安全保障や国防を意味し、他国の侵略から中国の国土、国民、主権、共産主義体制などを守ることである。「発展」とは強くて豊かな富強国家になることであり、その目標は経済力の増強を基礎に、軍事、政治などの領域における世界的影響力を拡大することであろう。

これらの国益は相互連携関係にある。たとえば、「発展」の柱である経済発展は失業者の増大を食い止めることで「安定」に寄与する一方、国防費を拠出して「安全」にも寄与する。国防が経済地域や資源を防衛することで「発展」に寄与する一方、「安定」を最終的に保証する軍事力を提供する。そして「安定」した政権運営が、経済政策や国防政策の一貫性を保証し、「安全」および「安定」に寄与するという関係にある。これらの一つが欠落、あるいは突出してもバランスが崩れ、一九八九年の天安門事件のように危機的状況が生起することになる。

国家目標と国益の追求を支援する情報機関の任務

中国情報機関の役割は、国家目標や国益の追求を支援することであるため、その任務は「安定」「安全」および「発展」に貢献するインテリジェンス戦争の遂行ということになる。

「安定」任務は、国内の反体制派組織、民主化組織、分離・独立組織、宗教団体などを徹底的に監視し、不安定分子を早期に摘発し、弾圧することである。とくに、新疆ウイグル、チベットなどのリスク発火点を抱える中国にとって、少数民族地域の監視、取り締まりは情報機関の重要な任務といえよう。

「安全」任務は、敵対国家に優越する軍事力を整備するために必要な軍事科学技術を獲得することと、敵に対して戦勝できる戦略、戦術を構築するために、敵対国家の意図、軍事能力および脆弱性を明らかにすることである。

「発展」任務は、国家の経済力増強につながる最新技術および経済情報を先進諸国から獲得することである。中国情報機関は民間の産業技術と軍の軍事科学技術との垣根なしに、両方共通の最新技術を獲得し、国家としての産業発展と軍近代化の推進に貢献することが求められているのである。

これら「安定」「安全」および「発展」の三つの国益のすべてに関連しているのが台湾統一である。台湾は中国の核心的利益であり、中国情報機関は台湾統一を支援するため、台湾、米国などの政治・軍事的意図と軍事能力に関する情報収集、台湾統一に有利な国際環境を醸成するための各種の秘密工作を行なうことが任務として求められている。

以上のことから、本章においては、中国情報機関の任務を、①国内の安定維持、②国家の安全保障、③科学技術および経済情報の取得、④台湾統一の支援の四つに区分して、それぞれの秘密工作などの実態について考察することとする。

2 国内の安定維持

国内安定が国家の最優先課題

中国は一九七〇年代末から改革開放政策に移行し、飛躍的な経済成長を遂げ、経済の全体的規模では二〇一〇年にわが国の国内総生産（ＧＤＰ）を追い越し、世界第二位の経済大国になった。また、市場経済の発展で蓄えた経済力を背景に、一九八九年に成立した江沢民政権以降、ほぼ国防費は二桁台の伸び率を継続し、近代兵器が着々と実戦配備されてきた。中国は経済大国および軍事大国の道を邁進し、世界的存在感を日増しに増幅させている。

その一方で、貧富の格差、失業者の増加、共産主義イデオロギーの崩壊と共産党政権の正統性に対する揺らぎ、少数民族問題の顕在化など、さまざまな社会問題が山積している。そして、これがインターネットに代表される情報化社会の到来と相まって、反政府活動を助長させる状況が生起しつつある。

一党独裁の中国指導部は、こうしたさまざまな不安定要因が複合的に発生すれば、共産党政権の安危を揺らがしかねない重大事態に発展すると認識し、国内に存在するさまざまな不安定要因の排除を最大の政権課題と位置づけている。たとえば、民主化運動では、二〇〇八年一二月、劉暁波（のちにノーベル平和賞を受賞）をはじめとする学者、作家、社会活動家および人権擁護者からなる約三百人が『〇八憲章』を発表し（一二七頁参照）、これが米国、英国、フランス、日本などの海外における署名活動へと拡大した。これに慌てた指導部は事態の深刻さを認識し、直ちに厳しい対抗措置をとった。

中国指導部にとって、「中華民族の偉大なる復興」の実現は、共産党政権の存続という大前提なくしてはまったくの無意味である。したがって、経済格差を背景とする暴動が、民主化問題や少数民族独立運動と結びついて拡大し、政権を危うくすることのないよう、党指導部は公安部、国家安全部などの情報機関をフル活用し、脅威が深刻化する以前にその芽を摘んでおこうとの狙いを持って監視体制を強化している。

安定維持任務を担う公安部と国家安全部

国内の安定維持任務を担う中心組織は、全国展開する公安部である。公安部は約一〇〇万人以上と推定され、治安機関であると同時に情報機関でもある。全国規模の情報網を駆使し、国内治安に関する情報を収集し、必要な治安対策をとっている。

公安部が対処できない大規模騒擾事態に発展した場合は、人民武装警察、さらには人民解放軍が投入される（「中国戒厳法」八条）。したがって、公安部が入手した治安情報は人民武装警察、人民解放軍との間で共有される仕組みになっているとみられるが、その詳細は不明である。

公安部は、常日頃から反政府団体、少数民族、民主化組織および民主活動家を継続監視している。そして問題が発見されれば、直ちに党上層部へと報告する仕組みになっている。そのため、国内に多数の協力者（エージェント）を獲得し、運用している。

公安部の協力者獲得の要領は「通常、貧乏で教養がなく、共産主義にとって脅威とは思われない人々をリクルートする傾向がある」という。（『中国情報部』）

つまり、「質よりも量」を重視した獲得と運用を行なっている。人的資源が豊富な中国では、わずかな金銭や便宜を与えること、または協力者の弱点を探し出し、これに脅しをかけることで、広範囲の協力者網を構成することができる。

国家安全部は、公安部と同様に国内の安定維持を担っている。国家安全部は公安部よりも秘匿度が高く、その人員数などは公表されない。ただし、全国に下部組織を有していることから、相当数の要員が全国展開しているとみられる。

国家安全部は公安部とは異なり、主として外国要人などを監視対象としているとされる。中国駐在の外交官、外国人新聞記者などの監視は公安部ではなく国家安全部が担任している可能性がある。監視対象が重要人物であると判明したならば、公安部から国家安全部に管轄が移管されることもあろう。

徹底されるウイグル族監視

中国は、憲法や民族自治法で少数民族の分離独立を禁止している一方で、各民族の言語・文字の使用、風俗・習慣を守る自由を保障している。しかし、このような保障も、あくまで中国という主権国家の枠内に限られる。

中国は、新疆ウイグルおよびチベットの二大少数民族自治区に対する監視体制をとくに厳しく敷いている。

新疆ウイグル地区は、イスラムテロ勢力の温床とされる中央アジアとの地勢的、民族的な関係が強い。このため中国はイスラムテロ勢力の脅威が、同地区に波及することを強く懸念している。テロのネットワークの世界的拡大と大量破壊兵器の拡散などにより、テロ勢力の戦術・戦法が格段に進歩していることから、テロ対処は中国にとってさらに重大な課題となっている。少数民族地域の分離独立運動が台湾独立運動へと飛び火することも強く警戒しているとみられる。

中国建国六〇周年を迎えた二〇〇九年七月、広州におけるウイグル族と漢族の諍《いさか》いに端を発し、新疆ウイグル自治区で大規模な暴動が発生した（「七五事件」と略称される）。中国は「大暴動の原因は、米国に活動拠点を置くラディア・カーディル議長（当時六二歳）が主導する『世界ウイグル会議』が誘導したことによる」との見解を示し、ウイグル族に対する徹底的な抑え込みを図った。

前年の二〇〇八年に発生したチベット暴動におい

て中国は、各国からの報道活動を徹底規制し、その独裁ぶりが国際的批判を招いた。そのため、ウイグル暴動では、「情報公開」という世界的な要請に配慮し、暴動に関する情報を積極的にマスコミに公開した。しかし、公開された報道は中国当局のフィルターがかけられた恣意的なものであった。日本からの記者を含めて何人かの外国人報道関係者が中国当局によって拘束されたという。報道によれば、市内のインターネットは遮断され、国際電話は不通となった。一方で、自治区共産党系の報道サイト『天山ネット』は接続できるなど、徹底した情報統制が行なわれた。

新疆ウイグル自治区では、一般人に偽装した公安部公安局職員や公安当局のために働く情報提供者が、「政府の政策に対する異論や批判のどんな小さな予兆も見逃すまい」と監視活動を行ない、何かあればすぐに公安部などに通報する態勢が敷かれているという。ここを訪れる外国人は、情報提供者からいちいち訪問事情を聞かれ、公安当局者に尾行されることになるという。

「七五事件」以後、首都ウルムチの地下街の主要ポイント数十カ所に監視カメラが取り付けられ、住民監視の体制が強化されたという。二〇一三年七月、新疆ウイグル自治区で、再び漢族とウイグル族との衝突事件により死亡者が発生した。習近平指導部は、これをテロ事件と直ちに断定し、早期鎮圧を命じた。

二〇一三年一〇月、ウイグル族の三人が自動車で天安門に突っ込んで炎上、一四年三月、昆明駅でウイグル族とみられるグループによる旅行客を切りつける事件が発生するなど、多数の死亡者を伴う重大事件はおさまらない。中国は一四年五月末、第二回中央新疆工作座談会を開催し、違法な宗教活動の取り締まりを強化する旨を改めて確認した。

二〇一四年一二月、新疆ウイグル地区の人民代表大会はイスラム教徒の女性の伝統的な衣装「ブルカ」の着用を公の場で禁じる法律を可決した。このほか、長いひげを伸ばした男性のバス乗車拒否、一八歳以下の者に対するコーラン学習やラマダン（断食月）への参加禁止など、地方政府はイスラム教徒とテロとの関係を警戒して、取り締まりを強化している。

これに関連して、中国国外からの抗議活動なども起きている。二〇一五年七月、トルコ在住のウイグル人らが首都アンカラで数千人にのぼる反中国デモを実施した。これは、中国政府によるイスラム系民族の宗教活動の取り締まり強化に反発したものであった。

同年八月一七日、タイの首都バンコクで大規模な爆発事件が生起した。この事件は、四月に脱獄したウイグル族一七人の仕業とされ、背後にタイ暫定政権が新疆ウイグル自治区からタイに逃れてきたウイグル族百人を強制送還（八月七日）したことに対する報復措置だと伝えられた。

中国当局による取り締まり強化には、イラクとシリアを拠点に猛威を振るう「イスラム国（ＩＳＩＳ）」の影響が波及し、それが新疆ウイグルにおける「第二イスラム国」の樹立につながることを極度に警戒しているという背景がある。このため、中国は少しでも危険な予兆を察知したならば、〝不穏な芽は直ちに摘み取る〟とばかりに、監視の目を光らせている。情報機関の活動がますます重要視されることになるのである。

さらに厳しいチベット族監視

チベット自治区の住民監視は、新疆ウイグル以上に厳重であるという。同自治区では一九二五年にダライ・ラマとパンチェン・ラマの対立が生起した。中国は、この対立を利用してチベットに侵入し、各種の秘密工作を開始した。五一年からは「チベットの平和解決に関する一七カ条協定」をチベット政府に承認させ、パンチェン・ラマを利用したチベット支配を開始した。五九年、ラサ反乱でダライ・ラマ一四世がインドに脱出した以降、人民解放軍を同地に派遣・駐留させて、中央チベットを自治区として編入し、そのほかの地域は中国に併合した。

中国はチベット側の抵抗を封じるために治安対策を強化し、反対勢力の摘発、鎮圧などの宗教弾圧を行なってきた。しかし、抵抗が止まないことから、二〇〇二年、支配を強化するために「二千万人の中国人をチベットに移住させる方針」を決定した。これは総人口が当時わずか二四三万人のチベットに二千万人の漢族を移住させ、チベットを「漢族の渦」に飲み込む戦略であった。

二〇〇八年八月の北京オリンピックを控えたその年の三月、チベットで大規模暴動が発生した。中国はすぐさま人民武装警察や公安部を投入し、強硬的に暴動鎮圧に出た。暴動鎮圧後も厳しい監視体制は継続された。各種報道によれば、ラサ市の中心部では「共産党がなければ新しいチベットはない」「人民解放軍は人民を愛し、人民を守る」と書かれた横断幕が掲げられ、市中には多数の武装警察員が巡回したという。歴代ダライ・ラマの宮殿だったポタラ宮付近では小銃を手にした警官が検問所を設置し、すべての通過車両を停車させ、車内を徹底的に点検する厳戒態勢が敷かれた。チベット仏教寺院の中にまでも監視カメラが設置され、二四時間態勢で僧侶の行動を監視し、僧侶が使っている携帯電話や電子メールはすべて盗聴され、インド北部のダラムサラムにあるチベット亡命政府と連絡をとったことなどが判明すると、即座に拘束されたという。

二〇〇九年二月からチベット僧侶の焼身自殺が続いた。一二年の第一八回党大会の開催中においても、僧侶が焼身自殺している。これは、中国の圧制に対する、自らを犠牲にした抗議であった。中国政府は抗議行動を封じ込めることに躍起であり、歴代指導者の肖像画を各家庭に配布するなどの思想教化にも力を入れているという。

中国が恐れる民主化波及への対処

中国は国内問題を誘発し、拡大する要因の一つに、国外勢力の存在を挙げている。改革開放政策が本格化した八〇年代末から、中国は西側資本主義勢力による社会主義体制の「平和的転覆（和平演変)」に対する危機感を強めてきた。

当時、中国は「西側資本主義勢力は七〇年代以降、社会主義国家が改革開放を実行するのを利用し、社会主義国家内部の反対勢力と結託し、政治、経済、文化の各領域で浸透し、人権や民主の旗を掲げて硝煙のない第三次世界大戦を戦っている」との認識を示した。一九八三年の国家安全部の設立も、改革開放政策を推進するうえでの前提となる治安維持を国の内外から強固にするという目的があった。

一九八九年、大学生による民主的要求が発端となる天安門事件が発生し、中国の「平和的転覆」への危機感が現実のものとなった。中国は人民解放軍を鎮圧任務に投入した。しかし、これが国際的批判を浴びたため、九六年に「戒厳法」を制定し、公安部と人民武装警察を国内治安の中核組織として位置づけ、両組織の強化を推進してきた。

天安門事件後、民主化を主張する学生活動家、知識人は逮捕・投獄されるか、国外亡命するかを余儀なくされた。たとえば、天安門事件の首謀者の一人であった魏京生の釈放を要求する署名を呼びかけた天文物理学者の方励之は事件後に米国に亡命した(方励之は二〇一四年米国で死亡)。彼らは亡命先の海外において民主化組織を結成し、海外から中国国内の民主化運動を支援する動きを示しているとされる。

こうした動きに対し、中国情報機関はいち早く対応した。国家安全部は亡命する民主化指導者の中に情報要員を混入させ、出国させるという方法をとったという。その後、彼らは秘密裏に海外における民主化組織の中に協力者網を構成し、民主化組織の動向を厳重に監視した。

一九九〇年、中国政府は「中国海外交流協会」という民間組織を設立し、海外の華僑に対する秘密工作を開始した。その秘密工作の目的は、海外華僑の莫大な資金を中国本土へ投資させるほか、華僑ネットワークを使って海外の民主化運動を抑制する狙いがあった。(二〇〇五年七月『正論』「知られざる反日国際ネットワークの脅威と実態を暴く」)

現在、国外に展開している中国情報機関は、民主活動家、チベット人、亡命ウイグル人、気功集団・法輪功のメンバー、台湾独立支持派などを監視対象としている。前出の二〇〇九年のウイグルでの「七・五事件」についても、中国は国外に拠点を置く「世界ウイグル会議」の仕業との見解を持っており、同組織も監視対象である。

国外の民主化組織を監視することは、国家安全部の重要任務の一つであり、国外の民主化組織を常続的に監視し、安全部は海外を発信源とする中国国内での民主化運動を最も警戒している。

中国当局の懸命な治安対策と、右肩上がりの経済成長が効を奏し、一九八九年の天安門事件以後は、民主化運動の大きな高まりは訪れていない。しかし、民主化の火種が消えたわけではない。昨今の大学生の就職難は、国家の安定を維持するうえで、軽視できない問題である。これまで国家エリートとして重用され、就職に困ることはなかった大卒者の就職率は七〇パーセント以下まで落ち込み、多くの就職浪人が溢れる始末である。こうしたなか、二〇一〇年一一月に民主運動家の劉暁波がノーベル賞を受賞したことは、国内不満と相まって、大学生にいつか噴き出す民主化運動の火種が植えつけられた可能性は否定できない。

二〇一一年一月から二月にかけて、中東・北アフリカを発信源に民主化運動が生起した。中国は、民主化運動の国内波及を過度に警戒し、情報統制という手段に出た。インターネットでは「中東・北アフリカ」「民主化」などの関連用語の検索が停止され、関連の書き込みが治安当局によって次々に削除されたという。しかし、それでも中国国内では「中国版茉莉花《ジャスミン》革命」を呼びかけるネット書き込みがあとを絶つことはなかったという。

これらの状況を受け、二〇一一年三月の全人代政府活動報告では、中国は情報ネット管理の強化を新たな政策方針として盛り込んだ。一一年度の公安関連予算も前年比一四パーセント増の六二四〇億元と発表し、公安関連予算が初めて国防予算を二三〇億元ほど上回った。同年三月三一日に発表された『二〇一〇年中国の国防（国防白書）』では、「社会の調和および安定の擁護」を国防の主要方針に掲げ、社会の安定維持を軍事力の重要な役割として位置づけた。つまり敵対勢力による転覆・破壊活動、各種暴力、テロ活動を断固として取り締まることが軍事力の役割と明記されたのである。

中国当局の徹底的な取り締まりが功を奏したのか、結果的に茉莉花革命が中国国内に波及する危機は回避できた。ただし、党指導部は民主化運動に対する危機感と警戒の必要を再認識したとみられる。

二〇一四年、香港の行政長官の直接選挙の方針をめぐっては、民主的選挙を要求する学生側と香港政府が激しく対立し、両者は容易に妥協することはなかった。中国指導部は、香港の民主化は外国勢力が国内勢力と結託して起こしているとし、「反間諜法（反スパイ法）」の制定・施行を急いだ。（一一五頁参照）

今後とも中国指導部は、民主化運動の火種を消そうと、取り締まりを強化するとみられるが、世界のグローバル化に伴い、民主化の波は容易に遮断できそうにもない。国内治安任務を担う国家安全部、公安部などの情報機関の役割はますます重要になっていくのであろう。

新たな課題となった宗教監視

中国は「仏教」「道教」「回教（イスラム）」「天主教（カトリック）」および「基督教（プロテスタント）」の五つの宗教活動を認めている。しかし、その活動は、党や政府の方針に沿ったものでなければならず、国内外の「分裂主義」およびテロリストの影響を受けたものではあってはならない。

中国は、反共・反全体主義を強く訴えたヨハネ・パウロ二世を法王とするバチカン市国と一九五一年に国交を断絶した。そしてチベット自治区の独立を標榜するチベット仏教最高指導者ダライ・ラマ一四世を分裂主義者とみなしている。

中国は、国外の教団組織とはいっさい関係なく中国独自の僧侶・信徒団体を組織しなければならないという「自辯（自編）教会の原則」を掲げている。そして宗教活動は、寺院、教会など決められた敷地内に限られ、市井での布教活動は禁じられている。

中国は、外国人による布教、伝道活動を禁止している。二〇〇四年一一月、「宗教事務条令」が公布された。これは一九九四年に制定された「宗教活動場所管理条令」と「外国人宗教活動管理規定」のうち、前者を廃止し、後者を補完し充実させたものである。「宗教事務条令」によれば、「外国人は国内の寺院や教会などにおいて宗教活動に参加できるが、それは政府の認定場所でのみ活動できる」「外国人は布教・宣伝用の聖書など持ち込んではならない」「中国国内で宗教組織や宗教施設を設立してはならない」と定められている。

以上のことから、中国は宗教活動の自由を建て前としては容認しているものの、自由な普及活動は許されず、とくに海外との連携阻止を狙いに、国内法で恣意的な取り締まりを行なっていることがわかる。

少数民族地域の新疆ウイグルでのイスラム教徒の取り締まりでは、指導者（イマーム）に対する思想取り締まり、モスク内の監視、文学や詩の検閲などが行なわれている。九〇年代に新疆ウイグル自治区でウイグル語出版物が、当局により焼却された「焚書事件」が発生した。それ以来、新疆ウイグル地区では自主的にイスラム関連の出版を規制している。

法輪功を「邪教」に認定し、取り締りを強化

現在、五つの宗教以外の「邪教」（カルト教団の意）に対する国内外の監視も強化されている。なかでも法輪功に対する監視は厳重である。法輪功は一九九二年、李洪志が始めた宗教的気功集団である。李はその後米国に移住し、海外を拠点に法輪功の組織拡大を図ってきた。

一九九八年四月以降、法輪功に対する批判的な報道に対し、信者が全国各地で抗議行動を開始した。九九年四月二五日、一万人の法輪功メンバーが中南海を包囲し、座り込む「法輪功事件」が発生した。

江沢民の命を受けて、中央政法委員会書記の羅幹が、国家安全部長の許永躍、公安部長の賈春旺を指揮し、徹底的な弾圧を命じた。その際、逮捕者の中には公安部の北京支局の情報部長も含まれていたという。

以来、中国は法輪功を「邪教」に認定し、その取り締まりを強化してきた。しかし執拗な取り締まりにもかかわらず、法輪功はインターネットなどを使って国内外で組織と会員数を急速に拡大させてきた。一説によれば海外での会員数はすでに共産党の党員数を上回る数にのぼっているという。

二〇〇六年四月二〇日、訪米した胡錦濤主席がホワイトハウスの歓迎式典でスピーチをしていたところ、米国籍の女性信者が「法輪功への迫害を停止せよ」と大声で抗議するという事件も発生した。会員の中には党員や政府幹部も相当数含まれているとみられ、このことが党と政府に対する大きな衝撃となっているという。

中国は法輪功に対する監視を目的に、中央安定維持工作領導小組の下に安定維持弁公室を設置した。小組組長には政法委員会書記、副組長には公安部長、弁公室主任には公安部の部長職が就任した。安定維持弁公室は当初、「六一〇弁公室」と呼ばれていた。これは中国で急拡大した法輪功に不安を覚えた江沢民・国家主席（当時）が、一九九九年六月一〇日に創設を指示したことに由来している。（『蠢く！中国「対日特務工作」マル秘ファイル』）

二〇〇九年以降、「六一〇弁公室」は「六二五一公室」と呼ばれるようになったという。これは建国六〇周年の「六」、天安門事件二〇周年の「二」、チベット動乱五〇周年の「五」、法輪功による中南海包囲事件から一〇周年の「一」に由来するという。（揚中美『二〇一三年、中国で軍事クーデターが起こる』）

「六一〇弁公室」には、在外公館からの法輪功の海外での活動や、報道機関を通じた共産党批判などが報告されていた。二〇〇五年にオーストラリアに亡命した国家安全部の天津局の元幹部である郝鳳軍によれば、米国、カナダ、オーストラリア、ニュージーランドでは、六一〇弁公室のエージェントが数百人活動していたという。

同弁公室は中国の民主化を宣伝する海外報道媒体『大紀元時報』も監視対象としている。『大紀元時報』は法輪功の関係者が経営している報道機関で二〇〇〇年に米国で創設された。現在はアジア、欧州、太平洋地域など三〇カ国以上で新聞などを発行しており、〇一年には日本支社が設立された。

そのほか、中国で大きな影響力を持つ「中華養生智功（中功）」という気功団体も監視対象となっている。中功は一九八八年に黒龍江省出身の張宏堡が創設した団体であり、最盛期には三八〇〇万人の会員数を誇ったという。当初は江沢民も贔屓にする気功団体であったが、九九年一〇月の法輪功に対する弾圧に引き続き、中功も法輪功と同じく中国政府から違法団体として指定された。

張は二〇〇〇年に米国に亡命したが、米国ではさまざまな民事訴訟のトラブルに巻き込まれ、その背後に中国情報機関の関与が指摘された。〇六年七月三一日、張は米国アリゾナ州で謎の交通事故死を遂げるが、これは中国情報機関による暗殺との噂もある。張の友人の中国民主化運動家の周勇軍が、現地警察からの通報により、現場に駆けつけ、状況を調査したところ、多くの不審点が浮かび上がったという。

以上のことは、中国情報機関の海外における活動は、監視、情報収集、容疑者の追跡にとどまらず、場合によっては脅迫、傷害、殺人などの暴力的手段も含まれる可能性を示唆している。

中国高官の亡命阻止が新たな課題

国家安全部の高官である兪真三（八四、一四二頁参照）が米国に亡命したことで、同部は大きな痛手を受けたが、亡命によって国家機密が漏洩される危険性は、情報機関の要員に限られたことではない。

二〇一三年、重慶市党書記の薄熙来の側近であった重慶市副市長（重慶市公安局副局長を兼務）の王立軍が、薄の逆鱗に触れ、自らの生命が危機に瀕していることを悟り、重要な秘密情報を携え、成都市の米国総領事館に駆け込み、亡命を図ろうとした事件が発生した。

二〇一五年には、かつて胡錦濤の番頭役といわれた令計画・前党中央弁公庁主任が失脚（党籍剥奪）したことに関連し、彼の弟の令完成（五六歳）が、計画が党中央弁公庁勤務時代に入手した党内機密文書を持って、一四年秋頃に米国に逃亡したとされる。中国は、完成の引き渡しを要求しているが、米政府は否定的立場をとっているようである。（『東亜』二〇一五年九月号）

習近平は「トラもハエも叩く」と豪語して、中国高官の汚職・腐敗の撲滅に大鉈を振るっている。これが汚職・腐敗運動が派閥闘争の様相を呈していることもあり、摘発の対象となった者が自らの敗北と危険を察知し、党内の機密情報を土産に海外亡命を企てるのであろう。

こうした党、政治の高官に対する調査においては、王岐山・政治局常務委員が率いる中央規律検査委員会が主導的な役割を発揮しているが（六三頁参照）、公安部や国家安全部などの機関も状況に応じて運用されるとみられる。

3 国家の安全保障

安全保障上の最大関心は台湾

一九八〇年代半ば、中国はかつての「世界大戦不可避論」から「世界戦争勃発の可能性は著しく低下し、当面は局地戦争への対処が重要である」との脅威認識に変更した。これに伴い軍事戦略を、国土内での大規模戦争対応型から国境付近での局地紛争対応型へと変化させた。そして米ソという二つの強大敵国に加え、台湾、ベトナムおよび朝鮮半島などの周辺国に対する情報関心の比重が高まった。

一九九〇年代半ばからは台湾の独立傾向に伴い、対台湾軍事作戦が重要度を高めてきた。一九九六年一月、中国は台湾に対する短距離弾道ミサイル発射を含む統合上陸演習を敢行し、海峡危機はまさに一触即発となって世界を震撼させた。その後、中国は北方正面の陸軍兵力を大幅に削減し、台湾正面にシフトしてきた。

一九九一年に発生した湾岸戦争により、中国は再び米国を将来の主敵として強く意識するようになった。九六年一月の短距離弾道ミサイル発射に対し、米国は空母二隻からなる戦闘群を派遣して、台湾に関与する姿勢を強く示した。その後、九九年に発生したコソボ紛争への参戦、二〇〇一年の9・11同時多発テロ後の中央アジアへの米軍駐留、アフガニスタンでの軍事作戦、イラク戦争の実施など、米国は地域紛争に積極介入する姿勢を示した。中国はこうした動向を、米国による覇権主義の予兆とみなし、警戒感を強めてきた。

以上の情勢認識を踏まえ、現在の中国の軍事力整備の方向性は次のようなものである。当面は台湾進攻を可能にし、かつ米国による台湾侵攻作戦への介入を阻止できる軍事力を重点的に整備するというものである。すなわち、米国が呼称する「A2／AD」（アンティ・アクセス、エリア・ディナィアル：接近阻止・領域拒否）能力の構築である。次に、段階的に東シナ・南シナ海に対する支配権を確立し、最終的に海洋および宇宙の支配も含めた米国と互角の軍事力を構築するというものである。

これらの目的に沿って、中国は敵対国家の優先順位を決めている。前出の平可夫によれば、今日の中国にとっての敵としての重要度の順番は台湾、米国、日本、インド、ベトナム、東南アジア、ロシア、NATOとなっている。（二〇〇八年一一月一二日『UPI』）

このことは、中国のインテリジェンス戦争においても台湾、米国、日本が最優先対象であることを物語っている。

軍事作戦などを支援する軍情報機関の役割

国家安全保障の究極は有事における軍事的勝利で

ある。そのためには、十分な国防体制を構築するとともに、戦勝を獲得するためのインテリジェンスが不可欠となる。つまり、必要十分な情報収集を行ない、情報分析を適切に行なうことで、敵の企図および能力を至当に見積り、奇襲を防止しなければならない。そして敵の弱点を明らかにして、敵に先んじて、自らの力をその弱点に集中投入することが必要となる。

また、中国は伝統的に「戦わずして勝つ」ことを最善としている。そのため、平素からの宣伝（「輿論戦」）により、自国の主義・主張を支持してくれるよう国際世論を巧みに誘導し、敵対国家の反戦気運を醸成し、内部から戦闘意思を瓦解し、重要人物を獲得して意のままに操るなどの秘密工作が必要となる。これらの活動に対しても中国情報機関は直接、間接的な役割を担うことが求められている。

こうした安全保障上の任務をインテリジェンスの側面から担うのが軍情報機関である。総参謀部第二部は最大の軍情報機関であり、国家の安全保障に資するヒューミント活動のほか、各種のインテリジェンス戦争に従事している。また、自ら収集した情報に加え、総参謀部第三部や第四部が収集したシギント、イミントなどを融合させ、総合的な分析・評価を行ない、党中央および中央軍事委員会に対して毎日、有用なインテリジェンスを定時報告しているという。

このほか、中国は軍情報機関のみならず、国家安全部、外交部、統一戦線工作部などの多様な情報機関を駆使して、国家全体としてのインテリジェンス戦争を展開しているとみられる。

米国がインテリジェンス戦争の最大の宿敵

中国にとっての安全保障上の最大の情報関心は米国である。台湾統一を成就し、アジアにおける勢力圏の拡大を目論む中国にとって、米国は最大の対抗勢力であるから、米国への警戒心をゆるめることはない。

米国に対する警戒心の背後には、米国による台湾向けの武器輸出、日本との軍事同盟、NATOの東方拡大への支援、中央アジアにおける米軍の駐留、圧倒的な核戦力の保有、欧州による対中国武器禁輸への影響力の行使などがある。

そこで、中国情報機関の対米任務は次のようなものであろう。

第一に、中国の安全保障に影響を及ぼす米国の対外活動の全般把握、台湾有事をはじめとする地域紛争に対する米国の軍事的意図と作戦方針の解明、米軍の軍事能力の解明である。

第二に、反戦気運の醸成、反政府デモの画策など、米国の対外活動に直接、間接的な影響を及ぼすことである。

第三に、圧倒的に優位に立つ米国からの軍事技術、作戦運用のノウハウの取得である。

中国情報機関はこれらの目的に基づき、米国に対してこれまで活発なインテリジェンス戦争を仕掛けてきた。近年では二〇〇四年、DIA（米国防情報局）元局員のロナルド・N・モンタベルト（当時六六歳、逮捕時には米国防大学・米太平洋軍司令部研究センターで中国分析官として勤務）が、秘密文書を中国駐在武官の楊啓明、干振和の両大佐に漏洩した。モンタベルトは、一九八五年に米国に逃亡した中国国家安全部の対外諜報局長の兪真三が国家安全部の米国人協力者リストを暴露したことから（八〇、一四二頁参照）、米国情報機関によるマークが開始されたという。モンタベルトに対する調査は八九年頃から開始したというが、逮捕までに相当の期間を要していたことは米国情報機関が中国情報機関によるインテリジェンス戦争の実態解明を目的に、モンタベルトを長年にわたって泳がしていたとみられる。

モンタベルトは『フォーリン・アフェアーズ・日本語版』（二〇〇〇年八月号）にブラッド・ロバーツ防衛分析研究所研究員、ロバート・マニング外交評議会シニアフェローとの共著の論文『米本土防衛システムと中国の核戦力』を発表した。その中で彼は、「米国政府は、少なくとも核兵器とミサイル防衛に関して中国の懸念や予想される反応を考慮に入れる必要がある」と米国政府に対して中国に配慮するよう求めていた。

さらにモンタベルトは単なるスパイではなく、親中国の学者、政府、官僚組織などに影響力のあるグループ「レッド・チーム」のメンバーであり、同組織は中国から支援・援助を受けているとされた。つまり、同事件は、中国情報機関が単に安全保障上の秘密情報の収集にとどまらず、米国に対して秘密工作を実施している事実を裏付けるものであったといえるだろう。

二〇〇八年、NSA（米国家安全保障局）のハワイ支部が、外部会社に電波情報の中国語翻訳を委託したところ、その外部会社が中国情報機関のダミー会社と判明した。報道によれば、中国情報機関が暗号や各種電子情報を扱うNSAの内部情報を得ることを目的に、ハワイに翻訳会社を設立してスパイ活動をしていたという。NCIS（米海軍犯罪捜査局）は数年前から、暗号や情報機密を盗み出す中国情報機関の計画を察知していた。NSAは世界各地で通信傍受を行なっており、中国に対する通信傍受は活発化の傾向にある。これに対しNSAの活動を警戒している中国は、米国の通信傍受を解明することで米国の情報関心を分析し、暗号を解読することにより通信保全の措置を図ろうとしたのだろう。

華人・華僑社会が世界的規模で拡大し、現地社会に網の目のように食い込み、中国企業も世界規模で拡大している。これらの支援基盤を持つ中国情報機関の活動を解明することは容易ではない。中国にとって米国の最新軍事技術は垂涎の的である。中国が急速に米国との軍事科学技術レベルの差を縮めているが、この背後には中国情報機関の水面下での課報活動があると指摘されている。

米国による情報活動に対する執拗な妨害

中国は台湾を統一し、東シナ・南シナ海を勢力圏内に収め、さらに太平洋への進出をうかがおうとしている。米国はこうした中国に対し、並々ならぬ情報関心を寄せており、情報収集機や情報収集艦を中国と接する公海や公海上空に派遣している。

一九九六年の台湾海峡危機時、米国は二隻の空母からなる戦闘群を台湾海峡に派遣し、中国に対する警告のシグナルを送った。その裏で米国は、情報収集機や情報収集艦を同地域に展開し、人民解放軍の軍事能力や活動実態の解明に努めた。これに関して、DIAの担当者が「一〇年に一度の軍事情報収集の機会」であると小躍りしたという。（秋元千明『アジア震撼』）

まず米国のミサイル追跡艦オブザベーション・アイランドは台湾の北に設定されたミサイル演習海域に派遣され、ミサイルの発射状況の観測を実施した。ネブラスカ州第五五航空団所属のRC－135S（コブラボール）とRC－135U（コンバット・セント）は沖縄嘉手納基地に展開し、夜間偵察飛行を行なった。つまり、情報収集機により弾道ミサイルから中国本土の地上基地へ発進されるテレメトリー信号を傍受・解析することで弾道ミサイルの性能を確認しようとしたのである。

こうした米国の情報収集活動に対し中国は、米軍艦艇および航空機が発するシギント信号を地上アンテナ、情報収集機などを使って傍受し、その活動やシギント能力の把握に努めているとみられる。さらに駆逐艦、戦闘機を派遣し、監視活動や示威行動などの対抗手段をとり、それが時として、警告の意味も含めて強硬排除の手段に出ることもあるのであろう。この結果、過去には米中双方の軍用機が接触し、米中間の重大事件に発生したことがある。

二〇〇一年四月、海南島上空で米海軍偵察機EP－3と中国戦闘機J－8が衝突した。米偵察機が南シナ海上空の中国領空外の空域で偵察活動を行なっていたところ、J－8が体当たりし、中国人パイロットはJ－8とともども墜落し、死亡した。一方のEP－3は海南島に強制着陸させられ、米国人乗員二四人が一一日間にわたり拘束された。EP－3は最終的には米国に返還されたが、引き渡しまでの間、人民解放軍の担当部署により、機体内部の通信傍受機器などが詳細に調査されたという。総参謀部第三部、第四部あるいは海空軍のシギント情報専門部隊が調査を行なった可能性が指摘されている。

同様の事件が二〇〇九年三月、今度は南シナ海の海上で生起した。米海軍音響測定艦「インペッカブル」が海南島の南一二〇キロの公海上で情報活動を行なっていた。これに対し、中国側がまず海軍フリゲート艦と情報収集機Y－12を近接させ、次いで国家海洋局の情報収集船、海洋漁業局の監視船、それに海上民兵のものと思われる監視船によりインペッカブルを包囲し、妨害行為を行なった。

「インペッカブル事件」では、この時期、海南島の海軍基地に中国の最新原潜であるシャン（商）級（093型）、ジン（晋）級（094型）が配備され（二〇〇九年三月一八日『産経新聞』）、米国は「中国が南シナ海に対する海・空の進出口を開拓する意図がある」との警戒感を示した。これに対し、米国がインペッカブルを派遣し、これら原潜の音紋採取や潜水艦を探すための海底地形の調査を行なったと中国は見て、阻止行動をとった可能性がある。（二〇〇九年三月一二日『聯合早報』）

二〇〇一年と〇九年の二つの事件には共通点がある。一つは、中国が南シナ海での活動を活発化させ、それを警告するかたちで米国が情報活動を繰り広げ、これに対する中国の対抗心が表出するということである。もう一つは、中国は米軍の監視活動は国際法違反であるとして激しく非難する態度を貫き、自らの法的管轄権を主張する海域における米国の調査活動に対し、国際法的には非合法ともみられる強硬措置を辞さない姿勢を示していることである。ただし、中国は国際法を完全に無視しているわけではなく、国際法を自国に有利に解釈し、それに関連する国内法を整備して、それを根拠に自らの行動を正当化しているのである。

北朝鮮に対するインテリジェンス戦争

隣国・北朝鮮の動向は、中国の安全保障に直接的な影響を及ぼす。現在の中朝関係はかつての「血で固められた友誼」と呼ばれた蜜月関係とは様変わりし、国家間の普通の関係に移りつつある。

近年、北朝鮮によるミサイル発射や核開発などの中国の意に沿わない独善的な行動を中国は苦々しく思っている。しかし、地勢的な防衛バッファー（緩衝装置）としての価値を有する朝鮮半島が極度に不安定になることを警戒し、本格的な制裁には与《くみ》していない。

一九九四年以降、北朝鮮はミサイルおよび核による脅威を自ら醸成する「脅迫外交」を仕掛けることで周辺国に対し、食糧援助などを要望してきた。近年は六者会合の枠組みで、北朝鮮の核廃棄に向けた取り組みが模索されてきているが、北朝鮮の「脅迫外交」の目的は、米国を二国間交渉の場に引きずり出して、国交正常化交渉を行ない、米国からの安全保障を得ることだとされる。

中国は北朝鮮が現在の強硬外交に行き詰まり、対韓戦争を仕掛け、その結果、米韓連合軍との全面戦争に発展することを最も警戒している。なぜならば、戦争の結果として朝鮮半島に米国の影響力を受けた民主政権が成立すれば、中国の防衛バッファーが消滅するからである。また、北朝鮮の核使用あるいは米軍の核施設攻撃により放射能漏れなどの核被害が中国に及ぶことも警戒している。さらに中朝国境から大量難民が吉林省などに流入し、それが当地に居住する朝鮮系中国人の生活を不安定にする、あるいは統一朝鮮が国内の分離独立運動に影響を及ぼすことも警戒している。

このように朝鮮半島の不安定化と環境変化は、中国の安全保障に甚大な影響をもたらすから、中国にとって北朝鮮の動向に関する情報は第一級の価値を有するのである。

朝鮮半島情勢専門家である重村智計早稲田大学教授によれば、中国は金成日政権が終わった一九九五年頃から朝鮮半島に対する情報活動を強化し、北朝鮮内部に諜報員を派遣するようになったという。その背景にはとくに北朝鮮の核政策に対する大きな関心があったとされる。

半島有事においては、北朝鮮の核施設をコントロールするために、瀋陽軍区などから部隊を北朝鮮に進攻させるシナリオも提起されてきた。韓国の高麗大学イルミン国際関係研究所は二〇一〇年一〇月、北朝鮮有事に関する報告書シリーズの一つとして、国防大学のパク・チャンヒ教授による「北朝鮮有事と中国の軍事介入の見通し」と題する報告書を発表した。これによれば、中国は瀋陽軍区の集団軍一、二個を展開させ、国境を封鎖し、同時に緊急部隊を北朝鮮に送り込むと記述されている。（二〇一〇年一一月一八日『時事通信』）

このシナリオからも、重村教授の指摘には十分な説得力がある。

現在、北朝鮮では金正日から金正恩へと世襲が完了したが、金正日の側近であり、正恩の義理の叔父にあたる張成沢が粛清されるなど不穏な予兆もみられる。こうした不穏な予兆が何を意味し、将来的にどのような波紋をもたらすのかなど、的確な情勢見積りを中国情報機関が求められている可能性は高い。重村教授の発言のとおり、中国情報機関は諜報員を同国に派遣し、水面下の情報活動を行なっているほか、単なる情報活動にとどまらず、金正恩体制に対し影響力をいかにして及ぼすかという観点からの秘密工作も展開していると予想される。二〇一五年九月、香港紙『亜州週刊』が、「北朝鮮の華僑百人以上が相次いで北朝鮮当局にスパイ容疑で逮捕され、懲役刑や銃殺刑に処せられた」と報じたが、これは、中国情報機関の活動の一端を示している可能性もある。

4 科学技術および経済情報の取得

科学技術重視の政策路線

中国が大国になるには経済力と軍事力を発展させることが重要だ。それを支えるのが産業、軍事に転用できる最新の科学技術である。

一九八六年三月、ハイテク産業の振興を目指す「高技術研究発展計画綱要」、通称「八六三計画」

が発表され、バイオテクノロジー、宇宙開発、情報技術、レーザー技術、自動化技術、エネルギー技術と新素材という七つのハイテク重点領域に、人と資金を集中的に投入し、先進国へのキャッチアップを目指す方針が採用された。これにより、科学技術の取得が国家政策として推進された。

九〇年代、中国は米国などからの最新の科学技術の取得を重視し、産業、軍事の近代化を模索した。とくに軍事では、一九九一年の湾岸戦争以降、「中国独自の軍事変革」に着手し、九三年一月には「新時期の軍事戦略方針」を発表し、軍建設の方針を量的規模型から質的機能型、人的集約型から科学技術集約型へと転換した。九七年の第八回全人代では、「ハイテク技術の獲得を広範囲、徹底的かつ継続的に高めていく。安全保障のために国防近代化建設の強化、経済全体の質の向上、科学技術の発展向上を重視する」などの指示を発出した。つまり軍事科学技術重視による軍の近代化、すなわち「科技強軍」戦略を提起した。

二〇〇〇年代以降も、科学技術の取得は国家政策の重視事項に位置づけられた。〇六年二月、「国家中長期科学技術発展規画綱要」が公表された。同綱要は二〇年までに、宇宙開発、航空工業および造船工業などの分野の科学技術レベルの向上を目指すというものである。同綱要を基に「航天発展十一五規画」(宇宙開発第十一次五カ年計画)および「船舶科技発展十一五規画」などの各分野の計画、ならびに科学的人材の育成を目的とした「全民科学素質行動計画綱要」を発表した。二〇〇〇年以降も、「科技強軍」戦略に変化はない。『二〇〇二年中国の国防』においては「国防科学技術工業は国家の戦略的産業」と位置づけ、とくに「ハイテク兵器・装備を優先的に発展させ、現代化水準の向上に努めている」とするなど、軍事科学技術の近代化の必要性を強調した。

今日の中国は、国家を挙げて科学技術の底上げと国防における軍事科学技術のレベル向上を図っている。国防費が二〇年以上にわたりほぼ二桁台の成長率が維持されるなか、全軍の再編成と陸軍兵力の大幅削減が断行され、国防費が装備近代化に重点配分され、多くが一九五〇年代製であった装備が急速に改善されてきた。

主要な成果として、ロシアからキロ級攻撃型潜水艦、SS-N-22対艦ミサイル（サンバーン）を装備したソブレメンヌイ級駆逐艦、Su（スホイ）-27、Su-30戦闘機を購入した。一方、他国に依存しない各種の最新兵器の自国生産を目指し、新型駆逐艦、J-10戦闘機、J-20およびJ-31両ステルス機、さらに一万二〇〇〇キロの射程距離を持ち、米本土まで届くDF（東風）-41大陸間弾道弾など、国産兵器の開発の分野でも目に見える成果を挙げてきた。このほか米国のコンピュータを無力化するサイバー戦や、通信衛星や偵察衛星を叩く衛星攻撃ミサイル（ASAT）などにも関心を示している。

ただし、これらの国産兵器も完全な国産というにはほど遠い代物であり、ロシアなどの他国技術に相当依存している。つまり、中国にとって軍事科学技術はいまだに国防近代化の大きなネックなのである。そのため中国は、欧米などの対中武器禁輸の解禁への努力を行なっているが、それはいまだに達成されていない。

したがって、中国は軍民両用技術の利用拡大を指向する一方で、中国情報機関による諜報活動への期待度を高めるほかはないとみられる。

経済情報の収集も重要課題

経済情報の意味するものは前述した科学技術の取得に加え、世界の競合相手の経済戦略、商業拡張計画、販売戦略、価格戦略、重要な貿易数値、貿易上の策略、生産上の秘密、競合者の投資と事業計画など、幅広い。なかでも前述した科学技術の取得は国家建設において最も優先度が高い。建国当初は主としてソ連の支援により自国技術の向上を図ると同時に、欧米諸国および日本から公開と非公開の手段を併用して、科学技術に関する文献などを手当たりしだいに収集した。また政府高官クラスの人材を科学技術情報収集ための要員として派遣した。

ただし、建国後から六〇年代にかけては、中国は米ソを牽制するかたちで共産主義革命を輸出したため、情報機関の主たる任務は経済情報よりも政治情報の収集であった。それが転換されるようになったのは、八〇年代以降のことである。鄧小平が改革開放政策という経済優先路線を推進したことで、情報機関の役割も政治情報から科学技術や経済情報の取得へと重点が移った。

八〇年代以降、中国は国際市場への進出により産業技術などは比較的容易に獲得でき、米中国交正常化（一九七九年一月）以降は、両国間の軍事交流が開始され、中国はこれを通じて、通常では獲得が困難な先端の軍事科学技術にもアクセスできるようになった。しかし、八九年の天安門事件をきっかけに欧米がハイテク軍事技術の対中禁輸措置をとり、九三年には米国が中国からのパキスタンへのミサイル技術問題について懸念を表明し、対中制裁措置を強化した。

したがって中国が採り得る対抗策は必然的に非合法手段に依存することになった。一九九二年九月、全国の省・軍の幹部に対し、『中共中央七号文献』が発出され、非合法手段によるハイテク軍事技術の取得を行なうよう徹底されたという。

そのため、中国情報機関は通常では入手できない、先端の科学技術の取得が任務として与えられた。一九九九年に発表された『コックスレポート』では、中国が各種手段を用いて先端科学技術を非合法に取得している実態が詳述された。

二〇〇〇年代以降、中国は「走出去」政策という海外進出政策を加速化しており、アフリカや中東などにおける進出が顕著になった。当該地域においては中国情報機関が尖兵となり、各種の経済情報の取得に躍起になっているとみられる。近年、アンゴラ、ナイジェリア、スーダン、エジプト、アルジェリア、南アフリカなどにおける中国の諜報員は増加しているが、これらの諜報員は主としてエネルギー開発などの経済情報の獲得が狙いであるとみられる。(『アフリカにおける中国―戦略的な概観』)

さらに、中国は最近「一帯一路」戦略を掲げて、広範囲な市場開拓と資源輸入ルートの確保を指向している。「一帯一路」を資金面から支援するアジアインフラ投資銀行(AIIB)を二〇一五年一二月に設立し、加盟国の拡大を狙っている。このため、AIIBに協同しない日米の動向、利害関係国の経済状況、輸送および資源の状況などの幅広い経済情報が必要不可欠になっている。

さまざまな部署が経済情報の収集に従事

今日の産業技術などの非軍事分野における科学技術情報を収集する中心的な役割は商務部、科学技術部、国務院研究室などが担っている。これらの組織が国家安全部や民間企業とシームレスな関係を有し、最新情報を収集しているとみられる。

商務部は、経済情報収集の国家的司令塔となり、国家安全部などと緊密に連携し、国家安全部の要員に商務部内の特別なポストを用意している。商務部の任務は、世界貿易機構内での地歩固め、知的財産権に関する合意、貿易戦略の企画、科学技術の取得などである。

科学技術部は、科学技術の発展に関する計画、指導などを行なうほか、在外大使館に科学技術担当者を派遣し、科学技術情報の収集・分析を行なっている。科学技術部の中で、インテリジェンス戦争の中心となっているのが国際合作司であろう。

国務院研究室は、国務院の直轄組織であり、商業、経済上の戦略的情報調査を行なうシンクタンクであり、商務部と科学技術部と密接な関係にある。

国家安全部は、海外で研究に携わる科学者に情報収集などを委託する、出張する科学者の中に情報専門家を同行させる、研究の名を借りて外国の科学技術機構と直接交流する方法などを採り入れて、科学技術および経済に関する情報を収集している。そのなかでも第二局、第八局(経済室)、第十局(科学技術局)などが中心的な役割を有している。一九八五年に凌雲から国家安全部部長のポストを引き継いだ賈春旺は北京清華大学に長年勤務していた関係から、理工系出身の学生を積極的に採用し、海外留学させて知識・技能を修得させたといわれており、こうした要員が国家安全部の科学技術取得の新たな担い手になったとみられる。

他方、軍事科学技術情報は、総参謀部第二部などが関与しているとみられる。第二部第七局は比較的新しく設置された「科学技術局」であるとされる。同局は軍の「情報化」建設推進のための情報活動、軍内におけるコンピュータ分野でカウンターインテリジェンスの強化を目的として設立されたという。同局の五七、五八研究所では軍事スパイが使用する情報器材を開発しているといわれている。

国防科学技術工業局(元国防科学工業委員会)は、厳密には軍事情報機関ではない。しかし、軍事情報組織の支援組織として、軍に対する技術情報の研究、調査および分析を行なってきたとみられる。同局の前身の国防科学工業委員会は、必要に応じ、専門家を海外に派遣して、公開の軍事技術情報を収集してきたとされ、米国によれば、国防科学工業委員会のメンバーが米国において秘密情報を収集した事件があった。(『中国情報部』)

中国の国防企業はさまざまなかたちで海外の民間貿易に従事し、軍事関連技術を取得する。これら企業は民間会社の形式をとっているが、実態は官製企業であり、国家の意図、要求を第一優先においている。官製企業には、総装備部系列の保利集団公司、国防科学技術工業委員会系列の中国新時代公司、総参謀部系列の北方工業総公司、そのほか中国精密機械輸出入公司、中国船舶工業公司、中国長城工業公司、中国電子輸出入公司、中国航空技術輸出入公司、中国核工業公司などがある。これらの企業を通じて、民用技術の輸入と称して軍事科学技術の取得が行なわれている可能性がある。

以下では、経済情報の取得手口について、最も難易度の高い先端科学技術の取得に焦点をあてて考察しよう。

先端科学技術取得の手口は実に多種多様

中国が科学技術を取得するうえで留学、交流および各種会議の場を活用することは最適の手段である。

米中接近以降、中国が米国の研究機関から科学技術を得る機会は増加している。とくに米国における中国人留学生が飛躍的に増大し、彼らが科学技術を獲得する新たな担い手となった。一九九〇年代、国家安全部は、大量の中国人留学生をスパイとして採用し、金銭的な縛りや、郷里の家族を使って脅かし、米国の科学技術情報を獲得させた。(ジョン・フィアルカ『経済スパイ戦争の最前線』)

一九九九年に発表された『コックスレポート』では、中性子爆弾をはじめとする各種の最新技術やミサイル技術が研究交流、各種会議によって合法的に流出した事例を詳述している。同レポートによれば、中国物理工学学会は米国立研究所と密接な関係を作る努力を続けて、ローレンス・リヴァモアとロスアラモス国立研究所に、中国人科学者や物理工学学会の首脳まで派遣して、核兵器情報の収集において多大の成果を収めた。同報告書によれば、中国は招待工作に恐喝的方策も採り入れた手法で、人脈形成を行なっていることが明らかとなった。

軍事交流や戦略対話も軍事科学情報の獲得の場として有用である。近年、中国は主として米国およびロシアとの軍事交流を通じて、科学技術情報や軍事戦略・戦術のノウハウ取得を目指してきた。米ロの将校たちとの軍事交流が中国に新しい戦略思想を提供し、それが中国の軍事戦略に影響を及ぼしていることは間違いない。

国際兵器ショーなども最新の軍事科学技術を取得する格好の場となっている。中国情報機関は水面下での諜報活動を続ける一方で、オープンで合法的な兵器市場において近代的な軍事機器を買い漁るなどの活動を展開している。破棄処分の航空機器を買うため、米軍の払い下げセールに出向いたりしているという。商務部の要員が国際兵器ショーの会場を徘徊し、兵器ショーのデモビデオを秘密裏にポケットに隠匿したり、極秘の組成を分析できるよう、展示されている化学溶剤にネクタイの端を浸したりする行為が報じられている。

鄧小平時代以降、中国は「以民養軍」をキーワードに国防企業は民需品を生産することで利益を上げ、経営を支える一方、民需品を軍需品に転用することを試みてきた。民間航空企業は、米マクドネル社などから製品を購入し、次に生産技術を要求し、その次にライセンス権利を要求する。このようにして、マクドネル社の飛行機の胴体や先端部分の製造方法を習得し、それを中国軍の戦闘機の胴体の形、アルミ板の表面の材質などの改良につなげてきたという。

江沢民時代以降は「以民養軍」から「寓軍于民」へとキーワードが転換した。「寓軍于民」は「国民経済と民間の科学研究開発と生産力の助けを借りて、国防科学工業を世界の新軍事技術革命の潮流に追いつかせる措置である」と解釈されている。この言葉は、江沢民が「経済建設と強大な国防の樹立は現代化建設の二大戦略任務である。寓軍于民は両任務の有機的な措置である」と述べてから、全国で使われるようになった。（茅原郁生編『中国の軍事力』）

「寓軍于民」により、民間企業による兵器製造への参入が加速化することになる。つまり民営企業が資本力を背景に海外との共同事業を通じてさまざまな先端技術を取得し、それを軍事技術に応用することがより頻繁になっていくことになるであろう。

米国から先端科学技術を取得

中国情報機関は、経済情報や高度な軍事科学技術情報の取得を狙った活動を、とくに米国を舞台に展開している。

中国が一九八〇年代から改革開放政策を本格化したことで、多くの中国人が容易に米国に入国できるようになった。今日、米国には七つの在外中国公館と三千以上の商業事務所が所在する。留学生は一〇万人以上、毎年三万人近くの中国代表団が訪米し、毎年二万人が新たな中国移民となっている。こうした膨大な人的資源を活用し、中国情報機関の収集努力は米国の経済・軍事科学技術情報へと指向されているのである。

一九八八年九月二九日、中国は中性子爆弾の開発を成功させるが、中性子爆弾を製造するのに必要な技術は中国で開発されたのではなく、カリフォルニア州リヴァモアのローレンス・リヴァモア国立研究所から窃取したとの指摘がある。（『中国情報部』）

同研究所は中性子技術の研究において、八〇年代中期に中国から大量の研究者を受け入れたことが明らかとなっている。（『二〇〇〇年の中国軍』）

一九九〇年代には、米FBIの最大の監視対象が中国になった。九〇年半ばの段階で中国が米国に送っているスパイの数は、KGBが総力を挙げて戦っていた冷戦時代のソ連のスパイ数をはるかに越えた。KGBの場合と違って中国のスパイは無数のアジア系米国人の中に容易に溶け込むことができるので、FBIの監視能力を上回っていたという。しかも、中国はミサイル誘導技術、小型巡航ミサイルエンジン、夜間監視装置などの軍事技術に執着したという。（『経済スパイ戦争の最前線』）

一九九八年の衛星打ち上げに関する米中二国間協定に基づき、米国は中国国内における衛星打ち上げ支援を行なった。その際、米国は中国に対して、「米国が許可しない情報は要求しない」ことを約束させたが、情報管理の不徹底から、中国がこれら不許可情報を入手した可能性が高いとみられている。（一九九九年五月二七日～六月一日『産経新聞』）

二〇〇〇年代以降も中国による米国に対する科学技術情報の獲得努力は一向に衰えていない。主な事例は以下のとおりである。

● 二〇〇六年二月、米FBIは「ハイテク産業の集積地であるシリコンバレーにおいて、FBIが摘発した中国のスパイ事件は毎年二〇～三〇パーセントのペースで増加。疑惑の三百社以上の企業だけでなく、中国人留学生、ビジネスマン、研究者などあらゆる人材を活用している」との警告を発出した。

● 二〇〇八年三月、中国生まれで米国に移住し米国籍を得た技師チ・マクが米海軍軍艦の電気推進技術を窃取し、中国に提供したとして懲役二四年の刑を受けた。

●二〇〇九年四月、米紙『ウォールストリート・ジャーナル』は、政府高官筋の情報として、国防省コンピュータにハッカーが侵入し、次世代高性能戦闘機F-35に関する設計情報などが大量にコピーされて流出した。（二〇〇九年四月二二日『AFP』）

●二〇〇九年七月に中国系米人のグレグ・チュンはB-1爆撃機の秘密情報などを中国に漏洩したとして起訴された。（二〇一〇年八月二五日『SAPIO』古森義久記事）

●二〇一〇年七月、米国の民間機関が、中国の対米スパイ活動について、「オバマ政権が誕生（二〇〇九年一月）後一年間で表面化した中国関連のスパイ事件は少なくとも九件。これらのスパイ事件は中国が軍事転用可能なハイテク技術を狙って、企業や政府機関の元職員などにアクセスしたとされる」と発表した。（同『SAPIO』古森義久記事）

●二〇一一年一月、B-2ステルス爆撃機の元技術者であるインド系米国人のゴワディア被告（六六歳）が中国に軍事関連の秘密情報を売却した罪で禁固三二年の判決。ゴワディア被告は、中国製のステルス巡航ミサイルの設計を支援した見返りに金銭の提供を受けていた。（二〇一一年一月二四日『AP通信』）

米国から取得した科学技術は中国の軍事兵器のさまざまな分野で活用されているとみられる。とくに宇宙技術は軍民両用の技術が応用される可能性がある。二〇〇八年五月に打ち上げられた中国の気象衛星「風雲-3」のデータ処理には米国のスーパーコンピュータが使用されているとの情報がある。中国の新しいロケットエンジン開発においても米国のソフトウェアが使用されているという。米国の科学技術の流出が、中国の宇宙技術の発展と軍近代化を促進させている点が大きな懸念となっているようだ。

ロシアからの軍事技術の取得は伝統的に重視

中国の軍近代化のためには、ロシアからの軍事技術の取得は欠かせない。その流れは、まずロシアから最新兵器を購入し、次にライセンス生産の権利を取得して自国の生産能力の向上につなげようとする。このようにロシアからの軍事技術の取得は伝統的に重視されてきた。

たとえば、ロシア製戦闘機Ｓｕ‐27については、まず購入、次に製造ライセンスを正式に取得してライセンス機であるＪ‐11を生産。その後、国産コピー機であるＪ‐11Ｂを生産（ロシアから違法生産だと非難されている）した。

ロシア兵器は国内用と輸出用とでは仕様が異なる。輸出用にはハイテク科学技術を応用した部品は装備されていない。そこで、中国情報機関が輸出用に装備されていない部品の取得を担うことになる。そのため課報員は秘密部品の取得を狙って、観光客、商社マンなどに偽装して暗躍するという。

中ロ国境検問所で、中国行き列車内に隠されたロシア製戦闘機の秘密部品が発見、押収される事例が報じられたこともある。この報道によれば、中国情報機関は一九九〇年代初期からハバロフスク地方の戦闘機製造工場の技師、労働者、空軍部隊将校の獲得工作を行なっていた。獲得された将校の中には、戦闘機の設計図や部品などを中国側に漏洩した者もいた。これを知ったロシアがスパイ事件として取り調べたところ、情報を漏洩した容疑者は複数に及んだという。

二〇一一年一一月にＦＳＢ（ロシア連邦保安庁）は、Ｓ‐３００地対空ミサイルの機密情報を盗もうとしたとした中国側の通訳を逮捕した。ロシア側によると、逮捕されたのは中国代表団の通訳で、国家安全部の職員であったようだ。

このように、通常の代表団による訪問に課報員を混入させて軍事技術情報の取得を企図することは一般的な手口であるとみられる。

世界各国で展開する諜報活動

中国の産業技術や軍事科学技術に対する諜報活動は米国とロシアに限らない。西欧や日本においても幅広く展開されている。

ドイツにおいては、次のような事例が報じられている。

●二〇〇四年一一月、中国人技術者がドイツ製リニアモーターカーの施設に侵入し、ブラックボックスとなっている動力関連技術を盗もうとして、ドイツ人警備員に発見された。

●二〇〇五年、ドイツに駐在する中国人外交官がドイツ軍需産業の元社員からドイツ国防軍の新型弾薬に関する情報の入手を試みた。

●二〇〇六年四月二日付の『毎日新聞』は、その後に発売されたドイツ週刊誌『フォークス』の記事を先取りするかたちで、「中国による軍事・経済スパイ活動が活発化している」とし、ドイツの防諜機関が中国のスパイに対する監視を強化する方針を決めたことを報じた。

同『毎日新聞』は以下のとおり報道している。

・中国による軍事・経済スパイ活動が活発化しており、ドイツの防諜機関が中国のスパイに対する監視を強化することを決定した。

・中国のスパイはベルリンの中国大使館の指令を受けてドイツ全土で活動。ドイツ社会のあらゆる分野で情報網の構築を進めているほか、ドイツ在住の反体制派中国人を探し出そうと模索している。

・ドイツ側は中国のスパイへの監視を強める一方で、少なくとも六五人が活動しているとみられるロシアのスパイに対する監視態勢は縮小している。

・ドイツで発生する大多数の産業スパイ事件には、中国人が絡んでいるとされ、中国系住民や留学生はこうした国において「黄色いスパイ」と呼ばれている。黄色いスパイはドイツの先端科学技術、工業関連の情報収集に力を入れており、相当数は外交官や記者の身分を偽装し、政治、経済のみならず、軍事情報まで窃取している。

ドイツ以外の欧州国家に対する情報活動も活発である。

●二〇一一年一月六日付のフランス『フィガロ』紙によれば、フランスの自動車大手ルノーの幹部三人が、日産自動車と共同開発中の電気自動車の技術情報を中国側に漏洩し、ルノー幹部はその情報収集を依頼した中国国営メーカーのAVICから報酬を得た。これに対して、中国当局は「全くの事実無根であり、無責任な見解である」と反駁した。（二〇一一年一月一五日『毎日新聞』）

●二〇一一年二月、ウクライナ当局により、ロシア人のアレクサンドル・マルコフがウクライナの軍事機密を中国に売り渡そうとして、禁固六年の刑に処せられた。この機密情報は、中国空母の着艦訓練システムの関連情報であったとされる。（二〇一二年二月一四日『ワシントン・タイムズ』）

●二〇一一年五月、国際テロ組織アルカイダの指導者ビンラディン容疑者に対する急襲で現場に不時着し、爆破されたヘリの残骸に中国は関心を示した。英国BBC放送によれば、中国がパキスタン当局にヘリの残骸を見たいと希望したという。このヘリは米軍多用途ヘリコプターUH-60「ブラックホーク」のステルス仕様とみられた。現場に残されたヘリの後部回転翼はパキスタン軍が回収したが、ホワイトハウスの元対テロ専門家のリチャード・クラークは「パキスタンは中国のミサイル軍事技術にアクセスしているので、見返りとして中国に与えるものを探している」と述べ、パキスタンが中国の求めに応じるとの見方を示した。このケースが中国のステルスヘリの取得につながった可能性は否定できない。

5 祖国統一の最終章「台湾併合」

台湾統一の意義と統一原則は？

祖国統一は、中国の「二一世紀の三大任務」の一つである。香港およびマカオを統一した現在、台湾統一は祖国統一の最終章となる。

台湾統一は中国の国益である「安定」「安全」および「発展」に合致している。「安定」の観点からは、台湾統一は中国国内の政治・社会安定につながる。改革開放以後、国内では地域格差、失業者の増大、宗教・民族問題の頻発など、さまざまな社会的不安定要因が増大している。台湾統一は国民不満を解消して、社会的不安定要因を鎮め、中華ナショナリズムを高揚させ、国家的求心力を高める効果を持っている。新疆ウイグル、チベット、内蒙古自治区などを舞台とした少数民族独立運動を牽制するという意義も高い。

「安全」の観点からは、台湾は東シナ海と南シナ海を分断する地勢上の要衝に位置している。台湾の独立は中国にとって第一列島線を大幅に緊縮させられ、米海軍と競合する西太平洋への入口を遮断、扼《やく》されることを意味する。西太平洋における米海軍の遊弋を許し、長射程ミサイルにより中国の沿岸都市が常に脅威にさらされ、日米同盟による東側からの包囲網から圧迫されることになる。逆に、台湾を新たな拠点とすることができれば、米軍の巡航ミサイル攻撃から、経済成長の牽引力である大陸沿岸部を防衛するための防御縦深が拡大できる。

「発展」の観点からは、統一により台湾の経済力・技術力を取得し、台湾海峡の安全航行が確実となり、エネルギー安全保障が高まる。台湾を獲得すれば、海洋資源の宝庫である東シナ、南シナ海へのアクセスが一層容易になり、太平洋への出入口が拡大される。

以上のように、中国にとって台湾は「核心的利益」であるので、近年の指導者は「中華民族の偉大なる復興に台湾統一は回避できない道である」と称しているのだ。内外情勢がいかになろうとも、中国が台湾統一を放棄することはない。現指導者にとって台湾独立を許すことは「万死に値する」のである。

中国は現在、平和統一の名の下に、「戦わずして台湾を手中に収める」ことを追求している。その第一の理由は、武力統一するだけの軍事力が不足しているからであろう。今日の中台軍事バランスは中国優位に傾斜しているが、台湾海峡を隔てた着上陸侵攻能力は不十分である。これに米軍が関与するとすれば、中国の軍事的劣勢が予想され、これが武力行使のブレーキとなっている。

第二の理由は、経済的理由である。武力を行使すれば、中国は国際的非難を浴び、国内の外国資本が流出し、順調であった経済発展に急ブレーキがかかる可能性もある。このほか武力統一は「戦わずして勝つ」ことを信条とする中国の伝統的な戦略に反し、政治、経済および文化上の計り知れない犠牲を伴うという理由もあろう。

よって中国は武力統一が可能となるまで、自らの軍事力の強化を推進する一方、台湾が独立宣言を行なうなどの〝レッドゾーン〟に踏み込まないよう自制を促す戦術をとっていくとみられる。それは「輿論戦」「心理戦」および「法律戦」からなる「三戦」を仕掛けるというものだ。これには、台湾企業の大陸誘致と優遇措置の一方で、中国の統一政策に反対する台湾企業の大陸からの締め出し、不況や天災にあえぐ台湾の漁民や農民に対する救済措置など、各種の統一戦線工作の併用が含まれる（一八三頁参照）。

このように、中国は平素から台湾の意図および能力を見積り、「三戦」を駆使して自己が有利な世論環境を醸成し、戦争が生起した場合に備えて台湾の弱点を明らかにすることが必要となる。そのため、中国情報機関によるインテリジェンス戦争の努力の比重は、台湾統一に向けた活動に注がれることになる。

さまざまな部署が対台湾工作に関与

台湾に対する情報関心は、台湾軍の動態情報、軍事戦略、台湾軍の作戦能力および弱点といった軍事情報に限らない。台湾の政治・経済・社会情勢、台湾指導者の思想・心情・家族関係などの個人情報、さらには中国が台湾侵攻を決定した場合の国際世論の反応、台湾有事に際しての米国の関与意思、米軍の指向する兵力の規模、在日米軍および自衛隊の能力と可能行動など、実に広範多岐に及ぶであろう。

以上の情報関心に基づき、さまざまな情報機関が対台湾向けのインテリジェンス戦争に携わっているとみられる。国家安全部（四八頁参照）では香港・マカオ・台湾局の存在が確認されている。香港・マカオが統一された現在、同局の活動焦点は中国国内における台湾人スパイの行動監視、スパイの摘発などに移っているとみられる。

第一五局は「台湾学術研究センター」とも呼ばれ、台湾に対する秘密工作の専門組織であるとされる。同部の第四、第五、第一一局も秘密工作任務に関わっているとされるが、詳細は明らかではない。そのほか国家安全部の教育・訓練局は、北京国際関係学院、国際政治学院、現代国際関係研究所を管轄し、対台湾戦略の分析などに従事しているという。

軍組織では総参謀部第二部（五六頁参照）、第三部（五八頁参照）などの台湾専門部局が台湾に対するインテリジェンス戦争を担当しているとみられる。総参謀部第二部の第一局は対台湾の専門部署であるという。第一局の勢力は、ほかの局に比べて巨大であるが、これは台湾に対するインテリジェンス戦争を重視していた歴史を物語っている。第三部、第四部は台湾軍の信号情報の傍受、解析、台湾軍の電子戦に対する研究などを行なっている。総政治部連絡部の広州分局、上海分局が台湾研究に携わり、宣伝物（プロパガンダ）の作成、捕虜の尋問などの責任を有しているという。

以上の情報機関が収集・分析した情報は、党中央政治局に報告され、党台湾工作領導小組や国務院台湾工作弁公室などに報告され、対台湾政策の執行に反映される。党台湾工作領導小組の秘書長、中央台湾工作弁公室の副主任には総参謀部の情報関係者が歴代補任されており、これは対台湾政策に関する軍情報機関による関与の一端をうかがわせている。

対台湾作戦を担任する南京軍区、済南軍区、広州軍区の軍区情報局および軍区隷下の集団軍情報処、海・空軍の情報部署が台湾軍の訓練、動態などの作戦情報を収集・分析している。軍区情報局などによリ得られた情報は、軍区司令部などを経由して総参謀部や他軍区に報告・通報されているとみられる。

このほか党組織としては、統一戦線工作部が台湾統一のためのインテリジェンス戦争に携わっているとみられるが、国家安全部内の台湾部門などとの任務の分担は定かではない。

熾烈に展開される対台湾インテリジェンス戦争

近年の事件報道から、台湾に対するインテリジェンス戦争の実態をみてみよう。

一九八七年から八八年にかけて劉広声、チュン・リの両名は、シンガポール旅券を使って台湾への公然入国に成功し、台湾国内で貿易会社などを経営するかたわら、台湾の軍事情報の収集を行なっていた。

中国人と台湾人は顔つき、言葉の違いがなく、中国人スパイは台湾社会に容易に溶け込める。両名による事件が発覚したことは中国から多くの浸透員が台湾に潜入し、各種のインテリジェンス戦争を行なっている可能性を示唆するものであろう。

二〇〇〇年代以降も、中国情報機関の仕業とみられる軍事関連の活動が確認されている。二〇〇四年四月、台湾国防部隷下の中山科学院の技術者が、台湾が保有するF-16戦闘機の性能などの機密情報を収集し、漏洩した。〇五年五月、台湾国防部の現役将校が軍事機密データを中国に漏洩した。

これらに関連し、林中斌・台湾国防次官（当時）は、米軍事専門紙『ディフェンス・ニュース』の取材に対して、台湾に潜伏中の中国秘密工作員は「五千人以上にのぼる」とし、「台湾の軍事拠点周辺の風俗店を足場に、現役軍人と情を通じて情報を収集するハニー・トラップを仕掛けるなど、中国のインテリジェンス戦争は台湾社会に深く浸透している」と指摘した。林は秘密工作員がタクシー運転手として活動していることを直接確認したとも述べた。（二〇〇七年四月二八日『産経新聞』）

二〇〇八年以降、国民党の馬英九政権の発足に伴い中台関係は安定化に向かったが、中国によるインテリジェンス戦争はむしろ活発化している。一一年六月、国家安全局長の蔡得勝局長は立法院外交国防委員会で、立法委員の質問に対し、「経済貿易や学術分野の中台交流が拡大するなか、中国人の情報員が観光客や学者、公務員などの身分を装って、台湾での活動を活発化している」と、その実態を告発した。蔡局長によれば、馬英九政権は〇八年の発足直後に団体観光を解禁、一一年に個人旅行を解禁し、台湾を訪問する中国人は飛躍的に増加したという。（二〇一一年六月二二日、台湾『中央通信』）

二〇一一年八月、国家安全局は「敵対勢力の浸透をいかに防止するか」をテーマに会議を開催し、馬総統は「機密漏洩を積極的に防止しなければならない」と、異例の訓示を行なった。

以下は、中台関係が安定した二〇〇八年以降の中国情報機関による主な諜報活動である（詳細は巻末の資料3「主要事件簿」に収録、二六二頁）。

●二〇〇九年一一月、台湾の検察当局は台湾総統府の職員二人が、総統府が保有する機密情報を漏洩した容疑で逮捕。逮捕者は総統府参事室専門委員・王仁炳（五五歳）および元立法委員助手・陳品仁（四八歳）であった。

●二〇一一年一月、台湾国防部は、中国に軍事機密情報を提供したスパイ容疑で陸軍司令部の羅賢哲少将を検察当局が逮捕したと発表。国防部によると、同容疑で検挙された軍人としては過去五〇年で最上位という。中国側に渡った情報には米台軍事協力などに関する機密文書も含まれているとみられ、『台湾聯合報』は「米国も高度な関心を寄せている」と報じた。

●二〇一一年一〇月、台湾国防部の最高軍事法院は、羅奇正大佐を「利敵スパイ活動従事罪」で逮捕し、羅大佐は無期懲役に処せられた。羅大佐は台湾の情報部門で諜報員の募集や派遣工作などを担任していた。

●二〇一二年一〇月、海軍大気海洋局の政治作戦処

元処長を退役した海軍中佐（四五歳）ら退役将校三人を逮捕。台湾大衆紙『蘋果（リンゴ）日報』によれば、「中国は『尖閣で共闘』を呼びかける陰で、スパイ活動を通じて武力行使の準備を冷徹に進めている」と報じた。

●二〇一四年秋、中国軍の退役幹部である鎮小江（大尉）が台湾内で逮捕された。鎮は台湾空軍の退役幹部、現役幹部から航空機などに関する秘密情報を収集していた。中国国籍のスパイが台湾内で逮捕されたのは初めてだという。

以上の事件はあくまでも「氷山の一角」である。というのは、台湾には、中国から潜入した「沈底魚」（スリーパー）による活動が指摘されるからだ。（『中国情報部』）

「沈底魚」とは国民党との内戦時代から、国民党内部の中国スパイとして活動し、国民党の台湾への撤退とともに台湾へ随行潜入し、現在も水面下で活動を継続している秘密工作員のことである。彼らは、中国情報機関の支援の下、水面下での情報網を継続、拡大しているとみられている。「沈底魚」は平素の活動を秘匿し、鳴りを潜めているが、中台有事などの緊要時期には活動を表面化する可能性があるとみられている。

多彩な秘密工作が展開

中国は台湾軍の退役軍人を中国国内に招聘し、獲得工作を仕掛けている。いわゆる招待工作である。機密情報に従事していた台湾軍人は、退役後三年間は訪中できない規則になっているが、それも形骸化しているようだ。二〇一一年六月、台湾の元副参謀総長は北京の「第二回黄埔フォーラム」に参加し、「国軍も共産党軍もみな中国の軍隊だ」と「中国贔屓」の発言をした。なお、これに対しては、馬総統もさすがに民意の反発に配慮して叱責したようだ。

近年は、コンピュータ・ハッカーを使用した情報収集、サイトのブログに対する書き込みなど、〝情報心理戦〟と呼ばれる秘密工作が活発かつ巧妙化している。中国にはこのための専門機関の設立と専門家の育成に力を入れている模様である。

各種の秘密工作を行なう前提となるのが〝浸透〟である。毛沢東は国共合作による「一致抗日」を訴え、国民党を懐柔するかたわら、国民党の中に共産党員を浸透させ、いつの間にか国民党の主要ポストを牛耳っていた。これと同様な浸透が現在も継続しているとみても不思議ではない。つまり、台湾政局あるいは台湾国軍の中に中国人の秘密工作員を浸透させ、その内部に統一派を逐次に形成・組織化している可能性が考えられる。統一派が形成されれば、内部からの各種心理戦などが展開でき、その効果は絶大であると推定できる。

中国情報機関は、台湾の経済に揺さぶりを仕掛けたり、政権内部の抗争を激化させたり、さらには共産党の文化的優越を誇示し、台湾の人心を誘惑したりなど、さまざまな秘密工作を行なっていると推定される。

これに関して台湾は「中国は文化、学術面、青少年交流を通じての文化統一戦線工作と、各種心理戦を展開している」「文攻武嚇の強化（報道機関による攻撃と軍事力による威嚇）および「文統武圧」（文化面での統一促進と軍事力による圧迫）を繰り返し、台湾問題の最終的解決には一戦を免れないとの心理的圧力を台湾に加えている」と警戒している。（二〇〇六年『台湾国防報告書』ほか）

台湾はその具体的な戦術として、以下のことを認識している。

（1）破壊浸透

対台湾情報収集を強化し、金融破綻の噂を流布するとともに、不法な治安撹乱を並行して起こす。

（2）民を以て統一を促進する（文化統一工作）

善意を装った文化交流を強化し、中華アイデンティティーを喧伝《けんでん》して民間から統一の声が出るように図る。

（3）商を以て政を包囲する

経済利益を誘導し、台湾企業を取り込み、経済界から政府に統一の圧力をかけさせる。

（４）文攻武嚇の強化
一九九六年および二〇〇〇年の台湾総統選挙で示した、報道機関による台湾政府非難と軍事演習を繰り返し、台湾の人心を揺さぶる。
（５）社会の分裂促進
台湾の政治情勢を利用し、宣伝によって内部対立を深めさせる。

日米を舞台とした対台湾工作が展開

中国の対台湾工作の活動現場は台湾内には限らず、米国、香港、日本などが主要な活動現場となっている。

中国情報機関は米国において、米台武器売却および台湾関係強化法案の提出など、米台関係の強化に関連する一連の活動を把握し、これに対する妨害工作などを展開しているとみられる。

『驀く！中国「対日特務工作」マル秘ファイル』は、中国の対台湾工作が日本を舞台として活発に行なわれているとし、その理由を、①東京には台湾華僑が多い、②中国との国交正常化（一九七二年）以前は、国交を結んでいたこともあって政財界にネットワークが構築されている、③香港が返還されたことから対台湾工作の前線基地としての香港の価値が下がった、④日本にはスパイ防止法がなく、日本は台湾への中継地としての価値が大きい、としている。

また、同書は、以下のように指摘している。

●中国は今日、台湾の軍事情報機関や産官学の関係者を利用して、台湾への影響力の拡大を図っている。その秘密工作はすでに浸透しており、各種の関係ルートを通じて軍上層部にまで接近し、彼らが海外に出た時に接触し、さまざまな名目で説得し、台湾情報を提供させている。その主な秘密工作の舞台が日本である。

●李登輝・前総統が二〇〇七年五月から六月初旬にかけて日本を訪問した際、中国の国家安全部は李の訪日前後に百人ほどの情報要員を日本に派遣して情報収集にあたらせ、李の訪日を招聘した中島嶺雄が学長を務めている国際教養大学に対しても秘密工作員を留学生として送り込んでいた。

●北京から派遣されている、ある中国紙の東京特派員の活動で最も重要なのは日本の情報をとることではなく、台湾から派遣されている同業者との付き合いだという。報道会見などで顔見知りになり、同じ中国語を話すことから、自然に一緒に食事をするような関係になり、逐次、台湾の政界や経済界の情報などを収集する。そして、特ダネがあっても記事にすることなく秘密情報として、東京の中国大使館の台湾部門に報告され、国家安全部や中国人民解放軍に上がっていく仕組みができている。

台湾の対中国インテリジェンス戦争も負けてはいない

中国国家安全部や公安部は、台湾語の特殊訓練を受けた者、台湾語ができる広東および福建省の出身者を選定し、台湾人スパイの侵入が予想される場所の監視所に配属し、大陸への侵入阻止を行なっている。（『中国情報部』）

しかし、台湾人スパイは見かけ上、中国人と区別することができないことから、摘発は容易ではなく、中国国内には相当数の台湾人スパイが浸透している可能性は高い。

一九四九年に台湾に逃れた蔣介石は当初、「大陸反攻」を目的に、中国に対するインテリジェンス戦争を積極的に展開していた。一方、米国は国交のない中国に対する情報を収集する目的で台湾を利用した。二〇〇三年、台湾情報機関である軍事情報局の元幹部は、「台湾は一九七九年の米中国交正常化まで毎年、数百から数千人のスパイを中国に送り込み、計一万人が逮捕された。死刑執行も含めて三千人余りが殉職した」と報道機関に述べた。（二〇一二年二月二九日『毎日新聞』）

一九九六年の台湾海峡危機の際、台湾の李登輝総統は、中国による本格的な台湾侵攻の意思はないことを事前承知していたため、過激な反応行動は差し控えたという。（二〇一一年一月『文藝春秋』「李登輝インタビュー記事」）

一九九七年の鄧小平の死亡の確証を最も早く入手したのも台湾の情報機関であった。丁渝州・元国家安全局長の回顧録では「死去から一時間もたたず我が方の情報機関は正確な情報をつかみ、翌朝の会議には総統の手元に詳細な報告を上げることができた」と記されている。こうした当時の情報は、中国国内に張りめぐらせていた台湾人スパイの人的情報網（ヒューミント・ネットワーク）によるものだったようだ。

これに関して、台湾の軍事情報局の秘密工作員であった龐大為は情報活動の成功の陰には劉連昆という人民解放軍少将の情報提供者の存在があったことを明らかにした。なお劉は江沢民総書記（当時）が、台湾スパイの実態を重大視し、中国情報機関が総力を挙げて台湾人スパイの摘発と粛清に乗り出したため、一九九九年に「国家機密漏洩罪」で逮捕、処刑されたという。

二〇〇七年八月、中国の金人慶・前財政部長が突然解任された。金の解任は、表向きには「個人的理由による辞任」であったが、内部告発サイト『ウィキリークス』は、「敵と寝る」と題する公電（二〇〇七年九月二〇日電）の存在を明らかにした。同公電によれば、金は中国石油大手の元トップから女性を紹介され愛人にした。女性は「人民解放軍の情報当局のために働いている」とされていたが、中国当局は台湾の女性秘密工作員と断定した。女性は金のほかに複数の中国高官と関係を持ち、当時の統一戦線工作部の杜青林部長も相手だったという。（二〇一一年六月二八日『北京時事』）

二〇一一年四月、国家安全部の香港・マカオ局の周国民・局長が懇意になった女性に機密情報を漏洩した容疑で逮捕された。一一年四月二七日の台湾、香港報道機関によれば、周は数年前に局長に就任した直後から、台湾の軍事情報局および米ＣＩＡの関係者とされる特定の女性と懇意になったという。

一方、台湾による対中情報活動にも陰りが見え始めている。邦字紙によれば、台湾人スパイの任務は中国軍の近代化と対台湾軍事配備の状況を探ることであるが、台湾人の中国投資が増加するのに伴い、スパイを順次、プロから台商（台湾ビジネスマン）に切り替えたという。台商は中国への観光や親族訪問、投資や視察を名目に中国各地をめぐる機会に恵まれており、なかには毎月五万台湾ドル（約一三万円）の手当てを得ている者もいる。しかし、台商のスパイ活動は失敗し、中国国家安全部などの情報機関に摘発されるケースが多い。中国では今も百人以上の台湾人スパイが服役しているという。（二〇一二年二月二〇日『毎日新聞』「台湾スパイ人材先細り」）

アルバイト感覚で、ろくな訓練も受けていないから容易に逮捕されるのも当然であろう。二〇〇八年の馬英九政権誕生により中台関係が安定したことや、若者の職業安定指向から台湾における諜報部門における人材確保は厳しい状況にあることがうかがえる。これに対し、台湾国家安全局は一〇年、機密情報収集に対する士気高揚策として、重要情報の提供者に対する報奨金を明確にする新規則を制定し、個人への最高額は五〇〇〇万台湾ドル（約一三〇〇〇万円）になったという。（同『毎日新聞』）

台湾の対中シギント活動についてもみておこう。

台湾は一九四九年以来、中国大陸に対するシギント傍受を継続している。米華（台）同盟時代には、米国の協力によって台湾本島、馬祖、金門などに対中傍受施設が建設された。通信傍受器材についても当時の米軍が供与したとされる。今日も米台は中国に対するシギント情報を共有しているとされる。

台湾における通信傍受に携わる機関は、国家安全局、国防部隷下の電信発展室および軍事情報局である。これらの機関は国家安全局を頂点に、それぞれが独立して活動を行なっているものの、相互に連携し情報共有を図っている。中国人民解放軍の日々の動態情報を収集し、電信発展室は毎日、国防部および国家安全局に定時報告を行なっている。軍事情報局は中国内の一般の放送の聴取を行なっている。また大陸通信研究所を有し、人民解放軍の通信傍受、暗号解析、情報資料の整備・研究などを行なっている。（二〇〇八年一一月『全球防衛雑誌』）

台湾の通信傍受の重点対象地域は、台湾侵攻の際の主力部隊と推定される南京軍区であり、能力的に、台湾から五〇〇キロ圏内の中国国内に対する通信情報が傍受できるとみられる。

台湾の情報部門は、中国の通信情報を収集する目的で、かつて南ベトナム、南アフリカ、タイ、モンゴル、韓国などと情報協力を行なってきたという。現在も、一部の外国に傍受施設を設置し、設置国と協力して通信傍受を行なっていると指摘されている。なお一九八六年、葉昌桐・副参謀総長は、ウラジオストックから東京湾に至る空・海域における活動は台湾の監視下にあると明言したことがある。

なお、台湾の情報機関については、巻末の資料2「情報関連機関」（二五二頁）に記述しているので参考にされたい。

第4章
中国の工作活動

1 国内活動

関連法令の恣意的かつ厳格運用

中国情報機関は保全およびカウンターインテリジェンスを重視している。一般に「各国情報機関による中国に対する情報活動は成功していない」として、外国情報機関は中国情報機関の保全およびカウンターインテリジェンス態勢を高く評価している。（『中国情報機関』ほか）

その第一の理由は関連法令の運用にある。中国の秘密保持に関する法令は厳格である。関連法令には「中華人民共和国国家秘密保護法（保守国家秘密法）」（一九八八年九月、二〇一〇年四月）、「軍事施設保護法」（一九九〇年二月）、「国家秘密保護法実施要領」（一九九〇年三月）、「中華人民共和国反間諜法」（二〇一四年一一月）、国家安全法（二〇一五年七月）、「反恐怖主義法」（二〇一六年一月）などがある。

現在の国家秘密保護法は二〇一〇年四月に改正され、全文は六章五三条からなる。同法によれば、秘密は「絶密」「機密」および「秘密」の三種類に区分される。これら秘密の漏洩に対しては「中華人民共和国刑法」により厳罰規定が定められている。刑法では「本法に違反し、故意または過失により国家秘密を漏洩した場合、罪状が重い場合には刑事責任を追及され、公務員が国家の重要な機密を漏洩し、情状が重い場合には七年以下の有期懲役、拘禁、政治権利剥奪に処する」（刑法一八六条）とされる。軍事秘密の漏洩に関しては、さらに詳細な規定と厳罰規定が設けられている。

「軍事施設保護法」では、軍事施設、港湾、埠頭、軍用飛行場などの軍事禁区への立ち入りを禁止している。

刑法では「国家安全危害罪」を規定し、「外国と結託し、中華人民共和国の主権、領土保全および安全に危害を与えるものは、無期ないし一〇年以上の懲役に処する。国家の分裂・国家統一の破壊を組織、画策、実行した者は、首魁者もしくは罪状の重大な者は、無期ないし一〇年以上の有期懲役に処する。武装反乱・暴乱を組織、画策、実行した者は、首魁者もしくは罪状の重大な者は無期ないし一〇年以上の懲役に処する。上述の国家安全危害罪のうち、……とくに国家・人民に対する危害が重く情状が悪い者は死刑に処することができる」と定めている。

このほか刑法では「国防利益危害罪」を導入し、軍人の公務執行や軍隊の軍事行動に対して妨害すること、故意に不合格の武器装備を供給すること、軍事禁区の秩序を妨害すること、徴兵を忌避すること、戦時の軍事徴用を忌避することなどの犯罪を規定し、最高刑は死刑としている。

関連法令の厳しさに加え、中国当局が法を恣意的に解釈するという側面もある。つまり、刑法の拡大解釈で中国人のみならず、外国人による情報活動に対して徹底な取り締まりが可能となる。事実、諸外国の軍事関係者、報道関係者が中国情報機関に摘発され、国外退去を命じられたケースは枚挙に暇《いとま》がない。

かつてわが国の防衛駐在官が「国防利益危害罪」「国家安全法」違反で国外退去の処分を受けたことは記憶に新しい。

二〇一四年一一月に制定された「反間諜法（反スパイ法）」は「国家安全法」（一九九三年二月）、「国家安全法実施細則」（一九九四年六月）に代わるものであり、スパイ行為および破壊活動を防止し、取り締まる法律である（七七頁参照）。同法では、国家安全部がスパイ組織などの認定権を持つ、国外の組織や個人とそれと連携した国内の組織や個人が国家の安全を脅かす活動を行なった場合、処罰することなどが規定されている。同法は制定と同時に施行されたが、これは香港で民主的な選挙の実現を求めて行なわれていたデモを「国内外の反中勢力が関与している」と判断し、主導者の摘発を急いだためとみられる。

二〇一五年七月、全人代常務委員会第十五会議が開催され、「国家安全法」が成立した。同法は「反間諜法」の成立により、いったんは廃止されていたが、「反間諜法」では網羅できない国家安全に関する事項を改めて規定したものである。その立法趣旨は、「国家の主権と安全を擁護し、共産党支配に基づく政治と社会の安定を図る」ことにあり、全文は八章八四条からなる。同法により、毎年の四月一五日が、「国民国家安全保障の日」に制定された。

同法は、「国家を分裂させ、反乱を扇動し、人民民主主義の政権を転覆させたり、扇動したりするいかなる行為も阻止し、法によって処罰する」ことを規定し、金融リスクの回避、核を含む資源・エネルギーの利用・保護、食糧安全保障、インターネットの安全確保、少数民族による分離活動に対する取り締まりなど、国家安全に関わる包括的な規定を盛り込んだ。

また、香港・マカオ・台湾の同胞、香港特別行政区とマカオ特別行政区に対する国家安全に関する義務の規定や、戦争の発動などの国防動員の職務権などを規定し、「国防法」「反国家分裂法」「国防動員法」などの従来の法律を補強する役割もみられる。

二〇一五年一〇月、邦人二名が同年五月頃、中国国内で逮捕・勾留されていることが公表された。その後の報道で拘束者は四人に増えたが、中国当局がこうした事実を対外公表することは従来とは異なる変化だとされる。これは「反間諜法」および「国家安全法」の厳格適用を対外的に誇示することで、国家安全に関わる事態を未然に阻止しようとの狙いがうかがえる。

二〇一六年一月一日、テロ対策を強化する「反恐怖主義法」（反テロ法）が施行された。同法はテロ対策のため企業に対する情報提供の義務付けやイン

ターネットや報道の規制強化などが盛り込まれており、中国に進出した外資系企業も対象となる。本法案により、中国国内における検閲規制が強化されることになった。

一匹の蝿も逃がさない強固な監視体制

多くの外国情報機関にとって、中国の情報機関に対し効果的に浸透することは一般的に困難である。（『中国情報部』）

それは中国情報機関がスパイ活動や情報漏洩の防止のために、一匹の蝿も逃がさない強固な国内監視体制をとっているからである。

国内における反体制派の取り締まり・摘発は、中国情報機関の重要任務の一つである。一三億という膨大な人口を抱える中国にとって、国内動乱の爆発力は甚大であり、平素から動乱分子に対する警戒・監視を怠ることはできない。そのため、徹底した住民監視の体制を敷いているのである。

法的・制度的な枠組みとして、中国独特の戸籍制度がある。戸籍制度は、住民に対する居住場所、職業選択の自由を基本的に保障しておらず、自由旅行なども許可していない（なお戸籍制度は現在、改革中）。職場、地域社会および学校などのあらゆる領域には党委員会が、末端には隣組などが設置され、共産党の監視が末端まで届く体制を保持している。

治安防衛委員会は住民監視のための強力な自治的組織である。同委員会は一九五一年に毛沢東の呼びかけで組織された。現在は、都市部においては機関、工場、企業、学校、街道（都市部における区の一級下の行政単位で、都市部では最末端の行政機構）を単位とし、農村では行政村を単位として設置される。同委員会の勢力は全国で百万組織を優に超え、その要員は五百万人以上とも推定される。（『中国総覧』など）

治安防衛委員会は居民委員会および村民委員会の下に住民から選挙された三名から一一名の委員によって構成され、公安部などの指導を受け、反革命分子の調査・監視・検挙・報告、そのほかの犯罪予防および捜査協力にあたっている。「警服（公安官の制服）を着ない忠実なる衛士」と称され、何か不審な予兆を発見すれば、治安防衛委員会から党組織や公安部などの治安機関へと逐一報告されることになる。

各個人は「档案《とうあん》」（二七頁参照）と呼ばれる個人情報記録簿により管理される。档案制度は建国前の革命期に始まり、党員幹部の身上把握のために使用された。建国後は農民を除く一般人や軍人についてまで範囲が拡大され、毛沢東によるライバル粛清のためにも活用された。档案は個人に対する過去の居住歴、職歴、交友関係が明らかとなり、反体制派の摘発のためには極めて有効な資料である。

中国に駐在する外国人、とくに外交官および新聞記者などの重要人物は、中国当局の監視下に置かれている。外交官は外国人居住区への居住がほぼ義務づけられている。このため、電話は同一の電話局で管理されているため盗聴は容易であり、勝手に軍や国家機関に電話はかからないようになっているとみられる。使用人は歴代からの申し送りが多く、基本的には政府機関が派遣する使用人だと思って対応すれば間違いはない。

在中国の外国大使館には二四時間体制で公安部隷下の中国人民武装警察の要員が配置され、大使館への出入状況を監視している。外国武官に対しては、より厳格な監視体制がとられている。中国に赴任する外国武官は赴任前と赴任時、一時休暇、北京以外への旅行時などの際には逐一、国防部外事弁公室にその旨を届け出る必要がある。そして外国武官が中国人民解放軍へ接触する場合には同弁公室を通じて行なうことが義務づけられている。

総参謀部第二部には外国武官を監視するための専門のセクションがあり、第二部の第一局の隷下にある北京分区は外国武官の監視とカウンターインテリジェンスを専門に担当している。（『二〇〇〇年の中国軍』）

中国に駐在する重要外国人に対する追尾・盗聴などの監視行動は日常茶飯事と思って、ほぼ間違いないだろう。この監視対象は、外交官のほか外国人記者、旅行者、ビジネスマン、学者などに広範囲に及ぶ。重要外国人に接触する中国人に対しては、全国に展開する公安部が目を光らせている。外国人に接触する軍人に対しては、総政治部保衛部などの軍事機関が別個に監視活動を実施する体制なっているとと推定される。そして、監視対象において不審な予兆が発見されれば、国家安全部などの上級の情報機関へ報告され、本格的な事案調査が開始される仕組みとなっているのであろう。

不審人物とみなす外国人に対する監視については、ホテル内での電話盗聴、市中に設置された監視カメラによる視察、郵便物の点検、追尾者による点検活動など、さまざまな場所において各種手段を併用して行なわれる。

かつて、中国の外国人向けの有名なホテルなどには盗聴器、監視カメラなどの監視機材が設置されていたという。一九七九年三月、民主活動家の魏京生が逮捕され、「反革命宣伝煽動罪」などに問われたが、検察側が証拠として提出したのは、魏が市内のホテルでロイター通信記者と交わした会話記録であったという。また、北京の街角に設置されている監視カメラは表向きには交通状況を監視するものとされるが、外交官、外国人記者、反体制派対象者などを監視するためにも活用されている可能性も指摘されている。

かつて外交官らの国際郵便の監視は郵電部によって監視されていた（『中国情報部』）。現在も、こうした監視体制が継続されているかどうかは定かではないが、基本的には同様な体制がとられているとみたほうがよい。

スパイに対する厳罰対処

中国国内で情報活動を行なった者に対する処分は、中国人、外国人を問わず厳格である。二〇〇五年、中国国籍でオーストラリアに居住していた生物化学者の妖維漢（五九歳）と彼の協力者であったミサイル技術専門家の中国人・郭万鈞は、台湾の軍事情報局に中国の軍事機密情報を漏洩したとして北京で逮捕された。

この事件は、「中華人民共和国成立以来の特大スパイ事件」とされ、両名は「国家の安全と国防建設にとくに深刻な損害をもたらした」として、中国当局は妖に対し国家安全法違反のスパイ罪、彼の協力者であった郭に対し国家秘密漏洩罪を適用し、ともに死刑を宣告した。両名に対する死刑は二〇〇八年一一月二八日に執行された。

『環球時報』などの報道によれば、妖は一九八九年から二〇〇三年までの間、郭から中国のミサイル計画などを入手し、欧州で台湾の軍事情報局に提供して報酬を得ていたという。米国務省および豪州外務省は、妖の娘の一人が豪州国籍で、もう一人は米国人と結婚していることを理由に、妖を人道的見地に基づいて取り扱うよう要請した。しかし、中国当局はこれらの要請を「中国公民に対する裁判の不当な干渉であり、内政干渉である」として排斥した。

二〇〇九年五月、北京中級人民法院は、国営新華社の元外事局長・虞家復をスパイ罪と機密情報提供罪で懲役一八年に処した。新聞報道によれば、虞は〇六年一一月の北朝鮮による核実験の直後に、北朝鮮に関する外交政策関連の情報を駐中国韓国公使と宮本駐中国大使（当時）に漏洩し、情報謝礼として日本円で約三百万円受け取った。韓国の情報機関出身とされる韓国公使はスパイであるとされ、実名報道されたが、宮本大使は「外国の大使館員」として匿名報道にとどまった。なお中国では国家機密に関わる裁判は未公開だが、虞の有罪判決は関係者への取材で明らかになったものである。

報道によれば、漏洩されたという情報は、いずれもすでに通信社が報じている「旧聞」に属するものばかりであった。ただし、虞は新華社の渉外担当でありながら、米国大使館のパーティーに出席したことや、米国への留学経験もあったことからＣＩＡとの関係も疑われていたようだ。（二〇〇九年五月二八日『週刊新潮』）

これらが事実とするならば、中国当局は虞を厳罰に処すことにより、日韓の情報活動を封じることを狙った可能性がある。

徹底した文書管理

中国は文書管理についても十分な留意を行なっており、国防関係資料や一部の経済データなどは基本的に国民に知らせず、重要情報については政府および党のランクに応じた限定公開となっている。

中国の内部資料は前述したように「絶密」「機密」「秘密」の三種類がある。これらは資料のタイトルが赤字で標記されることから「紅頭文件」と呼ばれる。「絶密」は閣僚および省長クラス、「機密」は局長および地方都市の市長クラス、「秘密」は課長クラスがみることができるようだ。

また「絶密」の上に共産党政治局員クラスだけが見ることができる「高層限定」があるという。「秘密」の下には「内部参考」がある。「内部参考」は新華社が編纂するが、この中に一二、一三階級以上の高級幹部を限定対象とした内外情報紙があるほか、「大参考」と呼ばれる外国報道資料、「参考消息」と呼ばれるタブロイド版の日刊新聞がある。これらは内部刊行で、かつては一般に国外に持ち出してはならないとされていたが、今では随分と緩和されているようだ。

「党中央文件」は、党中央が政府各部門や地方の党組織に対し、その時々の重大問題について情報を伝え、見解を明らかにするものだ。この文件はもっとも機密度の高い「絶密」に属し、文書にも通し番号が打たれ、党内会議でも配布されず、幹部が口頭で伝達し、メモは禁じられるといわれる。ただし、一定期間が過ぎれば、政策的に公表されることもある。『鄧小平文選』などの鄧の談話の多くは、かつて鄧の最高指示として「党中央文件」を通じて伝達されたものだ。（青木直人『中国利権の真相』）

そのほか、中国国内における命令・指示・報告などの通信の安全を確保するために、党および政府の文献は「軍郵」という特別の通信網を使用して受け渡しが行なわれており、末端まで配布するには幹部が使送《しそう》(直接手渡し)するという。

党指導幹部は機密情報が漏れるのに極めて神経質になっており、当然、党の秘密文献や指示は勤務先でみるようにし、家に持ち帰ってはならない。

厳しい言論および報道統制

中国では憲法により、言論、出版、集会、結社、行進および示威の自由(第二章三五条)が認められている。しかし、実態は厳しい制限が課せられている。

一九九七年一月の出版管理条令では新聞、定期刊行物、図書、音響・映像品、電子出版物など、いかなる出版物も以下の内容を含んではならないとしている。

- 憲法の基本原則に違反するもの。
- 国家の統一、主権および領土保全に危害を及ぼすもの。国家の安全、栄誉および利益に危害を及ぼすもの。
- 民族の分裂を扇動し、少数民族の風俗習慣を侵害し、民族の団結を破壊するもの。
- 国家の機密を漏洩するもの。
- わいせつ、迷信、暴力などを喧伝するもの。

言論および報道統制は、秘密情報の漏洩防止、中国当局にとって都合の悪い情報が流出することの防止を目的とする。共産党の独裁政権下にある中国では、出版・新聞・放送などの各種報道機関は、共産党や政府の「喉と舌」といわれており、党の路線・方針を民衆に伝える宣伝機関として位置づけられている。

たとえば、政治や外交に関する主要記事は、国営の『新華社通信』と党機関紙の『人民日報』が統一的に執筆、配信し、ほかの報道機関はそれを転載することのみが許可されている。

一九八〇年代以降、多くの機関紙が独立生産制に移行し、九〇年代から営利目的の商業紙が増加した。現在、商業紙は党機関紙を上回る発行部数を誇っている。『新京報』『京華時報』『北京娯楽新報』などの都市報は、特ダネや激しい批判報道を売りに販売部数を急速に伸ばしている。しかし、これら商業紙や民間報道機関といえども、党や国家指導部を批判することはできない。報道機関を使用して、自由に組織あるいは個人の意見を発表することもできない。共産党の路線に反した文学作品や論文は発禁や報道禁止、関連人物の拘束などの処分を受けることになる。なお、報道統制などの過去事例については巻末資料4（二七六頁参照）に一覧表を収録した。

二〇一一年の国家統計データよると、中国国内の新聞数は一九二八紙あり、テレビ局は二四七局、ラジオ局は二二七局ある。これら報道機関は、党中央宣伝部の指導の下で、国務院の国家新聞出版広電総局によって管理されている。同総局は二〇一三年三月、情報統制、報道統制を強化する目的から、国家新聞出版総署と国家電播電影電視総局とを合併して設立された。

国家新聞出版総署は、問題があるとされる記者のブラックリストやデータベースを作成し、彼らの活動に制限を加えており、規則や法律に違反した場合は記者証を没収し、記者証の申請・発行基準を厳しくするなどの措置を講じていた。（二〇〇九年二月一八日『産経新聞』）

このような体制は、現在の国家新聞出版広電総局の任務として引き継がれているとみられる。実際は、公安部が報道機関などを監視し、逐一、情報を党宣伝部などに通報し、これに基づき国家新聞出版広電総局が行政的管理と判断を下し、公安部などが違反行為を取り締まる体制になっていると推測される。

出版を法的に規制するものとして二〇〇二年二月に「出版管理条令」が制定された。同条令では、出版に対する管理体制および管理責任を明記し、「……基本原則への反対、国家の統一・主権・領土保全への損害、国家機密の漏洩、国家の安全・国益の毀損など憲法で規定された一〇項目の内容を含んではならない」とした。これに、民族蔑視、民族団結を破壊するような内容、法輪功のような宗教活動の禁止を追加した。

二〇〇三年九月、中国政府は「政治体制改革についての自由な意見を発表することを禁止する文書」を発し、大胆な政治の予測記事は取り締まりの対象とした。主要報道機関のトップは各級の党委員会によって任命され、党の人定審査を受ける、キャスターも一定の国家資格が必要とされるという制度も設けられている。経営においても、外国企業の経営参加を規制するため、新聞・放送・出版における外資導入を厳しく規制している。

言論統制や報道統制の一方で、中国は情報公開という問題にも取り組んでいる。市場経済が発達し、国内の情報化が発達すればするほど、中国は情報公開制度を完全無視ではすまされなくなったのだろう。二〇〇三年四月、SARS感染への対応に不備があったことから、SARS感染に関する情報の全面的な公開を決定し、その後、〇八年五月、「政府情報公開条令」を施行した。しかし、これは自由な情報アクセスを認めるというものではなく、むしろ政府にとって都合のよい情報を一方的に配信することに重きが置かれているという。

二〇〇八年に国務院新聞弁公室を設置して、報道官制度が発足し、報道機関を活用した適宜な情報公開に留意しているが、その一方で報道機関の自由な活動は国内安定を損なうものとし、決して容認することはないのが実態である。

習近平政権への移行後も報道統制は大幅に強化されている。二〇一三年一月、週刊誌『南方週末』の社説が共産党広東省委員会の検閲で一方的にすり替えられるという事件をめぐっては、大学教授や大学生らによる広東省党委員会宣伝部トップの庹震《たくしん》部長の更迭要求デモへと発展した。邦字紙報道によれば、同誌が「憲政」実現を求める「憲政の夢」と題する新年の社説を掲載したところ、党賛美の社説「われわれは民族復興の偉大な夢に最も近づいた」に書き換えられ、憲政や民主、自由、平等などの表現はすべてカットされたという。『南方週末』編集部によれば同委員会宣伝部により書き換えられたり、掲載されなかったりした記事が二〇一二年の一年間で一〇三四本にのぼったという。（二〇一三年一月六日『産経新聞』）

二〇一三年三月に新設された国家新聞出版広電総局は、早速、情報・報道統制の強化策に乗り出し、同年一〇月、全国記者に統一試験を課して、試験に先立つ記者研修を実施するなどの通達を発出した。一四年七月、同局は国家機密などの情報に触れた記者、編集者、キャスターに対する管理強化を命じる規制を発出した。国家機密の範囲は具体的ではなく、共産党、政府が規則を恣意的に運用する可能性が高いとされる。

外国報道機関は反中国的な記事を書くことはできない。共産党の正統性に関わる歴史認識問題や対日デモなどを取材する日本の報道機関に対する監視はとくに厳格である。「日中記者協定」という、他国にはない独自の報道協定が締結されたことで、ようやく日本人常駐記者が中国において報道することができるようになったという経緯がある。同協定には「反中国的な記事を書かない」という一項が加えられ、日本側の報道に対し「反中国的」という中国政府の恣意的な解釈が乱発されてきたという。

二〇〇六年九月、「外国通信社による中国国内におけるニュース情報の発表に関する管理規則」が制定された。同規則では、外国通信社は中国国内でニュース情報を発表するに際しては、新華社へ申請書を提出することになっている。つまり、外国報道機関の自由な活動は許可されておらず、国家統一や主権領土の完全性を損なうなどの一〇項目の内容を禁止し、「……に違反すれば警告の後、通信社の資格を取り消す場合もある」と規定している。

外国報道機関の事務所は、中国当局が監視しやすいよう原則として外交官居住区に置くよう求められる。以前はスタッフも政府の「外国人服務公司」から派遣されていたが、最近では、服務公司の人材派遣をやめ、各報道機関が採用する人物を登録させ、出入りの証明書を発行するシステムに次第に移行しているようだ。（『中国利権の真相』）

少数民族地域における取材規制は極めて厳格である。二〇〇八年三月のチベット暴動では、事件発生直後から報道規制が敷かれ、外国報道機関陣を同地から退去させた。〇九年二月下旬から三月にかけ、「チベット動乱五〇周年」報道のため、各国の外国人記者がチベット取材に訪れたが、自由な訪問が許可されているはずのチベット州自治区において、外国人記者が拘束されるなどの取材妨害を受けるという事件が相次いだという。（二〇〇九年三月一七日『産経新聞』）

二〇〇九年五月の四川大地震においては、外国報道機関による被災者に対する取材に制限をかけた。〇九年七月の新疆ウイグル自治区の暴動、一一年二月の中東・北アフリカの政情不安に起因する中国国内での茉莉華《ジャスミン》革命の呼びかけにおいても、外国人記者が公安部により拘束されたという。

習近平政権発足以降、外国報道機関に対する取材規制は一段と強化されている。二〇一四年五月、「新疆ウイグルの爆弾テロ事件」の内容を報じるNHK海外放送の画面が真っ暗になり、音声も聞こえなくなったという。また同年六月にNHK海外放送が天安門事件において学生の民主化運動が当局に武力弾圧された内容を伝えると、数分間にわたり放映が中断するなどの状況が生起したという。

インターネット規制の強化

情報統制の中で最も重視されているのがインターネット規制である。世界規模での情報化社会の到来により、中国のインターネット人口は飛躍的に増大している。中国が正式にインターネット接続を開始したのは一九九四年四月とされるが、わずか二〇年ほどで利用者は世界最多の五億人以上に達した。

当初のネットは、党宣伝部が指導する新聞などとは異なり、比較的自由な空気があったが、今では、民主主義意識の芽生えとともにインターネットを利用した党・政府機関に対する批判が恒常化したことから、取り締まりが強化された。

二〇〇八年、一党独裁を批判する『〇八憲章』という大胆な政府改革要求書がネットで発表された（六九頁参照）。これに対し中国当局はネット規制を強化し、ネット情報に関与する者の多くが自宅監視、尾行、公安当局の取り調べ、職場上司からの警告などを受けるようになったという。（二〇〇九年一〇月四日『読売新聞』）

二〇〇九年一月中旬、中国の学者や弁護士らが中央テレビ（ＣＣＴＶ）に対し「洗脳を拒否する」と題して「集団抗議事件を報じないか、あいまいに処理している。国内報道では良い話を報じ、悪い話を報じない。国際報道は逆だ。ニュースではなく宣伝番組だ」と非難し、ボイコット宣言する声名を発表した。たちまちネット上のブログには賛否両論の反応が掲載されたが、公安部によりブログは直ちに削除されたという。（二〇〇九年二月一日『読売新聞』）

中国は、国外のネット企業に対しても検閲への協力を強要してきた。二〇〇四年、ヤフー社が中国当局にメール通信記録を提出し、送信者の中国人記者が国家機密漏洩罪で禁固一〇年の刑を受けるという事件が発生した。

中国に進出している米大手のグーグル社は二〇〇六年から中国での検索事業を開始し、中国当局による実質的な検閲であるネット検索の自主規制を受け入れてきた。しかし、〇九年一二月、グーグル社は中国を発信元とするサイバー攻撃を受け、自社メールアドレスを使用していた中国人の民主活動家の情報が盗まれ、一〇年一月には外国人のメール・アカウントも不正侵入を受けたという。こうした背景から、グーグル社は自主規制の一部を解除し、天安門事件などの検索・閲覧を可能とした。米政府はグーグル社を支持したが、一方の中国政府はグーグル社に対して断固たる制裁措置をとり、結局、グーグル社は中国本土から香港に撤退した。

このほか二〇一一年の中国版茉莉花《ジャスミン》革命では、中国民主化グループが米国で経営する「博訊網」サイトのサーバーが、第一回のデモ予定日にダウンしたという。実行者については不明であるが、背後には中国政府当局の関与があったと指摘されている。

中国はインターネットの普及には積極的である。二〇一〇年、国務院新聞弁公室ネット（網絡）局は『インターネット白書』を公表し、経済成長に不可欠なネット活用を奨励する方針を明記した。一方で同白書は、情報統制の必要性についても明記している。

二〇〇〇年九月、「インターネット情報サービス管理規則」、同年一〇月、「インターネット電子広告サービス管理規則」、〇二年八月に「インターネットサービス営業所管理規則」、〇五年二月、「インターネットＩＰアドレス行政登録管理規則」などのインターネット規制上の関連規則が制定された。

これらの規則は、インターネットやメールを利用した国家機密の漏洩、憲法に規定されている基本原則に違反する事項のダウンロードを禁止するとともに、国内で使用されるインターネットＩＰアドレスの行政登録義務などを定めている。

中国の全国レベルの国内サイトとしては新華網、人民網、中国人民解放軍網などがある。地方レベルでは解放日報、南方網、文匯報があり、党機関サイトとしては学習時報などがある。国内検索サイトには新波網（SINA）、百度（Baidu）、捜狐（SOHU）、網易（NETEASE）などがあり、国外検索には谷歌（Google）、雅虎（Yahoo）などがある。こうしたプロバイダー、サイトの設置、維持・運営は基本的に政府当局からの認可が必要であり、インターネット・サイトによる独自の報道は許されず、基本的には中国政府の許可されたものだけが配信されることになる。

中国においてネットの情報統制を統括しているのは国務院新聞弁公室である。同弁公室は、党中央宣伝部の下で対外宣伝を担当する党中央対外宣伝弁公室と実態は同一組織である。新聞弁公室主任は同時に対外弁公室主任であり、党中央宣伝部次長を兼任するという関係にある。つまり、中国のインターネットの統制は党中央宣伝部→党中央対外弁公室（国務院新聞弁公室）の流れで意思決定が行なわれ、公安部が実働部隊として関与する体制となっている。

公安部は、共産党にとって悪影響とみなすインターネット・サイトの閉鎖、このような発信源の特定・摘発を行なっている。公安部は一九九八年から、通信・ネットワークの情報統制を強化する「金盾プロジェクト」の開発に着手し、二〇〇三年から運用を開始した。「金盾」とは気功集団の「法輪功」、ダライ・ラマ一四世などの中国当局が知らせたくない人物、出来事について情報検索できないように設定した大規模な検索阻止機能のことであり、英語では「ゴールド・シールド」「グレート・ファイアーウォール」などと通称されている。

公安部は一九九八年以降、「サイバー・ポリス」と呼ばれる数千人規模のインターネット監視部門の公共情報ネット（信息網絡）安全監察局を保有している。ネット上で中国の批判記事が掲載され、それに対し国民が書き込みをして、その状況を常に「サイバー・ポリス」が監視して直ちに削除するという「いたちごっこ」が毎日繰り広げられている。「サイバー・ポリス」の数は膨大で、国際的な団体「国境なき記者団」は二〇〇八年一〇月、「中国では数万人の『サイバー・ポリス』がネット利用者の活動を監視している」との調査報告を発表した。

二〇一一年五月にはインターネット規制をさらに強化するために、国家インターネット情報弁公室が国務院に新設された。同室はウェブサイトや動画サイトに違法な内容がないか審査し、通信会社やプロバイダーの指導や、情報統制に関する法整備にもあたるとされる。新組織のトップは、国務院弁公室主任が兼務し、副主任が国務院新聞弁公室、公安部、工業情報化部の各次官級が兼務し、関係省庁間の連携を図っているという。

二〇一二年一一月、習近平政権は、さらなるインターネット規制に乗り出した。全人代常務委員会は「ネット情報保護強化に関する規定」を審議して賛成多数で可決した。同規定ではウェブ運営者に捜査協力を義務づけたほか、広告や嫌がらせなどの迷惑メールを一方的に送信することを罰する規則を新設した。また交流サイトの運営者にユーザーの個人情報が漏洩しないよう管理を強化し、ネットを通じた詐欺やデマの流布の取り締まりを厳格にした。同時に、同規定には中国当局が治安管理の強化を目的にネット検閲・通信の遮断、サイト閉鎖などを認める内容も含まれている。つまり、ネットユーザーの「個人情報保護」を名目に、政府にとって都合の悪い情報が流布しないよう、政府当局によるネット規制の権限を強化したのである。（二〇一二年一二月二八日『日本経済新聞』）

2 国外活動

巨大な協力者網の設定

情報活動は収集手段あるいは情報源によって、ヒューミント、シギント、イミント、オシントなどに区分できる。

この中で中国が『孫子』時代から伝統的に重視しているのがヒューミントである。ヒューミント活動には、我の政府組織、軍事組織などが欲する情報を非公然に収集する諜報、敵のヒューミント活動から我を防護するカウンターインテリジェンス、相手を欺き誤認・誤判断・混乱させるための偽情報の配布、相手国の政府・世論を自らの意図する方向に誘導・操作する影響化工作などが含まれる。

活動場所により国外活動と国内活動に区分できる。国外活動では、外交官および駐在武官などの公的身分で公然活動を行なうことが一般的である。しかし〝鉄の扉〟の向こう側に対しては、公然活動だけでは組織が必要とする重要情報を獲得することは困難である。そのため、身分を欺騙し、敵と接触して通常の手段では入手できない情報を獲得する諜報が必要となる。

諜報を行なうために諸外国の情報機関は、合法工作員（リーガル）のほかに非合法秘密工作員（イリーガル）を運用する。また、工作責任者（ケース・オフィサー、ディレクター）が協力者や内通者（エージェント、インフォーマント）を獲得して、それを運用するのが一般的である。

たとえば、古くはゾルゲと尾崎秀美、一九八〇年一月のコズロフ陸軍大佐（ＫＧＢ）と調査学校副校長、二〇〇〇年九月のボガチョンコフ海軍大佐（ＧＲＵ）と海上自衛隊三等海佐との関係において、工作責任者と協力者との関係が確認された。

中国では、工作責任者を基本同志、協力者を運用同志と呼ぶ（二〇一四年四月六日『ＳＡＰＩＯ』ほか）。基本同志は情報機関において専門教育を受けた情報のプロである。国内から、あるいは海外に派遣されて、協力者である運用同志の現地での活動を指示するわけだ。

中国情報機関は、情報のプロである基本同志を外交部（大使館職員）、新華社、中国人民友好協会、国防部、統一戦線工作部、対外連絡部、公的貿易事務所などの合法的カバーを用いて派遣している。（『中国情報部』）

国外には膨大な数の華僑、華人が存在し、海外留学生は毎年四〇万人にのぼる。これら留学生は程度の差はあるものの、国家機関と関係があり、インテリジェンス戦争の指令を受ける場合もあるという。（二〇一四年六月『ＳＡＰＩＯ』）

中国教育部と現地大使館教育部が私費留学生に対して奨学金を付与するなどの便宜を図るなど、積極的な支援も行なっており、こうした関係が運用同志の運用につながる可能性は高い。

米ＣＩＡは中国情報機関によるインテリジェンス戦争について「利用できる者や情報に近い者なら誰でも使う」「それはあらゆる分野に及んでいて見境がない」「獲得した協力者から機密事項を盗み出すのに真空掃除機のような方法をとり、どのような情報であれ見つけ出せれば、すべて吸い上げている」「中国の公式の諜報機関は国家安全部であるが、数十のほかの政府機関がそれを補完し、それぞれが何らかの諜報活動を行なっている」「香港のダミー会社や米国企業との共同生産契約などを隠れ蓑として、軍事関連の機密事項を収集している」などと、その幅広い手口を警告している。

つまり、中国情報機関は世界各地の中国系社会を基盤に、外交官、留学生、使節団などの巨大な協力者網を運用し、大使館その他の政府施設や事務所、貿易会社などを多くの活動拠点に比類のない大容量のインテリジェンス戦争を展開している。

「質より量」を重視の諜報活動

工作責任者と現地協力者による安定した活動は未来永劫ではない。いずれ現地の情報機関あるいは公安機関によりその関係が暴露される。これまでもCIAやKGBの諜報活動が暴露された事例は枚挙に暇がない。たとえば、一九九四年二月、CIA工作本部でソ連防諜担当の要職にあったオルドリッチ・エイムズはFBIに逮捕された。わが国でもソ連あるいはロシア情報機関による諜報が警察庁などにより、暴露されてきた。

中国の水面下での諜報活動や秘密工作は、大々的に行なわれているにもかかわらず、こうした活動が発覚し、摘発される事例は米国やロシアに比較してはるかに少ない。その理由はなぜか？　中国情報機関の活動が発覚をまぬがれるほどに洗練されているのだろうか？

この謎を解く第一の鍵は、協力者の運用方法にある。つまり、中国情報機関は高度に訓練された情報要員よりも、中国人のビジネスマン、学者および技術者、留学生、旅行者などを幅広く運用する。現地協力者の選定も、発覚の危険性を伴う相手国情報機関の要員を獲得するよりも、一般人を幅広く利用する方法を試みている。こうした人海戦術による活動が展開されているため、現地の情報・公安機関からその活動実態が特定されにくいと考えられる。

第二は、中国の情報に対する考え方にある。ロシアが秘密文書などの現物の獲得を重視するのに対し、中国は対象が有する秘密に関係する知識の獲得を重視する。知識は無形であるため、盗まれても摘発されにくい。たとえ摘発されても証拠がないから立件できない。工作責任者にとって、協力者を現地の情報・公安機関から防護することもできる。協力者も機密文書ではないから罪の意識が希薄化し、どんどん秘密の知識を漏らしてしまうことになる。

しかしながら、知識は伝聞情報であることから一般的に現物よりも正確性に乏しい。そこで正確性のレベルを上げるため、中国情報機関は幅広く対象に接し、できるだけ多くの知識にアクセスし、その知識を総合的に組み立てて情報化するという考え方を重視している。つまり情報の質を量でカバーしているのである。これに関して、ロシアの情報活動が「一人のエージェントがバケツ一杯の砂を運ぶ」のに対し、中国の活動は「一人の収集員が砂一粒を運び、人海戦術によって砂をバケツ一杯にする」と対比して語られる。（二〇一四年五月一一日『SankeiBiz』ほか）

華僑・華人社会の活用

インテリジェンス戦争においては、信頼できる協力者を獲得することが最重要課題である。協力者の獲得において、中国情報機関は極めて有利な国際環境にある。なぜなら、世界各地に形成されている華僑・華人社会は協力者の宝庫だからである。

世界中には、膨大な数の華僑（中国国籍を保有）、華人（現地の国籍を保有）が散在している。華僑・華人は香港、台湾、東南アジア、米国、日本、オーストラリアなどに多く、その規模は世界で五〇〇〇万人を越えている。東南アジアに三五〇〇万人、日本には七三万人の華僑がいると推定される（二〇一四年一月二九日『人民ネット』）。世界的規模で存在している中華料理店は工作責任者と協力者との接触場所（カットアウト）として有効利用されよう。

中国は、一九八九年の天安門事件以後、華僑・華人社会への秘密工作を強化した。なぜならば、中国は同事件で二つの問題に直面することになったからである。第一の問題は、欧米諸国が経済制裁に踏み切ったことで、経済発展に必要な資金が中国に入ってこなくなったことである。二つ目は、天安門事件で弾圧を受けた学生たちが海外に亡命し、米国、フランス、カナダなどの世界各地で中国民主化組織を設立し、欧米の報道機関と連携して中国批判を開始したことである。

そこで一九九〇年、中国は「中国海外交流協会」という民間組織を設立し、海外の華僑に対する秘密工作を強化した。その主たる設立目的は、海外華僑の莫大な資金を中国国内へ投資させること、華僑ネットトワークを使って海外の民衆化運動を抑え込むことであった。(二〇〇五年七月『正論』「知られざる反日国際ネットワークの脅威と実態を暴く」)

中国は二〇〇〇年以降、「走出去」政策という海外進出政策を推進している。この政策により、「大海の渦に飲み込む」とばかり、アフリカ、中南米などに対する中国人の進出は飛躍的に増大し、現地における華僑・華人社会の規模も拡大している。世界中に展開する華僑・華人社会の拡大という現象は、中国情報機関が諜報・秘密工作を行なううえでの有利な環境を付与しているのである。

人民団体を活用したソフト戦術

中国のインテリジェンス戦争は長期を見据えて戦略的に行なわれ、戦術的には水面下でソフトに実施されている。ソフト戦術の一例が人民団体(日本では社会団体、民間団体などと呼ばれている)の活用である。人民団体は準政府的な性格を持つ。「人民団体登録管理条令」の規定では、その設置には必ず業務主管部門の批准文書を提出することが義務づけられている。業務主管部門は県レベル以上の人民政府の関連部門であるから、実際には党および政府の傀儡である。

国連加盟以前の中国は、日本などの国交のない国家に対しては、民間外交(人民外交、国民外交とも呼称)を推進した。その際に党および国家が直接的に民間外交に関与するのではなく、人民団体という民間組織を作り、相手国の民間団体を支援、育成することで影響力の拡大を図ってきた。

一九四九年一二月に周恩来の提議で設立された中国人民外交学会という人民団体がある。同学会は設立後、周恩来が七六年に死去するまでずっと名誉会長を務めていたことから、名ばかりの民間団体であり、政府の傀儡であった。同学会は国際問題、外交政策を研究し、民間団体として国家の外交活動に協力し、外国の各界有名人および友好団体と国際交流を行なってきた。とくに米国から封じ込めを受けた五〇年代から六〇年代において、米国による包囲網を打破するために世界各国との民間交流の拡大を通じて各国政府の政策に対して影響を与えてきた経緯がある。

今日、人民団体の活動分野は、外交、青少年、商業・貿易、婦女、華僑連合、文化などさまざまな領域に及んでいる。人民団体のカウンターパートは相手国の民間団体である。日中間では中日友好協会には日中友好協会が、中国国際貿易促進委員会には日中貿易促進団体がそれぞれ対応している。

人民団体は党および国家の意向を受けた官製組織であるため、民間外交の名の下で、党の意向を受けたインテリジェンス戦争を展開しているとしても何ら不思議ではない。中国情報機関が人民団体の中に秘密情報要員を派遣している可能性もある。

人民団体が党、政府の直接的な統制を受けているのに対し、一方の友好団体がまったくの民間組織であれば、活動は極めて容易というのが実情であろう。しかし民主主義国家としては民間団体と人民団体が実施する友好交流はあくまでも民間レベルとみなければならない。国家が友好の名目で行なわれる民間交流に対して統制、関与することは極めて限定的にならざるをえない。そこに中国の情報活動の巧妙さがうかがえる。

巧妙な協力者獲得と運用

中国の国外活動が摘発されにくい理由の一つに、協力者の獲得および運用における巧妙さを挙げることができる。

中国情報機関は、しばしば中国に訪問、滞在する外国人を協力者として獲得するという手法を試みる。派遣先の現地において協力者を獲得しようとすれば、獲得手段も限定され、現地の情報・公安機関から摘発される危険性も大きい。一方、中国国内であれば、あらゆる手段を駆使して安全かつ確実に協力者を獲得できる。中国に長期間滞在し、重要な国家情報に携わる外交官などは協力者として格好のターゲットである。

中国は海外で協力者として有用な人物と判断した場合、積極的に中国に招待し、全滞在期間において人定調査や弱点などを解明し、中国旅行の便宜、金銭授与、あるいは弱点攻勢など、ありとあらゆる手段を仕掛けて獲得するという。

協力者の運用は、相手側の情報機関により、協力者が二重スパイとして獲得されるという危険性を伴う。このため、情報機関は協力者の国家および組織に対する忠誠心を常に確保しておかなければならない。FBIの中国上級分析官のポール・ムーアは、対中国スパイ活動に有効だと思われる二四の法則を確立したが、重要なのは次の三つだといっている。

（デイヴィッド・ワイズ『中国スパイ秘録 米中情報戦の真実』）

（1）中国情報機関は、エージェント（協力者）に対し情報提供の見返りとして報酬を渡したりしない。

（2）個人が自主的に情報提供を申し出る「飛び込み」を相手にしない。

（3）経済的な問題や復讐心に駆られていない人、人生に失敗していない「健全な人」から情報を集める。

欧米人は、アルコール依存症や借金苦、組織に対する復讐心などさまざまな事情からスパイ活動を働く。しかし中国情報機関は、このような「問題のある人」ではなく「善良で健全な人」にスパイ活動を働かせようとする。その際、中国情報機関は、「中国人は祖国に強い感情的執着心を持つ」（ジョック・ハスウェル『陰謀と諜報の世界』）、という民族的特性を最大限に活用する。つまり、中国人の血統を有する者を協力者として獲得し、この協力者を通じて相手国の情報機関中枢に近い別の協力者を獲得するといった間接的アプローチをとっている。

中国情報機関は、血統主義に基づき「中国人であれば祖国に貢献するのは当然の義務である」として協力者を無償で活動させる。無償で運用すれば金銭の授受もないことから、相手国の情報機関の摘発を免れることができる。そして金銭を払う代わりに、相手の職業や社会的地位に応じて、貿易上の便宜、経済活動上の許認可、政治交渉上の成果、破格の待遇や勲章などを与え、協力者の自尊心や虚栄心を利用する。その一方で反中国の学者、マスコミなどに対しては中国への渡航制限や国外追放などの対抗手段をとる。

他方、情報機関に対する命令拒否や裏切り行為は、中国国内に居住する家族、親類縁者の安危に影響するとの脅しを併用することで二重スパイや秘密漏洩を防止している。

中国は海外に展開する膨大な中国人留学生の活用を重視している。従来は、中国人留学生は卒業後に中国に帰国することが義務づけられていたが、近年は「祖国への貢献」を条件に、本人が希望すれば留学先での帰化を認めているという。これは、現地において協力者として活用することの方が得策と考えるようになったからだという。米国をはじめとする各国には、その国に帰化し、国際的企業などに就職し、非常時における中国情報機関からの呼び出しを待っている帰化協力者が相当数にのぼると推定されている。帰化協力者は、帰化人であるので堂々と秘密情報に接触できる。しかも中国に親類縁者がいるため、祖国を裏切ることもない。そのため、水面下のインテリジェンス戦争において重宝されているという。

第三国制御工作の活用

中国情報機関は、非合法秘密工作員あるいは協力者などに対し命令を指示し、収集した情報資料を安全に受領するための各種の工夫を行なっている。これに関しては「第三国制御工作」（サードカントリー・コントロールド・オペレーション）という方式が用いられる。

同方式は、命令・指示の伝達、協力者の獲得は第三国で行なうというものである。これは中国情報機関の伝統的な手法であり、一九五〇年代から、中国は英国およびその他のヨーロッパ諸国のある拠点から、米国に対するインテリジェンス戦争を指揮してきたという。(『中国情報部』)

海外に展開した非合法工作員が中国情報機関から命令・指示を受ける、あるいは収集した情報を中国情報機関に報告する際、通信・連絡の安全性を確保するためにクーリエという直接手渡し手段が用いられる。クーリエは西側諸国の外交官が一般的に行なう通常の手段であるが、中国のクーリエは第三国で受け渡しが行なわれることに特徴がある。

協力者は相手国の国内で秘密工作を行なうが、「第三国制御工作」によれば、協力者は統御する工作責任者は第三国で生活し、協力者を一時的に第三国に呼び寄せて秘密工作指令を行なう。工作責任者が第三国でずっと生活し、協力者は第三国には短期間しか滞在しないので、相手国政府の防諜機関が中国の秘密活動を発見することは困難となり、協力者の活動の保全性が格段に高まるというわけである。

「第三国制御工作」を利用した事例には、ラリー・ウタイ・チン事件が挙げられる(五〇頁参照)。チンは一九二二年に北京に生まれ、四三年から四五年の間、福州の米陸軍連絡事務所で通訳として勤務。その後、キリスト教系の燕京大学でジャーナリズム学を学び、四八年から上海の米国領事官、五二年以降は米CIA分析官として勤務。六五年に米国国籍を取得した。

チンはCIAに勤務するかたわら、国家安全部副局長の肩書きを有し、三五年以上にわたって、「ニクソン大統領が中華人民共和国と国交を開くことを希望している」などの機密文書(一九七〇年一〇月)、中国や東アジアに関する秘密レポート、同僚のCIA職員の経歴情報と評価、CIAの秘密要員の氏名と身元、といった機密情報を中国側に漏洩した。国家安全部によるチンに対する秘密工作の指令や秘密データの受け渡しは、第三国のカナダのトロントや香港において行なわれた。（『中国情報部』）

チンは、自らが中国スパイであることを自白し、中国当局に対し、中国が米国のスパイを釈放することと交換に、自分を救出するよう助けを求めたが、中国当局は「この事件は米国の反中勢力のでっち上げ」と完全否定した。無残にも中国当局に見放されたチンは、米国の刑務所で、失意の中で自殺した（享年六三）。

二〇一一年に発覚した台湾陸軍司令部の「少将スパイ事件」（二〇六頁、一四一頁参照）においても「第三国制御工作」の活用がうかがえる。タイで中国情報機関の女性スパイに籠絡された羅賢哲少将は、〇四年にタイから帰国し、国防部の国際情報処副処長に昇任した。女性スパイは、オーストラリアのパスポートを利用していた。オーストラリア市民であれば、米国や日本に対する短期入国が容易であり、中国がオーストラリアに工作拠点を置くことも納得できる。

女性スパイは、ネットを介して羅と連絡を保持したが、羅が訪米する機会をとらえて接触を保持し、羅から秘密資料を受け取っていた。報酬は羅が米国に開設した個人口座に振り込まれた。羅は通関上の特権を利用して、米国で受け取った報酬の検査を受けることなく、報酬を台湾に持ち帰っていた。なお女性スパイは米国駐在しているさらに高位の中国人工作員を羅に紹介し、羅はその後、高位の工作責任者の命令・指示を直接受けていたという。

ハニー・トラップの活用

協力者に対する弱点攻勢の一つにハニー・トラップ（甘い罠）という方法がある。これは、女性が情報機関などの指示を受けて、機密情報の入手などを狙いに工作対象者に対して誘惑的な手口により接触を図り、工作対象者の弱みを握り、協力者として獲得する手法のことである。

ハニー・トラップは旧ソ連ＫＧＢなどが常套手段としてきた。中国情報機関もＫＧＢに負けず劣らずこの手法を駆使している。そもそも、中国兵法書『六韜』には「厚く珠玉を賄《まかな》いて、娯《たのし》ましむるに美人を以てす」「美女喚声を進めて、以てこれを惑わす」とある。『兵法三十六計』にも「美女の計」がある。中国の古典では、女性の誘惑により政権が崩壊に至ったことがしばしば描かれている。つまりハニー・トラップは中国の伝統的な常套手段なのである。

中国情報機関によるハニー・トラップ事件としては「エム・バタフライ」事件が有名だ。一九六四年、フランス外交官ベルナール・ブルシコは中国人の京劇俳優である時佩璞《じはいぼく》と性的関係に陥った。中国情報機関（党中央調査部）は二人の関係を利用し、六九年にブルシコを協力者として獲得した。ブルシコは時佩璞と結婚し、中国から出国した。その後、八五年にフランス当局によりスパイとして逮捕されるまでの間、フランスの国家機密を中国に漏洩し続けた。

事件が表面化した際に世間が驚いたのは、時佩璞が実は男性の女形であることが判明したからである。これには「性行為が真っ暗な中で行なわれたことから、ブルシコは最後まで時佩璞が男性であることを知らなかった」という説もあるが、これは常識的に考えて疑わしい。むしろ、中国情報機関がブルシコの特異な性的嗜好を調査し、これを弱点としてハニー・トラップの罠を仕掛けたという説の方が納得できる。なお、この事件はその後、「エム・バタフライ」との題名で映画化されたため、世間に広く知られるようになった。

近年では二〇〇三年、最大級のハニー・トラップ事件が発生した。カトリーナ・レオン（中国名：陳文英）という中国系米国人女性が、国家安全部の指令の下で、FBI捜査官二人と性的関係を結んで米側の機密情報を窃取し、それを中国に流していた（五〇頁参照）。レオンが注目されるようになったのは一九九七年一一月の江沢民・国家主席の初訪米時である。江沢民はロサンゼルスの中国系米国人コミュニティの年次晩餐会に主賓として招待された。その時、レオンは通訳と司会進行役を務めた。その後、ロサンゼルスの中国系米国人社会で名声を博するようになった。これは、国家安全部が背後でレオンに対し、中国要人との人脈形成を支援していたことを物語っている。なお、この事件の顚末は、デイヴィッド・ワイズ著『中国スパイ秘録──米中情報戦の真実』にて詳述されている。

二〇〇八年、台湾総統府で生起したスパイ事件もハニー・トラップと関係している。立法委員補佐官の陳品仁は、大陸で誘惑されて愛人を囲っていたが、その関係を暴露すると脅され、総統府の機密情報を中国に漏洩するようになったという。同時期、四人の台湾公務員が大陸を訪問中、風俗店での遊興を中国側に隠し撮りされ、スパイとなるよう強要されたという。

前述の「羅賢哲少将スパイ事件」について、二〇一一年二月一〇日の台湾紙『中国時報』は、「台湾少将、ハニー・トラップに落ちる」題する記事を掲載した。同記事によれば、羅は〇二年から〇四年にかけてタイで駐在武官として在勤していた時期に、中国人女性スパイと知り合ってすぐにこの女性スパイと性的関係に発展し、〇四年頃から機密資料を女性スパイに渡すようになった。また、そのつど一〇〜二〇万ドルと渡される金銭の誘惑も重なり、羅は泥沼にはまり込んだようだ。この女性スパイがオーストラリアのパスポートを所持していたことや、第三国でハニー・トラップが仕掛けられたことは、中国情報機関が相当の時間と労力を費やして、協力者の獲得を仕組んでいたことになる。

このほか二〇〇八年の北京オリンピックに際しては、クレメント前ロンドン副市長が中国人女性と性的関係を持っている最中に機密文章を盗まれるという事件も発生したという。

各種報道によれば、わが国の政府、経済界、商社などのさまざまな領域の要人がハニー・トラップの餌食となってきたという。真偽のほどは定かではないが、わが国の元首相も中国公安部に所属する女性と深い関係になったという。

最近の手口として、中国に無数に存在するカラオケ店を舞台にハニー・トラップを仕掛ける事例が確認されている。中国では売春は重大犯罪であり、中国情報機関がその重大犯罪を見逃すことと引き換えに、機密情報の提供を強要するという。カラオケ店の女性従業員は、顧客の名刺と引き換えに「売春」の罪が減じられるため、客の名刺収集に余念がないとされる。

中国情報機関が民間人を装い、意図的に工作対象者に近づきカラオケ店に誘い、ハニー・トラップを仕掛けることもあるらしい。二〇〇四年五月に在上海日本総領事館の電信官が首吊り自殺した。その遺書から、電信官は市内のカラオケ店に通っているうちにハニー・トラップ手口で籠絡されたことが明らかになっている（二六二頁参照）。

相互監視で情報要員の保全を高める

情報要員の国外活動は、相手国の情報機関から常に監視される、情報要員が現地情報機関に獲得されて二重スパイになる、あるいは自己の意思で亡命を企てる、などの危険性を常に孕んでいる。情報要員が亡命すれば、相手国に対し人的ネットワークが暴露され、重大な国益損失となる。中国は過去、幾度となく苦い失敗を繰り返した。

なかでも一九八五年に発生した国家安全部対外諜報局局長の兪真三の米国亡命事件は、国家安全部の最大の失態であった。兪が米国に亡命し、ＣＩＡに対し国家安全部の組織、活動の全貌を暴露したことから、中国情報機関による水面下での米国に対する秘密工作の実態が明らかになった。前出の伝説的スパイであるラリー・ウタイ・チェンは四一年間にわたってＣＩＡに勤務するかたわら、国家安全部要員として米国に関する重要情報を中国側に提供していたが、この亡命事件で国家安全部は貴重な情報源を失った。

二〇〇五年、シドニー領事官の政治参事官であった陳用林がオーストラリアに亡命した。陳の口から「オーストラリアだけで一千人以上の秘密工作員が活動している」とし、国家安全部の活動現況、手口、人権侵害の状況などが全世界に向けて発信された。同年、オーストラリア政府に庇護を申請した国家安全部天津局の元幹部である郝鳳軍も陳と同様の発言を行ない、中国の国家イメージが低下した。

こうした亡命事件を警戒する中国は、国外に派遣する情報要員に対し、派遣前教育を行ない、中国の保全規則に違反した場合には「本人のみならず、家族、親類縁者まで厳しい処分が及ぶ」ことを徹底して認識させているようだ。また「自らの知識や弱点など、相手国情報機関にとって情報要員を獲得するうえでの決定的な情報を与えないためにはどうすればよいか」など、行動保全の教育についても徹底して行なっているとみられる。

国外に派遣された情報要員は通常、二人一組で行動することが義務づけられているという。これは、現地情報機関が仕掛けるハニー・トラップによって、相棒が誘惑されたり、自らの意思で亡命したりすることを防止する相互監視の目的がある。他方、現地情報機関が行なう監視行動を、相棒が第三者的立場から逆探知することで、自らの情報活動の安全を確保するという側面もある。

国外活動に携わる機関としては、国家安全部、総参謀部第二部、総政治部連絡部のほか、最近では公安部からも要員が大使館職員として派遣されているという。彼らは各地の中国大使館を拠点として活動するが、さまざまな組織から秘密工作員が派遣されていることは、ある種の相互監視機能を高め、インテリジェンス戦争の保全性を高めている要因の一つといえよう。

大使館施設の保全は強固

海外では現地情報機関が外国公館に盗聴器を仕掛け、公館内の会話を盗聴するといったケースは珍しくない。かつて在モスクワ日本大使館では盗聴器が仕掛けられ、その点検と撤去のために日本から派遣された対策チームが現地で食事に毒を盛られたという事件が発生した。この毒は全員に対して相当の苦しみは与えたが、致死量には至らなかった。つまり、情報機関による「これ以上騒ぐと殺す」という、計算し尽くされた心理的牽制であった。

二〇〇八年七月二九日、新しい在米中国大使館が建設された。その際、中国は設計図、建築材料および設備のいずれも、中国国内から直接調達したという。そして現地の建設労働者をいっさい雇用することなく、建築労働者全員を中国から派遣した。

わが国の在外公館の建設、修繕などはすべて現地人労働者まかせであることと比較すると、中国の施設保全に対する徹底ぶりは顕著である。こうした徹底ぶりから、逆に中国が在中国外国公館に対して恒常的に盗聴を行なっていることが推察できる。

中国情報機関は行動保全、施設保全および組織保全などの体制を固めたうえで、国外活動を行なっている。これは、中国が各国以上に相手国の活動からの保全、カウンターインテリジェンスの重要性を理解していることにほかならない。また歴史的な易姓《えきせい》革命の教訓、激烈な闘争を戦い抜いた知恵から、中国は国外活動を行なう前提として、まず自己の保全・カウンターインテリジェンス体制を強化しているのであろう。

サイバー空間の利用

近年、中国によるサイバー空間を利用した情報収集が話題となっている。サイバー関連の組織には、国家安全部第一三局、公安部、人民解放軍総参謀部第三部、第四部などの存在が指摘されている。公安部は数千人規模の「サイバー・ポリス」と呼ばれる専門部隊を有しているという。報道によれば、総参謀部第三部は「網軍」と呼ばれる専門部隊を一九九九年に設立した。このほか「中国紅客連盟」などの民間のハッカー集団（中国語では「黒客」）が一千以上存在するといわれる。

これら民間ハッカーと、政府・軍事機関との結びつきが指摘されている。政府・軍事機関が民間ハッカーに対し、情報収集を委託、または指示する、個人ハッカーが個人的に収集した機密情報を何からの便宜供与と引き換えに政府、軍に提供しているなどの状況が指摘されている。

人民解放軍によるサイバー戦については第5章において詳述するが、ここでは中国によるサイバー攻撃に関する報道をみてみよう。
●二〇〇七年、米国防省をはじめとする官庁の複数のコンピュータ・ネットワークに対する侵入事件が発生。米国は、これを「中国の仕業である」ことを示唆。
●二〇〇九年、超党派で構成される米議会の諮問機関である米中経済安全保障調査委員会は恒例の『年次報告書』を発表し、「中国がサイバー空間で最も主体的な脅威になった」との懸念を発表。この中で、サイバーによる内部データの年間収集量は米連邦議会図書館の二倍分とも推計。（二〇〇九年一〇月二四日『産経新聞』）
●二〇一〇年一月一三日付の『デイリー・ビースト』紙は、FBI報告書を引用し、「中国が発信源であると特定できた米国防省のコンピュータに対する攻撃は、二〇〇七年に四・四万回だったのが〇八年には五・五万回、〇九年には九万回に達した」と報道。
●二〇一〇年、台湾国家安全局の蔡得勝局長は、同年の立法院国防委員会に出席し、同局のウェブサイトへのサイバー攻撃が月平均で約五〇万回に達するとしたうえで、「主要な攻撃元は中国大陸だ」と指摘。
●二〇一〇年九月、ドイツ内務省と連邦憲法擁護庁の関係者は、「ドイツ政府が二〇一〇年一月から九月までに受けたサイバー攻撃のうち、半分は中国からだった」と発表。
●二〇一一年九月、日本の三菱重工業が第三者からサイバー攻撃を受け、最新鋭の潜水艦やミサイルなどの情報が窃取されことが、関係者の証言で判明。
●二〇一一年一一月、米国国家対課報局は、「サイバー空間で米国の経済的秘密を盗む外国のスパイ」との名称の議会報告書を公表。その中で「経済スパイを世界で最も活発かつ執拗に実行しているのは中国のハッカーだ」と警告。
●二〇一一年一一月、FBIは議会報告書で「中国およびロシアが、サイバー攻撃などによるスパイ活動の主要な犯人だ」と名指しで批判。
●二〇一三年一二月、米情報セキュリュテイ会社「ファイア・アイ」が、二〇一二年九月の「G20サミット」前に中国のハッカーが欧州五カ国の外交当局のコンピュータ・システムに侵入したとの報告を発表。
●二〇一四年五月、米司法省は中国軍関係者五人が米企業にサイバー攻撃をしていたとして刑事追訴。
●二〇一四年六月、警視庁によれば、二〇〇九年以降、政府機関や防衛・重要インフラ関連企業など三〇以上がサイバー攻撃を受け、少なくとも一〇〇台以上のパソコンでウイルス感染が確認された。ウイルスに感染したパソコンの約九割が中国のサーバーやサイトに強制的に接続されていた。（二〇一四年六月四日『日本経済新聞』）
●二〇一四年七月、カナダ政府は中国ハッカー集団からカナダ政府研究機関のコンピュータ・ネットワークがサイバー攻撃を受けたとして中国政府を批判。
●二〇一五年一〇月、米サイバーセキュリティ企業「クラウドストライク」は、同年九月の米中首脳会談で、サイバー空間で企業秘密などの知的財産の窃盗をしないと合意した後も、中国政府につながりがあるハッカーによるサイバー攻撃が米企業七社に対して行なわれたと発表した。（二〇一五年一〇月二〇『産経ニュース』）

これらは、あくまでも報道の一端である。ジョエル・F・ブレナー前国家対諜報局長は、『サイバー脅威に関する脆弱な米国』と題する著書で、「ロシアはサイバースパイに関しては、静かだが実にうまくやっている。だが、活発さ、圧倒的な件数の多さという点では、中国が群を抜いている」と指摘した。

中国発信のサイバー攻撃が盛んに指摘されるなか、中国当局は「根も葉もない濡れ衣であり、中国も被害者である」との姿勢を堅持している。二〇一一年三月、中国の国家インターネット緊急対応センターは、「中国は約五〇万件にのぼるサイバー攻撃を受けており、その半数は米国、インドを中心とする海外からの攻撃である」と発表し、自らも被害国であることを強調した。

外交部報道官も二〇一一年一二月、「中国によるネットスパイは捏造。まったくのデマ。情報・ネット空間における平和維持を要望し、同空間が新たな戦場となることに反対する」と、宇宙空間と同様にネット空間の平和利用を掲げて米国を牽制した。

企業の買収合併

中国の国有企業は潤沢な資金を後ろ盾に企業買収を積極的に進めている。かつては中国企業による世界市場への進出目的は、天然資源の獲得が主であったが、近年は、技術、知識、ブランド名および流通網を含めた企業買収が増加している。二〇〇八年の世界金融危機以降、中国は巨額の資金をもとに、海外における自動車メーカーからハイテク企業まで、あらゆる業種の買収に着手するようになったという。

相手先の企業の株式を大量に購入するだけでも、経営に影響力を行使し、重要な技術を獲得できる。買収ともなれば、買収先企業の技術を丸ごと入手できるメリットがある。

外国の企業や大学は、情報漏洩に対する認識が甘い。欧米企業は利益優先で、中国からの事業を受注するために、重要な技術を中国側に提供する契約を結ぶこともあり、これが問題となっている。中国の国有企業は民間会社の体裁をとっているが、その背後には、党、政府あるいは軍が存在し、国家意思の下で機密情報の取得が行なわれることになる。

今日、通信機器メーカーの買収による情報漏洩が警戒されている。世界第二位の通信機器メーカーに成長した中国華為（ファーウェイ）技術有限公司（一九八八年設立）は、海外の同業企業の買収、海外における合弁企業の設立などを通じて、通信機器の国際シェアを急速に拡大している。

これに対して米国政府やオーストラリア政府は、安全保障上の観点から警戒している。二〇一〇年八月、アリゾナ州選出のジョン・カイル上院議員が率いる米共和党八人の議員グループは、「米軍や法執行機関に製品を供給している米携帯電話事業スプリント・ネクステルとの提携を、華為が求めていることが、国家の安全を危うくすることにならないかを調査するよう」オバマ政権に対して要請した。

同グループは、ロック商務長官、クラッパー国家情報長官およびジョンソン一般調達局局長に書簡を送り、華為とスプリント・ネクステルとの提携交渉について一連の質問を提出した。カイル議員は、「華為が過去に、サダム・フセイン政権下のイラク、タリバン支配下のアフガニスタンに対し、通信機器を売却した。イラン軍部などとも関係を有している」と指摘した。英・仏・豪およびインドの情報機関も、「華為は中国人民解放軍とも直接的につながりがある。華為の通信機器がハッキングに使われ、通信ネットを危うくする」と指摘した。（二〇一〇年八月八日『ワシントン・タイムズ』）

華為は米国のノーテル・ネットワークス、モトローラなどの資産買収も試みた。しかし、米政府が国家安全保障上の理由でこれを阻止した。米国家安全保障局（ＮＳＡ）は二〇一〇年末、華為から機器を購入しようとしていた米通信大手ＡＴ＆Ｔに対し、「華為の機器は中国情報機関のスパイ活動に利用される恐れがある」として、取引を見合わせるよう警告した。米下院情報問題常設特別調査委員会（ＨＰＳＣＩ）は一一年一一月、「スパイ活動に関与している疑いがある」として、華為に対する本格調査を開始した。オーストラリア政府も一二年、華為の入札を排除した。

華為の創業者である任正非・最高経営責任者は、元中国人民解放軍の技術将校であり、現在も軍と深いつながりがあるとの疑惑がある。任は重慶大学を卒業後、一九七四年に人民解放軍工兵部隊に入り、技術部門で頭角を現したが、八三年に除隊した。任の信頼が厚く、会長に抜擢された孫亜芳（女性）は、国家安全部に所属していた過去があることが明らかとなった。（春名幹夫『米中冷戦と日本』）

華為は通信機器メーカーであり、創業者が元軍人ということで注目を一手に集めているが、中国による企業買収はあらゆる領域において活発に行なわれている。そして企業買収を通じて、国家の最先端の技術が中国に流出し、それが軍の装備に開発に活用されるというわけである。

3 各種の秘密工作

各種の秘密工作の展開

中国の活動は単なる情報収集にとどまらず、「戦わずして勝つ」を理想とする各種の秘密工作を重視している。これに関し、外国情報機関は「中国情報機関のターゲットはいつの間にか無意識的にそれに協力する関係に陥っている」と、その巧妙さを警戒している。

科学技術を取得するのにも、中国はその技術を直接に窃取するよりも、政界工作、企業誘致、合弁会社の設立要請などにより、技術基盤を根こそぎ中国に移転することを狙っているという。相手が要求に応じなければ、免税や在留許可などの恩典排除、さらには国外追放などの強硬策で脅迫することになる。国際社会における自国の立場を有利にするための活動として知られるロビイスト活動なども、中国情報機関が関与している可能性は高い。

こうした秘密工作は、積極工作（アクティブ・メジャーズ：影響化工作）、謀略、心理戦などさまざまな呼称がある。中国の国外活動は情報収集よりも秘密工作に重点が置かれている。公然収集活動、諜報活動はそのための前提、補助手段であるといっても過言ではない。

積極工作は相手を欺き、相手国の政府・世論を自らの意図する方向に誘導・操作することを目的としており、他国政府に対する外交交渉のような合法的な外交活動との明確な線引きができず、非合法との確証を得ることも困難である。なお情報機関のみならず国家政策機関あるいは準軍事機関が行なうこともある。

秘密工作で用いられる戦術、戦法は実に多種多様である。宣伝、組織の指導・援助、組織への浸透、協力者の獲得、偽情報の流布、準軍事行動、暗殺などが含まれる。各種の戦術、戦法がさまざまに組み合わされて同一目標に指向され、目的を達成することになる。その目標には政治、経済、社会、マスコミ、文化（学術、芸術、スポーツなど）、軍事などのあらゆる分野の団体および個人が対象となる。

秘密工作は水面下で計画、実施されるため、情報機関との関係を特定することが容易ではない。しかし、旧ソ連ＫＧＢやＣＩＡなどの情報機関が歴史的に秘密工作に従事してきたように、中国もさまざまな秘密工作に関与してきたとみられる。中国の秘密工作はソ連共産主義から輸入したものもあれば、中国独自の伝統に基づくものもある。旧ソ連や東欧圏諸国の秘密工作は革命成就のための宣伝、煽動、浸透、組織化など攻勢一辺倒の性格が強いが、中国の秘密工作は攻勢的性格に加えて、招待、文化浸透などソフト面が加味され、より洗練されている。

たとえば、最も得意としている招待工作の手口は次のようなものだ。中国情報機関は中国のために役立つ対象人物を選定する。選定したならば、対象者の氏名などの基礎情報、趣味、性格、交友関係などを周到に事前調査する。その後、パーティーなどに招待し、そこで共通の趣味などの話を切り出し、相手の自尊心をくすぐり、好印象を与え、個人的関係を作る。その一方で対象者の家族関係、借金、女性関係などの弱点を調査する。次に、繰り返し中国国内に招待し、徹底したサービスと中国文化の優位性などで洗脳していく。他方、旧ソ連の脅迫的手法の上を行くさまざまな罠を仕掛け、脅しのための弱点を作為し、ソフト戦術が行き詰まった際には強硬戦術に転換する。

国際統一戦線の適用

中国の秘密工作は、国家の統一理論の下で計画的に実施されている。その理論が「国際統一戦線」である。中国はソ連共産党から多くの共産党理論と革命戦術を学んだが、その一つが「統一戦線」である。

中国は「統一戦線」を巧みに活用し、国民党との国共合作と抗日一致により宿敵の国民党を「友」にして日本軍を打ち負かした。

このような発想が建国後の中国の外交政策の立案に活用された。これが「統一戦線」の国際版である「国際統一戦線」である。建国後の当面の間、中国は「向ソ一辺倒」政策を打ち出し、ソ連を「友」とし、米帝国主義を最大の「敵」とし、中国の安全を確保した。

「国際統一戦線」は「中間地帯論」を理論的根拠としている。毛沢東はアジア、アフリカ、南米を米帝国主義と社会主義陣営の中間に位置する「中間地帯」に分類し、これに対する「統一戦線」を展開した。つまり「中間地帯」に対して共産主義革命を輸出し、同地帯において「中国の友」を作ることで、米ソによる中国侵攻を阻止する緩衝地帯にしようとした。

日本も「中間地帯」に位置づけられ、重要な工作対象となった。一九五〇～六〇年代の中国は共産党、社会党などの親中政党を「友」とし、日本における共産主義革命の推進と日中国交回復を目指す秘密工作を展開した。

七〇年代の中国では、ソ連が主要敵となり、日米とは国交を回復するなど五〇年代とはまったく正反対の現象が起こった。米国および日本と反ソ統一戦線を成立し、ソ連を敵として位置づける「国際統一戦線」を展開した。

その後も中国の「国際統一戦線」の発想は健在である。一九九七年一〇月に初訪米した江沢民国家主席（当時）は、最初の訪問地にハワイ・真珠湾のアリゾナ記念館を選び、日本の攻撃で戦死した米兵士の慰霊碑に献花したあと、州知事主催の晩餐会で

「中米両国はともに手を携えて第二次世界大戦のファシズムと戦った」と述べ、日本を攻撃した。これは米国を友として統一戦線を築き、日本潰しにかかったとみることができよう。つまり、鄧小平が一九八〇年代以降、仮想敵を想定する外交から自主独立の平和外交路線に転換したというものの、「国際統一戦線」の発想はいささかも衰えてはいなかったのである。

中国はかつての「親ソ反米」から「反ソ親米」に転換し、今日、再びロシアとの戦略的パートナーシップを維持し、米国を牽制しようとしている。一方で、日本を攻撃する際には米国およびアジア諸国と連携する動きを示している。そこには、一対一の戦いを回避し、必要とあればどのような国であろうとも、統一戦線を組む、したたかさがある。

現在の習近平政権も二〇一四年三月のドイツ訪問時、ベルリンのホロコースト記念館への視察を打診した。これはドイツ側から断られたが、習は同記念館を訪問し、「ナチスの歴史を深く反省したドイツ」を賞賛し、それと対比するかたちで「軍国主義と侵略の歴史を反省しない日本」との違いを浮き彫りにする狙いがあった（二二一頁参照）。二〇一四年六月の韓国訪問でも、対日歴史批判における連携が確約された模様であり、中国は経済力を梃子に韓国およびドイツとの友好関係を構築し、日本に圧力をかけようとしている。この方法はまさに「国際統一戦線」の実践である。

宣伝と扇動の併用

中国の秘密工作の中でも大きな比重を占めているのが宣伝（プロパガンダ）と扇動である。宣伝は相手の対象に受け入れられることを目的とするだけであるが、扇動は相手国の組織および一般大衆が自主的に宣伝を行なうまでを目的とする。言うまでもなく扇動が究極の目標であり、宣伝は扇動のための前提、補助手段だととらえてもよかろう。

宣伝と扇動は、ソ連のボルシェビキ以来の伝統である。歴史的に言霊のパワーを尊重する中国がその伝統を引き継ぎ、より洗練した工作手法へと高めたというわけだ。その狙いは対内的には人民大衆の求心力を高める、対外的には中国のイデオロギーの正当性と優越性を強調し、国際的な対中警戒心を緩和させ、親近感を醸成することなどにある。

建国後から中国は対外宣伝を重視した。一九五三年、中国は放送事業発展計画を実行に移すが、「先ず中央局、後から地方局、先ず対外放送、後から対内放送」という順序を決めた。つまり、革命輸出のための戦術・戦法として対外宣伝が重視されたのである。

一九七〇年代の米中国交正常化交渉においても、中国はマスメディアを利用した対外宣伝により、国外の大衆支持を得て、米国が中国側の有利な交渉上の立場へ歩み寄るよう圧力をかけた。

現在、中国の国際的地位の向上を背景として、ソフトパワーの活用が強調されており、その一環として対外宣伝を重視する傾向が強まっている。二〇〇八年の北京オリンピックに際し、聖火リレーの妨害などにより中国の人権軽視に対する反発が国際的に高まっていたことを世界の報道機関が報じた。これに対し、中国では〇八年一一月から〇九年一月にかけて数回にわたり党主催の宣伝会議を開催し、対外宣伝を強化する方針を確認した。

二〇〇八年一一月、党対外宣伝弁公室と国務院新聞弁公室が「対外宣伝の科学的発展と国家の良好なイメージの確立」を目指した学習実践活動を展開した。同年一二月、劉雲山・宣伝部長（当時）は「報道機関の伝播力が影響力を決定する。優れた伝達手段を持つ者が大きな伝播力を獲得し、文化理念、価値観をより広く流布できる者が世界に影響力を発揮できる。先進的伝播システムを構築し、わが国の経済発展の水準と国際的地位に相応しい伝播能力を形成することは、すでに差し迫った戦略的任務である。投入と支援を拡大し、わが国の主流報道機関、とくに中央重点報道機関の実力を高め、国内、海外双方での発展への転換を進め、使用言語が多彩で、情報量が多く、影響力が強く、全地球をカバーする国際的に一流の報道機関を整備しなければならない」と施策の推進を強調した。

二〇〇九年一月、全国宣伝部長会議が開催され、李長春・政治局常務委員は「文化のソフトパワーを強化し、中国の国家イメージをさらに引き上げよ」と指示した。同時期に開催された全国対外宣伝会議では、共産党中央対外宣伝弁公室の王晨主任が「中国報道機関の海外増強は国家および政府のイメージ向上を図る重要な一部である」「放送能力を高め、国際世論に前向きな影響を与え、わが国の良いイメージを確立しなければならない」と述べた。胡錦濤国家主席も〇九年に「全方位、分野融合、多重レベル」の対外宣伝を構築するよう指示した。

習近平政権移行後も宣伝はますます強化されている。現在、中国の宣伝を担当しているのは、党宣伝部などの宣伝指導機関、新華社、人民日報、中国中央テレビ（ＣＣＴＶ）などの報道・宣伝機関である。中国人民解放軍においては総政治部宣伝部が軍事宣伝を担当し、解放軍報の発行、広報映画の制作・上映などを行なっている。

中国宣伝工作の三つの特徴

中国の報道機関の今日的発展は著しい。ＣＣＴＶは北京オリンピックに先立ちフランス語とスペイン語放送を開始し、二〇〇九年にはロシア語とアラビア語放送を開始し、海外視聴者は八四〇〇万人を超えた。ＣＣＴＶは現在、英語、中国語、フランス語、スペイン語、ロシア語、アラビア語の番組を放映している。共産党系機関誌の『環球時報』は『チャイナデーリー』のほかに新たに英字新聞を創刊した。『人民日報』『解放軍報』などの各紙も国内版から国際版へと媒体を拡張している。

新華社は世界有数の通信社へと発展し、二〇〇九年から二四時間体制で英語ニュースを報道するテレビ局を開設した。新華社は現在、海外の一〇〇カ所以上に支局を設置し、香港、メキシコシティー、ナイロビ、カイロ、パリに総局を開設し、アジア太平洋、ラテンアメリカ、アフリカ、中東、フランス語地域向けに直接発信している。中、英、フランス、スペイン、ロシア、アラブ、ポルトガル七カ国語でニュースを提供し、海外の契約社は一四五〇社を超す。

中国における宣伝の第一の特徴は、さまざまな報道機関の特性を活かした多種多様性にある。香港の『大公報』『新晩報』などの新聞、大陸の非公式の『文匯報』『光明日報』、政府直轄の権威ある『新華社』『人民日報』を区別している。そして非公式な報道機関ほど中国の主張をより過激かつ強硬なかたちで掲載させる傾向がある。（産経新聞外信部監訳『中国人の交渉術』）

新華社などでは言いにくい中国の真意を国民の声として伝え、あとでその主張が問題視された場合、これは政府とは無関係であると弁解できる利点がある。

第二は、〝マッチポンプ〟的手法である。中国の反日宣伝などは、インターネットの反日サイトから沸き起こることが多い。中国は「民意を重視しているので、ネットの意見は無視できない」との建て前論から、反日宣伝は事実上、野放しの状態にある。しかし逆に、ネットにおいて中国に対する批判、中国の民主化を呼びかける記事などが掲載されたならば、たちどころにそのサイトは封鎖される。中国公安部にはインターネット監視のための専門部署があり、中国にとって不利益なサイトを常時監視している。つまり、中国当局は自らが直接手を染めることなく、民意を巧みにコントロールして、世論を共産党の意に沿う方向に操っている可能性がある。

第三は、海外報道機関の活用である。たとえば、中国は日本の歴史認識問題を取り上げる時、しばしば『ニューヨーク・タイムズ』などの米国報道機関、あるいは韓国報道機関などを利用する。つまり、日本の歴史認識は中国だけでなく、日本の同盟国である米国、ひいては全世界が問題にしているとのレトリックを構成する。中国が情報機関を活用し、海外報道機関の記者、政治家などを協力者として獲得し、これに対する支援、援助と引き換えに中国支持の報道を発信させている可能性がある。

周到な準備のもとで行なう獲得工作

獲得工作とは、中国に有利な働きをしてくれる人物を獲得することである。その方法は、まず工作対象者を選定し、あらゆる人脈を利用、駆使して接触を図る。次に中国に招待し、熱烈歓迎、豪華な宴会、微笑と礼賛で工作対象者の歓心を買う。一方で、冷淡な拒否、強硬な非難、糾弾と酷評と併用し、工作対象者を籠絡するというものだ。

協力者に対しては、単に「秘密情報を提供してくれ」という限定された要求にとどまらない。かつて日本においてスパイ活動を行なっていたKGB課報員のレフチェンコが米国に亡命後、米国議会で「自国（ソ連）の政策、主張に沿うように行動してくれる人物をいかに獲得するかに大きな努力を払っている」と証言したように、秘密工作に任ずる人物の獲得が最も重要なのである。

「戦わずして勝つ」を信条とする中国は情報機関を活用し、政界、マスコミ、学術・文化団体など、あらゆる分野における協力者の獲得と育成に最大限の努力を傾注しているとみられる。

相手国の政治、経済、外交および軍事などを担う重要人物の獲得は重要である。最も効果的な獲得対象は国家最高指導者であり、それに次ぐのは政界の長老などの最高指導者に影響力を行使し得る人物、さらに国家指導者の政策ブレーンなどである。『兵法三十六計』第十八計に「擒賊擒王《きんぞくきんおう》」という計略があるが、まさに「賊を擒《とら》えんとすれば、王を擒えよ」である。

中国はこれはと思った人物には若い時から目をつけ、氏名、年齢、出身地、所属団体などの情報のほか、趣味・嗜好、信条および宗教などの人物評定情報、さらには金銭、女性関係、仕事上の不遇などの弱点情報の把握に努めるという。

中国は特定の外国と関係を構築するうえで、その国の政府高官や政治家を個人的関係に引き込む術に長けている。中国と交渉した米国側当局者の多くは、「接触の初期段階で、交渉というよりも社交に見えるかたちで、中国側から執拗に接触され、米側の考えや動機を読もうとされた」と回想している。この際、外国の指導者が個人レベルで中国との絆を築くことで、自国側での利益、あるいは国際的に評価できるという側面を指摘する。(『中国人の交渉術』)

中国は特定人物に圧力をかける際、あえてその政治ライバルと競合させる戦術をとる。米中国交正常化交渉の過程では、中国がキシンジャー国務長官とシュレシンジャー国防長官を競合させた。また、中国側の要求が受け入れられない場合の不吉な展望をあえてあいまいな表現で述べ、相手側にその最悪の場合がどうなるかを推測させる脅迫戦術をとっている。(『中国人の交渉術』)

個人および組織に対する綿密な事前調査

特定の組織、個人に接触し、それらを取り込むためには事前の調査が必要となる。毛沢東は「調査しなければ発言権なし」と発言した。

一九七〇年代の米中国交正常化における中国の米政府高官に対する調査はその典型であり、中国政府当局者は米中国交正常化に向け、米政府高官に対して徹底した個人調査を行なった。つまり六〇年代後半から、米国歴代政権の高官多数を慎重に評価し、中国の目標にプラスになる人物、友好的になるとみられる人物を選定し、彼らが米中正常化プロセスに関与することを模索してきた。

指導者を獲得するためには、まず個人の利益、関心および趣味・嗜好などを知ることが前提となる。そして、調査が相手側から察知されないように配慮する必要がある。米中国交正常化に向けた初期段階では、中国は第三国を使って相手国指導者とか政府高官の個人的背景を調査した。これはニクソン米政権に対してはルーマニア、パキスタンがその仲介役となったようだ。

日本との国交正常化についても同様の調査が行なわれたようである。一九七二年九月、田中角栄首相

（当時）が中国との国交正常化交渉のため北京を訪問した際、中国の調査の一端を示す驚くべきエピソードがあった。中国側は田中首相の宿泊先として、北京西郊の釣魚台国賓館（迎賓館）を指定した。その宿泊先には、田中が生まれ育った新潟県刈羽郡二田村周辺の赤味噌が使われた味噌汁、新潟産「コシヒカリ」を使ったおにぎり、田中首相が愛食する木村屋のアンパンが用意されていたという。中国は田中のご機嫌取りのために、周到な調査を行ない、心のこもった「おもてなし」を行なったのではない。「日本側の手の内は、弱点も含めてすべてお見通し」ということを暗示し、心理的に優位に立つことで交渉を有利に進めようとしたのである。（『蠢く！中国「対日特務工作」マル秘ファイル』）

個人および組織に対する調査は中国情報機関の手に委ねられるほかはない。インテリジェンス戦争を遂行するうえで、国家指導者に対する調査は大きなウエイトを占めているとみて間違いないであろう。

文化の優越性誇示と「孔子学院」の展開

文化の優越性を誇示し、尊敬、親近の感情を醸成するのが文化統一工作の狙いだ。悠久四千年の歴史、黄河文明発祥の地、世界最高峰のエベレスト、万里の長城、中国が世界に誇る歴史や自然には事欠かない。世界中の多くの人が中国の長久の歴史、雄大な自然に魅了されていることも事実である。

中国は、自らの誇るべき文化遺産を梃子に文化統一工作を展開してきたが、近年は中国語教育を介した青少年に対する文化統一工作が重視されている。中国語は世界最大の言語人口を誇り、長い歴史を有する魅力的な言語である。中国の経済発展とともに実務における利用価値も高まっている。そのため世界中の人々がこぞって中国語を学習し、その学習熱はいまや最高潮にある。

中国はそこに狙いをつけ、各国の大学と提携して校内に「孔子学院」という教育機関を設立し、中国語や中国文化の普及教育を行なっている。講師は中国から直接派遣され、教材はすべて中国政府提供のものを使用する。天安門事件、チベット、台湾など中国が政治的にセンシティブなテーマをカリキュラムから排除しているという。

「孔子学院」は二〇〇四年一一月に韓国ソウルで初めて開校された。一〇年には開始当時の五倍、世界中に五〇〇校、海外の中国語学習者一億人の目標を掲げた。現在まで、一二三カ国、四六五校ある。(二〇一四年一〇月一四日『SANKEI EXPRESS』)

日本においても二〇〇五年以降、立命館大学、桜美林大学、北陸大学、愛知大学、札幌大学、早稲田大学など〇八年末までに一三校が開校された。タイでは「孔子学院」以外の中国語教育機関が進出しており、〇三年の二四二校から一一〇〇校に激増している。現在、約五万人から四〇万人、外国の公共教育の場を使って文化浸透を図っている。

米国ではすでに一〇〇校以上が開校しているが、「孔子学院」を閉鎖する動きも出ている。二〇一四年六月、米国大学教授会は、「孔子学院が中国国家の手足となっており、『学問の自由』を無視している」と批判し、関係を断ち切るように大学側に勧告した。カナダでも同年一〇月に、トロント政府が「孔子学院」との関係解消を決めた。

「孔子学院」では言語教育にとどまらず、中国文化の優越性、中国の偉業、中国にとっての都合のよい歴史認識など、各種の宣伝教育が並行的に行なわれているようだ。つまり中国の伝統文化を代表する「孔子」の名を冠し、国務院が国家プロジェクトとして文化統一工作を推進しているのである。さらには同教育を通じて、中国の各種の秘密工作にとって有利な協力者を獲得するという副次的な目的も追求されているとみて間違いない。

第5章 軍事インテリジェンス戦争

1 戦略レベルの活動

国外で展開されるヒューミント（人的情報）

国外におけるヒューミント活動は、主として海外に派遣された武官、軍人留学生および軍事交流などにより行なわれる。中国は現在、一五〇以上の国の軍隊との関係を構築し、一〇〇あまりの在外大使館に駐在武官を派遣し、また八五カ国が中国に駐在武官を派遣しており、全世界的な公然活動を行なっている。

駐在武官は派遣先国の軍事雑誌、軍機関発行の刊行物などの公開情報の収集・分析、他国の武官とのパーティーや武官団研修旅行などの各種交流の場を通じた聞き込みなどにより、軍事関連の情報を入手する。一方の非公然活動については、情報将校が一般外交官、新華社記者、現地中国企業の社員などに身分を偽装（カバー）して、あるいはエージェントを獲得・運用して、情報収集や秘密工作を行なっている。

ヒューミント活動を行なう代表的な軍事情報機関が総参謀部第二部（五六頁参照）と総政治部連絡部（六一頁参照）である。両機関はともに軍人を国外に公式、非公式に派遣している。

近年の総参謀部第二部の活動は拡大傾向にあり、軍事分野における科学技術情報に限らず政治・経済情報などへと対象範囲が拡大しており、総参謀部第二部と国家安全部（四八頁参照）、商務部（五二頁参照）などのほかの情報機関との役割分担に明確な線引きをすることは困難である。

総政治部連絡部は「友好連絡会」を表看板に、国外ヒューミント活動を行なっている。軍令を担任する総参謀部に比して、総政治部は敵軍工作や政治工作などを担任していることから、連絡部の活動範囲は自ずと第二部の活動範囲を凌駕し、戦略基盤情報や政治情報の収集といった分野を広範囲にカバーしている可能性がある。また、台湾などに対する心理戦も連絡部の任務とされることから、台湾に対する関連活動も連絡部の所掌任務であるとみられる。

網の目のように整備されたシギント（信号情報）

シギントは通信、電子などの信号から情報を得ることである。相手国の軍隊などに関する動態情報を把握するほか、軍の編成、指揮体制、配置場所などの基礎情報を入手するうえでの必要不可欠な収集手段である。中国は全国各地に通信傍受施設やエリント基地を保有し、国内外の軍事無線通信およびファクス通信などの傍受を行なっていると推察される。

中国本土には網の目のような通信傍受体制が整えられているという。公刊情報によれば全国に通信傍受施設が十数カ所あるとされ、二四時間の監視体制が敷かれている。本土以外にも西沙諸島の永興島に通信傍受施設が設置されているようだ。中国のシギント情報網は相当程度の地理的範囲をカバーしているとみられる。それは周辺国、東シナ海および南シナ海に進出する米国の海空軍の行動把握を網羅するものだと推察される。

シギント活動を担当するのが総参謀部第三部（五八頁参照）と第四部（六〇頁参照）である。第三部はコミント（通信情報）、第四部がエリント（電子情報）と大きく役割が分担されているようだ。

第三部は国内における通信傍受も担任しているとみられる。第三部は辺境地区、駐中国の外国大使館および外国報道機関、大都市の主要な外国人宿泊ホテルなどで、視察対象の会話などの傍受に関与しているとされる。なかでも北京郊外に所在する第三部五七分局は、北京に駐在する外国大使館の無線電信の監視活動に従事しているようだ。（『二〇〇〇年の中国軍』）

こうして収集された成果は、総参謀部第二部を経由し、中央軍事委員会および党中央に報告され、適宜、国家安全部や公安部などの関係部署にも通報されるシステムになっていると考えられる。

外国に駐在する中国大使館には、当該派遣国とその周辺国に対する通信傍受を行なう要員と通信室が設置されているようであり、これも第三部の所掌任務であるとみられる。なお、VOA（ボイス・オブ・アメリカ）、BBCなどの公開海外放送の聴取と翻訳は新華社が担当している模様である。

第三部はインターネット情報の監視についても重要な役割を担っている。第三部は各軍区にある技術偵察局を通じてインターネット保全とインターネット情報の収集活動を行なっているとされる。

第四部は軍区および各軍種の電子情報部、集団軍の電子情報処、師団の電子大隊など設置し、エリント情報の収集、分析および配布を総合的に行なっているとされる。国内には多数のレーダー基地が存在し、八〇年代から多種の新型レーダーの開発が開始され、九〇年代後半からは旧式レーダーから新型レーダーへの換装も進展した。浙江省沿岸部のレーダーサイトにはOTH（超水平線）レーダーが設置され、日中中間線付近を航行する駆逐艦を目標に見立てて、レーダーの目標捕捉能力や目標解像能力などを試験しているとの情報もある。

第四部は各種の電子戦機を十数機、情報収集艦など十数隻を保有している。台湾軍、周辺国軍および米海空軍の動態情報などに関し、固定局レーダー基地から上がってくる電子情報と、空軍の電子測定機や海軍の情報収集艦などが収集した電子情報を一元的に収集・処理するのも第四部の任務であろう。

中国は通信技術を発達させ、暗号変更を行なうなどの保全対策を講じているとみられ、今後とも、台湾の通信傍受活動と中国の通信防護活動の熾烈なインテリジェンス戦争が継続することは間違いない。

発展著しいイミント（画像情報）

イミントは偵察衛星、航空機などからの偵察写真から情報を得ることをいう。一九九一年の湾岸戦争では、敵の状況を探る偵察衛星の重要性があらためて示された。中国は湾岸戦争から多くのことを学んだが、その一つがイミントの重要性である。それ以降、中国はこの分野を「中国の特色ある軍事変革（中国版ＲＭＡ）」の重点項目の一つに掲げ、偵察衛星の開発などを積極的に推進してきた。

イミントの担当も総参謀部第三部である。

第三部は軍用偵察衛星で得られた画像情報資料の分析・処理（判読）を担当している。中国の当初の偵察衛星は回収式であったため、情報を得て作戦部署に伝達するまでに時間がかかっていた。しかし現在では、偵察衛星はリモート・センシング方式に改良され、リアルタイムでの情報入手が可能となった。また光学レーダー、合成開口レーダーなどを搭載した新時代の偵察衛星を保有し、気象や明暗の影響を受けない全天候型の収集活動が可能となっている。最新型の偵察衛星の解像能力は一～三メートルと、西側の偵察衛星との性能格差を急速に縮めてきている。

偵察衛星の画像対象は、米国、日本、台湾など、重要な戦略的相手国や中東などの資源大国に向けられていると推測される。また中国情報機関は国内の治安維持なども重要な任務として付与されていることから、チベット、新疆ウイグルなどの辺境地区の状況を撮像・分析しているとみられる。

第二部を中心とする総合分析活動

ヒューミント、シギントおよびイミントを駆使して収集した各種の情報資料を総合的に分析し、軍事インテリジェンスへと転換する役割は、総参謀部第二部が担っている。そのなかでも第二部第一局、すなわち総合局が中心的な役割を果たしている模様だ。その分析機構は総参謀部第一一号棟に置かれているとの情報がある。

総合局は日々の各種の情報源から得られた情報を「情勢簡報」としてまとめ、毎日定時に中央軍事委員会、党中央政治局および四総部の長などに配布しているとされる。また、旬刊の「外事動態」は師団レベルまで配布されている。なお、総政治部連絡部調査研究局も定期的に同様の分析報告を上げている。

総合局は上海国際戦略学会や中国国際戦略学会といったシンクタンクと密接な関係を有している。これら学会は総参謀第二部の外郭団体として位置づけられており、その構成メンバーの半分以上は現役・退役将校で占められている。現役将校はしばしば学会と第二部の双方に勤務している。

たとえば、一九九七年に中国国際戦略学会会長に就任した熊光楷が総参謀部第二部長を兼務していたことは有名である。その後の馬暁天副総参謀長（のちに空軍司令員）は外交担当の副総参謀長と戦略学会会長を務めた。

総参謀部第二部が分析・処理した情報は、当然のこととして軍事政策に反映される。軍事政策の最高意思決定機関は中央軍事委員会である。同委員会は国家主席・党総書記の文民一名以下、軍人副主席（二名）、国防部長および陸・海・空・ロケット軍司令官などで構成される。その会議は年平均六回開催される。（リンダ・ヤーコブソン、ディーン・ノックス『中国の新しい対外政策』）

通常業務は同委員会の弁公室が担任し、その主任は中将クラスをあてる。したがって、総参謀部第二部の情報は同弁公室に日々蓄積され、必要なものが直ちにメンバーに配布される体制になっているとみられる。他方、部隊に必要な運用情報などについては、総参謀部から各軍種の参謀部、軍区の参謀部などに配布される仕組みになっているとみられる。

中国の国家政策や外交政策は、政治局委員会やほかの主要な指導幹部を含む党中央外事工作領導小組で討議される。そのメンバーは外交担当の国務委員、党対外連絡部長、外交部長、商務部長、公安部長、国防部長、国家安全部長などである。このほか台湾問題においては党中央台湾工作領導小組が重要な役割を担っている。

人民解放軍からは、政治局委員会会議に二名の軍事委員会副主席が参加する。中央外事工作領導小組には国防部長のほかに外交・情報担当の副総参謀長がメンバーとして参加している。台湾工作領導小組には、軍人副主席と外交・情報担当の副総参謀長が参加している。なお二〇〇〇年から〇八年まで台湾工作領導小組の副組長を軍が担当していた。

こうした体制から人民解放軍が収集した重要情報は、中央軍事委員会副主席、国防部長および総参謀部副部長を通じて政策決定機関に伝達され、国家・軍事政策に反映される仕組みになっている。とくに外交・情報担当の副総参謀長は総参謀部第二部長とともに、日々の軍事情報を総合的に分析し、対外政策や対台湾政策の意思決定を支援する役割を担っている。

中央外事工作領導小組は外交部、公安部、商務部、国家安全部の各部長がメンバーになっていることから、同小組において軍情報機関の情報と国家安全部および公安部などが収集・分析・処理した情報との交換や融合が行なわれているとみられる。

2 戦役・作戦レベルの活動

地上軍による偵察活動

戦役・作戦レベルのヒューミント活動については、総参謀部第二部の第一局（総合局）と第二局（戦術偵察局）が担当している模様だ（五七頁参照）。第一局の下に各軍区および各軍種に司令部情報部、各集団軍に司令部偵察処、師団以下には司令部偵察科、連隊には司令部偵察股（係）がある。第二局は軍区以下の偵察部隊を統括している。

各集団軍は最低一個の偵察大隊もしくは偵察連隊を、師団および旅団は最低一個の偵察中隊または偵察大隊を保有しているとみられる。そのほか軍区においては水陸両用偵察隊を保有している。海軍の二個陸戦旅団には一個の水陸両用偵察大隊を保有している。このほか水中爆破、水中障害物の除去などの特殊任務をはじめ、上陸地点・海岸堡の地形偵察を行なう「蛙人隊」と呼ばれる両棲偵察隊（フロッグ隊）が一九九九年頃に創設された。

総参謀部第二局は、これらの偵察部隊と密接な連携を保持しているとみられる。各軍区、各軍区間は互いに通信システムで連結されており、戦略情報と作戦情報の融合が行なわれる体制になっているとみられる。

戦役・作戦レベルにおいては局地戦勝利のための情報収集活動が中心となる。そのため各軍区、軍種以下の偵察部隊は周辺国の基礎情報と動態情報の入手分析を行なっている。その主な対象は、台湾、朝鮮半島、ロシア、ベトナム、日本、米軍などの軍事動向に向けられているとみられる。

中国人民解放軍は建国以来、周辺国に対し数々の軍事作戦を敢行してきた。その際、作戦開始に先立ち、周到な軍事情報の収集活動を展開してきたとみられるが、その事例も明らかになっている。たとえば一九六二年の中印戦争におけるインド側の分析では、中国は軍事侵攻の二年前から、情報収集のために中印国境で働く建設労働者、運搬人、ラバ追いの中に配した協力者を活用したとされる。また、中国人民解放軍の下級将校がチベット人に扮してインド側に潜入し、侵攻前にインド軍の斥候を捕虜にして尋問を行ない、インドの戦闘序列、地勢、インド側の作戦などに関する情報を収集したとされる。（『中国情報部』）

一九七九年の中越戦争においても、数個中隊規模の偵察部隊を用いてベトナム軍の戦闘序列などを情報収集したとされる。この際、国境地域に住む少数民族をエージェントとして獲得し、計画的に国境を開放し、彼らに親戚訪問や貿易をさせるなどして、ベトナム側の情報収集を行なったとされる。

現在、中国が最も力を入れているのは、台湾との軍事作戦のための情報収集である。大陸の漁民、台湾の漁民を取り込んでの情報収集活動が行なわれている模様だ。

総参謀部第二部は、台湾軍、国防体制、軍事地誌などの基本情報を収集・分析し、その成果を軍事作戦計画の策定に反映しているとみられる。第二部が収集・処理した情報は、二四時間以内に得られたさまざまな戦略・戦術的インテリジェンスを情勢報告として取りまとめ、毎朝七時に中央軍事委員会、中共中央政治局、各軍の兵種総部に送付される。

このほか中国は軍区直属の特殊大隊を保有しており、現在、各軍区には最低一個以上の特殊大隊がある。これら特殊大隊の勢力は一千人を超え、実際には歩兵連隊以上、一部は旅団に相当する規模であるという。また空挺軍や海軍陸戦隊も同様の特殊部隊を保有している模様だ。

特殊部隊は戦術偵察だけではなく、重要拠点の攻撃、心理戦・情報作戦の実施、防空作戦、対テロ任務など、多様な任務を遂行する。長距離誘導ミサイルが多用される将来戦においては、ミサイルの誘導および戦果確認のための偵察が重要視されることから、特殊部隊の偵察任務はますます重要となろう。

恒常化された海軍の偵察・監視活動

中国は、経済成長を支えるエネルギー資源の獲得およびシーレーンの防護、米軍などの攻撃から沿岸都市を守るための防御縦深の増大、台湾統一および海洋領土の防衛、太平洋への進出ルートの確保などを目的として、海洋支配の強化を進めている。これに伴い海軍の戦略も沿海防御から近海防御戦略へと転換し、続々と新型水上艦艇、新型潜水艦の導入・建造を進めている。

中国海軍の強化とともに哨戒活動、情報収集活動の頻度と範囲が増大・拡大している。とくに中国の周辺国海域に対する海洋調査が活発化している。

わが国周辺海域に対する海洋調査は二〇〇〇年以降に活発化し、〇一年には中国海軍の砕氷艦兼情報収集艦「海永723」が種子島、奄美大島から小笠原諸島にかけて海洋調査を行なった。同艦艇は海中の水温、塩分濃度、水深などを分析していたとみられる。〇二年以降は海洋調査船「向陽紅14」「向陽紅9」および「東方紅2」が、わが国周辺海域で塩分濃度・水温・水深測定器、採泥器を使用した海洋調査を行なった。

二〇〇四年四月の日中外交事務次官協議で、中国側は「沖ノ鳥島は日本の領土ではあるが、島ではなく岩礁でＥＥＺ（排他的経済水域）を主張できない」との見解を示し、同年七月には情報収集艦「南調４１１」が、沖ノ鳥島の西方約二〇〇キロ、日本のＥＥＺ内で海洋調査を実施した。

これら海洋調査の目的は、潜水艦の航行および作戦に必要な「水温分布」のデータ情報を収集することが主目的であるとみられる。水温分布とは、深度によって水温が異なることであり、それによって音の伝わり方も違ってくる。潜水艦がどの深度を潜航したら、敵のソナーの探知回避に有効かを調査しているのである。

日本を行動する調査艦船は長距離レーダーを有しており、自衛隊および在日米軍の信号情報を収集・分析している可能性がある。そのほか潜水艦による哨戒活動については、二〇〇四年一一月、先島諸島付近に中国潜水艦が現れた以降、潜水艦の活動が活発化している。

中国海軍の監視活動や情報収集活動は、わが国周辺海域からさらに遠洋に拡大している。二〇一三年四月九日、ロックリア米太平洋軍司令官は、上院軍事委員会公聴会で、中国海軍が一二年、ハワイ沖やグアム沖の米国のＥＥＺ内やインド洋で初めて情報収集活動を行なったことを明らかにした。こうした活動は、中国の対米戦略とされる「Ａ２／ＡＤ」（接近阻止・領域拒否）に資する情報収集の可能性がある。

活発化する空軍の偵察・監視活動

中国空軍は電子情報収集機として、ＫＪ‐２００0、ＫＪ‐５００、ＫＪ‐２００、Ｙ‐８シリーズの早期警戒機、空中警戒機、空中指揮機を保有。偵察機としては、Ｙ‐８電子情報収集機、Ｔｕ‐１５４Ｍ／Ｄ情報収集機、Ｊ‐８ＦＲ偵察機、Ｊ‐８Ｒ偵察機など合わせて約三〇機保有している。

近年、中国沿岸部における電子情報収集機の飛行ルートは逐次延伸され、活動範囲の拡がりに加えて、その飛行頻度が増加している。また、指揮統制能力についてもＡＷＡＣＳが南京軍区基地に増加配備され、進出訓練を行なっている。

二〇一〇年九月の中国漁船衝突事件以降、日本領空に接近する中国機は急増している。第一列島線の制海・制空権確保に向け、空軍の戦闘力強化を本格化させたとみられる。一一年八月中旬、中国空軍のＳｕ‐30戦闘機が東シナ海の日中中間線を越え、海上自衛隊の情報収集機を追尾した。中間線より日本側で戦闘機による威嚇が明らかになったのは初めてであった。

中国航空機の偵察、哨戒、洋上監視活動の目的の一つは自衛隊のシギント能力に関する情報収集であろう。二〇〇五年以来、電波情報を収集するＹ‐８ＥＷ偵察機が日本の防空識別圏内で頻繁に確認されるようになった。同機は上海を拠点にガス田周辺を飛行し、九州や沖縄の自衛隊基地のレーダーが出す電波を広範に収集していると推測される。

二〇一二年の尖閣諸島国有化以降、中国海軍のＹ‐８電子情報収集機と、これを護衛するかたちで空軍のＪ‐10戦闘機が領空接近することが恒常化するようになったという。これらは「通常の訓練」としてわが国を挑発する一方で、わが国戦闘機の対応能力を威力偵察する動きとみられる。

二〇一三年一一月、中国は尖閣諸島を含む防空識別圏を設定し、識別圏内にＹ‐８とＴｕ‐１５４をセットで飛行させ、偵察を行なわせる事例が増えている。

また、二〇一〇年以降、尖閣諸島周辺の領空監視に無人機（ＵＡＶ）が使用されており、情報収集能力で優位に立とうとしている。

中国海警局の偵察監視活動の恒常化

中国の行政機関では国家海洋局の「海監総隊」（海監）や、漁業監視を目的とする農業部所属の「中国漁政」（漁政）をはじめ、警察、税関、交通運輸部海事局の五つの機関が船舶を保有してきた。ところが二〇一三年の全人代（国会）において、交通運輸部を除く四つの監視部門組織の運用を統合化することが承認され、国家海洋局が「中国海警局」の名称で警察権を付与したうえで、統一的に監視活動を行なうことが決定された。

また海洋権益に関わる部門の調整機能として、「国家海洋発展戦略」を策定する国家海洋委員会が新たに設置された。こうした組織改革は、尖閣諸島や南シナ海をめぐる周辺国との対立を念頭に行なわれたものである。組織改編後、東シナ海および南シナ海での広い海域における監視活動が常態化している。

海洋監視の中核である海監総隊は、海軍の管轄区分と同様に北海、東海、南海に区分されており、総人数は八〇〇〇人程度である。(二〇〇九年三月三日『国際先駆導報』方輝記者)

その歴史は比較的新しく、一九九九年一月に創設された。任務は国務院から付与された職務機能および国家の法律などに基づき、中国の管轄海域における監視パトロールを実施し、海洋権益の保護、海域の違法使用の阻止、海洋環境および資源の維持・確保、海上施設および海上秩序の破壊などの違法行為の取り締まりなどを行なうことである。

海監総隊は海洋調査船に分類される「海監」を保有しており、二〇〇八年一二月八日には尖閣諸島付近の海域で、「海監46」および「海監51」の二隻による領海侵犯が確認された。中国報道官は「釣魚島とその周辺の島嶼は、古来より中国固有の領土である。中国の艦艇が自国の管轄海域を正常に巡航することは正当な行為である」と発言した。これら船舶は武装していないが、日本の海上保安庁一一管区海上保安部の巡視船「くにがみ」よりもやや大型である。

二〇一〇年九月七日の尖閣諸島周辺の領海内で中国漁船が海上保安庁巡視船に衝突した事件をめぐっては、北海、東海、南海の「海監」約一〇隻が白樺ガス田付近の海域に進出し、白樺ガス田付近の海洋権益の保護などのため監視、示威的活動を行なった。一二年九月の尖閣国有化以後は、尖閣諸島領海内への侵入を常態化させ、領有権の主張と日本側の対応を威力偵察している状況が続いている。

農業部漁政局は漁業監視船「漁政」を運用し、「漁政」についても中国漁船の権益保護活動と称し、尖閣諸島周辺海域にたびたび出没する。二〇一〇年には最新鋭の「漁政310」が漁政南海総隊に配備されたが、同船は二五〇〇トン級、全長一〇八メートルでZ-9型ヘリコプターも搭載可能である。

海洋権益保護の活動は純然たる軍事情報収集とはいえないが、軍事情報収集と科学調査、海洋監視を明確に区分することは難しい。また海監総隊は海軍ではなく、国務院隷下に所属しているが、軍に準ずる編成、要員管理を行なっており、準軍隊としての性格が強いことには注意を要する。

二〇一二年末、中国海軍の一部の退役艦が海洋監視船に変えられ、中国海監(のち中国海警局)に配備された。以降、この「武装」船は南シナ海方面で運用され、尖閣諸島海域に現われることはなかったが、二〇一五年一二月、中国海警局の船三隻が相次いで尖閣諸島周辺の領海内に侵入し、そのうち1隻は機関砲を搭載していた(海警3339)。

3 軍内保全とカウンターインテリジェンス

軍内の機密保持

孫子の兵法で「軍機を敵に悟られざること闇のごとし」と述べられているとおり、軍内の機密保持が重要であることは論を俟たない。軍内の保全、カウンターインテリジェンスの基本は、軍内の思想工作、組織工作を徹底するとともに、相手国機関からの軍人に対する獲得、組織化工作を防止し、そのような秘密工作を無力化することである。さらには獲得され、相手国機関と通牒した軍人、秘密漏洩を行なっている軍人を摘発・排除するなどの行動が含まれる。

軍内の思想工作および組織工作は、総政治部(六一頁参照）などの軍内政治機関が担任する。中国の政治秘密工作条令によれば、連隊以上の部隊はすべて政治機関を設置することが定められている。これにより連隊から旅団までの部隊には政治処、師団から軍区司令部には政治部が置かれている。中央軍事委員会の政治機関は総政治部であり、大隊以下の部隊ではそれぞれの政治工作責任者である政治教導員、政治指導員が政治機関を兼ねる。

総政治部には、組織部、幹部部、宣伝部、保衛部、文化部、連絡部、軍事法廷、軍事検察院、軍報社などの内部組織がある。この中で軍内の保全・防課を専門に担当するのが総政治部保衛部（六二頁参照）である。

保衛部は、保衛局、偵察局、警衛局などの内部部局を有し、軍内の防諜、保全業務に加え、外国の情報機関などに対するカウンターインテリジェンスを実施しているとみられる。要員を身分偽装して外国駐在員や大使館員として派遣しており、在外の駐在武官に対する監視活動および諜報活動を兼ねているとみられる。

保衛部は、各軍区および海・空軍と第二砲兵（現在はロケット軍に改編）の政治部保衛部、集団軍および省軍区の政治部保衛処、師団および軍分区の政治部保衛科、連隊の政治部保衛股（係）を指導・監督している。こうした保全組織により、軍人の審査が行なわれ、スパイ事件の審理は総政治部軍事裁判所、各軍区軍事裁判所で審理される。

秘密保全規則などの徹底

軍人に対する秘密漏洩などを防止するため、軍内には厳しい秘密（保密）保全規則が制定されている。「中国人民解放軍秘密条令」は、軍隊内における秘密保全に関する法律であり、軍事機密を保守し、国家の軍事利益を維持・擁護し、軍建設と作戦の順調な遂行を保障することが目的だ。

同条令は二〇一一年四月に改正され、全三六条からなり、軍事秘密の範囲を「国防および軍事力建設の計画およびその実施状況」「軍事部署」「戦備演習」「軍事情報」「武装力の組織編成」「国防動員計画」「武器装備の研究開発」「軍事技術」「軍隊政治工作」「国防費」「軍事施設」「軍事援助」などとしている。また「秘密は絶密、機密、秘密の三等級に区分する」「軍団以上には機密委員会を設置する」などが定められている。そのほか中国人民解放軍秘密守則において「喋らない」「質問しない」「見ない」「持ち運ばない」「伝えない」「記さない」「保存しない」「範囲を拡大しない」「複製などしない」「秘密場所以外で秘密事項を処理しない」の一〇守則が定められている。

秘密条令を支える法律として、内務条令および規律条令がある。両条令は二〇〇四年に改正されたが、近年の実情を反映して携帯電話の使用に関する保全規則などが追加された。両条令は政治思想教育の側面から秘密漏洩を防止するものであり、保衛部がこれら条令の徹底において重要な役割を担っている。

政治規律教育では一〇個不准（してはならない）、すなわち、①党中央、中央軍事委員会の精神と一致しない言論の発表、②非合法組織、非合法刊行物、政治性に問題がある人物との接触、③デモ行進、示威行動、座り込み活動などへの参加、④無許可で外国人などとの交際、⑤ポスターやビラの作成・貼り付けなど、⑥デマの流布など、⑦外国などの反動的なテレビ・ラジオ番組の視聴、⑧集団陳情の組織・参加、⑨条令、条令、規定に定める以外の組織結成、⑩いかなる宗教組織と宗教活動への参加——の一〇個を禁止している。（竹田純一『人民解放軍』）

軍人の秘密漏洩罪については、中華人民共和国刑法四三一条と四三二条に定められている。四三一条では軍事情報を不法に窃取、物色、買収した場合、情状がとくに重い場合には一〇年以上の有期懲役に処せられ、外部の機構、組織および人物のために窃取などを行なった者の最高刑は死刑である。四三二条では故意、過失により軍事機密を漏洩した者で情状がとくに重い場合は五年以上一〇年以下の懲役または拘禁、戦時においては一〇年以上の懲役あるいは無期懲役となっている。このように軍事機密の漏洩の最高刑は死刑となっており、わが国とは比較にならないほど処罰は厳しい。

4 情報作戦

中国が取り組む情報作戦

中国は作戦支援としての軍事情報の収集、処理、伝達の分野にとどまらず、敵の情報機能を破壊、麻痺する情報作戦（軍事作戦の一環として行なわれる電子戦、サイバー戦などの作戦）の研究を進めているとみられる。

中国人民解放軍は、西側の情報作戦（インフォメーション・ウォー）に関する文献の翻訳などを通じて、電子戦、サイバー戦、心理戦などを情報作戦と位置づけ、理論、作戦・戦法などの研究を強化している。

中国は古来、『孫子』にみられるように情報を重視し、偽情報の流布など伝統的なインテリジェンス戦争を実践してきたが、湾岸戦争以降、高度情報化やコンピュータ化した社会の到来に対し、ハイテク情報作戦への本格的な取り組みを開始した。それは米国などが推進する「軍事革命（ＲＭＡ：Revolution in Military Affairs）」に対抗し、「中国の特色ある軍事変革」、すなわち「中国版ＲＭＡ」を推進するなかで行なわれた。同時に「中国版ＲＭＡ」は、圧倒的な軍事力を保持する米国に対し、戦力劣勢を認識する中国が「正面からの戦いを避け、敵の弱点を突く」という、いわゆる非対称戦を追求している。つまり、情報作戦は米国のＣ[4]ＩＳＲ（指揮・統制・通信・コンピュータ・情報・監視・偵察）が有する弱点を捕捉・攻撃する非対称戦の一つの典型としての地位を得ることにより発展してきた。

中国は、情報作戦を台湾有事に対する有効手段であると認識している。その理由としては、第一に情報作戦は台湾の指揮・統制能力を麻痺させるため中国の軍事能力の優越に寄与する、第二に情報作戦は軍事と非軍事、平時と戦時の領域が不明確であり、その開始時期も不明瞭であるため、米国の介入の暇《いとま》や国際的批判の余地を与えない、第三に情報作戦は台湾側の施設破壊や住民の殺傷などを限定化し、じ後の統治政策を容易にするなどが挙げられる。

したがって、台湾統一を最大の軍事的課題として位置づける人民解放軍にとって、情報作戦は戦力整備における重点項目の一つとなっているのである。

以下、中国の情報作戦への取り組みにおいて顕著な進展を示している電子戦、サイバー戦争、心理戦および宇宙兵器の開発などの動向について、一般情報をもとに紹介する。

発達する電子戦能力

中国人民解放軍の電子戦（中国語では電子対抗）は、通信電子偵察、電子攻撃（同・電子干擾）および電子防護（同・電子防御）の三つに区分される。その活動範囲は、エリント収集、相手側のエリント活動からの防護および相手側のエリント活動の破壊が含まれる。

以下、台湾軍事雑誌『先端科技』などにより、中国の電子戦に関する状況について紹介する。

中国の電子戦は戦略レベルと戦役以下に区分される。戦略レベルにおける電子戦を主導する機関は、国務院および中央軍事委員会の電子戦管理指導小組（電子対抗雷達管理領導小組）である。同小組の詳細は不明であるが、電子戦に関わる業務方針を決定する最高機関であるとされる。

戦略レベルの電子戦関連機関として総参謀部第四部（六〇頁参照）がある。第四部は電子戦レーダー部（電抗雷達部）と呼ばれ、第三部から独立した電子戦の専門部署であり、電子戦における最も重要な機関である。第四部は隷下部隊を通じて、師団レベルまでの戦術的な電子偵察や攻防の電子戦運用の指導を行なっている。北京市内にはいくつかの第四部隷下の部隊が存在し、重要施設および軍の司令部などを電子防護する任務を有している。このほか、第四部は合計一五カ所の通信電子偵察基地（電偵技術勤務所）を直轄運用し、洋上においては三隻の艦艇を運用する。海軍および空軍のための電子戦運用を指導している。

電子戦部隊（電抗部隊）は電子戦装備を使用して通信電子偵察および攻撃的電子戦を実施する専門部隊である。各軍区は各一個の電子戦連隊を、一八個の集団軍は各一個の電子戦大隊を直轄しており、同大隊は戦車部隊や砲兵部隊などのＨＦ帯通信系４～６系（ＶＨＦ帯の場合、６～８系）および四カ所の地上統制レーダーを同時に妨害・制圧する能力を有する。このほか集団軍隷下には通信電子偵察を行なう無線通信部隊と攻撃的電子戦を担任するレーダー戦部隊が編成されている。師団は電子戦中隊を保有し、戦術レベルの電子戦を実施する。

近年、陸軍においては航空部隊が電子戦で重要な役割を担うようになってきた。陸軍航空部隊の任務は、偵察任務、対地攻撃、射撃観測、無線中継、戦術輸送、患者輸送などに加え、電子戦の実施が追加されている。その具体的な任務要領は、敵レーダーや通信施設の物理的破壊のほか、敵レーダーにジャミングをかけるなどの電子攻撃や電子防護の実施が含まれる。

さらに中国の武装ヘリコプターＺ‐９などに対して赤外線エンジン排熱抑制器、赤外線吸収塗装、赤外線・レーダー妨害装置、レーダー警報受信機、ミサイル接近警告探知装置およびチャフ・フレア散布器などの電子防護システムの搭載などが計画されている。

中国海軍は空軍と共同で開発した防空早期警戒システム、レーダー防護システムを保有している。また艦艇には電子戦装備システムが搭載されている。海・空軍はレーダー旅団、レーダー連隊、情報大隊などの部隊を全国各地の辺境地域、沿岸地域およびシーレーンなどの戦略的要衝に分散配置してレーダー網を構築し、敵戦闘機や攻撃機などの射撃統制レーダー装置などに対して強力な電子妨害を実施することを計画している。

また空軍は電子戦専門部隊である第一五飛行独立連隊を保有し、ＤＨ（電轟）‐５、ＤＨ‐６、ＤＹ（電運）‐８、ＤＹ‐５Ｄ、ＤＴｕ（電図）‐１５４などの電子戦機合計十数機を運用しているとされる。

重視されるサイバー戦

中国人民解放軍は、湾岸戦争、アフガニスタンでの軍事作戦、イラク戦争における米軍の圧倒的なハイテク戦力をみて、非対称戦の一つとしてサイバー戦を重視するようになった。人民解放軍がサイバー戦に対する取り組みを強化する大きな動機づけになったのが一九九一年の湾岸戦争である。九七年の米下院報告書は「中国はサイバー戦が核戦争よりも戦略的に効果のある手段であるとの判断で、すでにサイバー戦に突入した」と記述した。

一九九九年のコソボ紛争がサイバー戦に対する重視度をさらに高めた。台湾淡江大学のサイバー戦専門家である林穎佑は、「ＮＡＴＯによる中国大使館誤爆事件が、中国のサイバー戦の能力強化に向けた重要結節であった」と述べた。誤爆後には、米政府系ホームページが中国側から次々と報復攻撃を受け、ホワイトハウスのホームページには抗議声明が貼り付けられた。これらは、中国の国家的支援を受けたハッカーの仕業の可能性があると指摘された。

サイバー戦が重視される理由は、「伝統的な課報または軍事活動に比較して低コストである」「サイバー戦の発信源を特定し、それらを人民解放軍の責任に帰することは困難である」「サイバー戦を規制する国際の法的枠組みが未発達である」などの理由が挙げられる。

サイバー戦を担当する部署は、総参謀部第三部（五八頁参照）と第四部である。第三部は大規模なシギント組織であり、その隷下に各軍区の技術偵察局があり、サイバーの防御と攻撃の両方を担当しているようだ。報道によれば、第三部の隷下に「網軍」と呼ばれるサイバー攻撃部隊が設置され、中央に数千人規模の要員を有している。七大軍区に攻撃部隊の拠点を設置し、本部と各拠点は光ファイバーで連結され、サイバー攻撃を想定した訓練を頻繁に行なっているという。前出の林穎佑は「網軍に所属する者は少なくとも千人はいる」と見積るが、同部隊の組織編制や要員数など、実在の有無も含めて詳細はいっさい不明だ。

二〇一〇年七月、「各部門に分かれたサイバー部局の作戦や研究を統括するために、第三部の下に情報保障基地が設立された」と報じられた。これは、その二カ月前に米軍が創設したサイバー司令部を意識したものとの見方があるが、同基地に関するいっさいの詳細情報はなく、「網軍」との関係についても不明だ。

第四部は電子対抗部隊であり、電子戦を担当する部署であることから、おそらくサイバー攻撃に関わる専門部隊と推察される。二〇〇〇年、のちに「情報化条件下の局地戦」を提唱する戴清明少将が第四部長に就任した。この頃から彼を中心にサイバー攻撃への取り組みが本格化した可能性がある。

報道によれば、二〇〇三年以降、人民解放軍は米国の軍事機密、技術機密を盗用し、政府や金融サービスに損害を与える任務を帯びたという。

台湾に対するサイバー戦も活発だ。二〇〇七年、台湾紙『自由時報』が「サイバー攻撃任務にあたる網軍が、台湾国防大学教官の自宅コンピュータから、軍事演習に関する機密情報などを盗んだ」と報じ、台湾国防部もこれを事実として認めたという。また、台湾行政院の国家通信安全タスクチームは、「網軍が台湾軍の情報保全の弱点を突いて、出勤時間を狙って軍のコンピュータに侵入し、ウイルスを拡散した。攻撃拠点は軍区と関係している」と発表した。人民解放軍のサイバー戦は民間における膨大な能力（多数の民間ハッカー）を融合して行なわれるようだ。（二〇一一年七月『中華民国国防報告書』）

わが国も例外ではない。二〇一一年七月から八月にかけて、日本の衆参両院のサーバーやパソコンがウイルス感染し、議員らに付与されていた約二千件のＩＤやパスワードが流出した。これに関し、読売新聞はその後の調査で、「盗まれた情報の送信先の一つに南京大学の元大学院生のメールアドレスが指定されており、元大学院生は人民解放軍の元幹部として軍の推薦で入学し、サイバー攻撃の技術研究をしていた」と報じた。ただし読売新聞の取材に対し当該大学院生は「事実ではない」と否定した。（二〇一二年七月一〇日『読売新聞』）

サイバー戦において最も警戒すべきは、有事において軍事作戦と連携して行なわれる政治・軍事中枢に対するサイバー攻撃である。米国は、こうした事態を想定し、「中国は西側諸国のコンピュータ・ネットワークをかく乱・無力化させるサイバー戦能力を強化している」などの警戒感を表明している。二〇〇三年に米国北東部で起きた大規模な停電、〇八年二月にフロリダで発生した停電について、米国は「人民解放軍が電力網を管理しているコンピュータに侵入し、連鎖的な大停電を引き起こした可能性がある」との見解を示した。

現在、人民解放軍が「情報化条件下の局地戦」に勝利するという文脈で有事におけるサイバー戦能力を強化していることは間違いない。二〇一一年三月に発表された国防白書（二〇一〇年『中国的国防』）では、軍の任務に「サイバー空間における国家安全保障上の利益を擁護すること」の一文が新たに追加された。これは、陸・海・空および宇宙にサイバー空間を加えた全領域での将来戦への対応を明確に意識したものといえよう。

中国人民解放軍の権威ある教範、「戦略学」と「戦役学」では「情報優越が海空優勢獲得のための前提である」「サイバー戦は作戦の当初に用いられる」と記述されている。中国国防大学でサイバー戦の研究に携わる司光亜大佐は二〇一一年一一月、「全世界を覆うサイバー空間を制する者が戦争の主導権を握る」と述べ、「サイバー空間は海洋以上に大切な安全保障の砦である」と述べた。（二〇一一年一一月七日『朝日新聞』特集「サイバー戦に備えよ」）

中国は、軍事的に圧倒的優位に立つ米国が、台湾有事に参戦することを警戒しており、サイバー攻撃により米軍のC４ＩＳＲと兵站システムを麻痺させ、米軍の来援を妨害することを狙いにサイバー攻撃能力を強化していると推察される。

しかしながら、中国側の公式見解は至って控え目である。二〇一一年五月、国防部報道官が「広州軍区内から三〇人余りの専門家を召集し、サイバー空間における安全防護を行なうサイバー対抗部隊（藍軍）を創設した」と発表した。そして軍機関誌『解放軍報』により、サイバー対抗部隊が演習において、仮想敵国のコンピュータ・システムを麻痺させ、情報を窃取するための大量なドキュメントやウイルスを送信する攻撃を複数回にわたって行なったと報じた。（二〇一一年六月一六日『解放軍報』）

ただし、ここでも国防部は、サイバー対抗部隊の任務を「防衛レベルを高めること」と説明し、他国に攻撃を仕掛けるサイバー攻撃部隊であるとの疑惑は完全否定した。つまり米軍がサイバー戦能力を向上させようとしているからサイバー戦能力を強化する必要があるとの論理を展開した。

しかし、サイバー防護とサイバー攻撃は表裏一体であり、人民解放軍が相当レベルのサイバー攻撃能力を保有していることは間違いない。今後も、自らも犠牲者という姿勢を保持し、サイバー戦に対する防護能力の必要性を訴えながら、有事における大規模なサイバー攻撃を想定した能力を強化していくのであろう。

民間ハッカーと軍との関係

二〇〇九年の『米中経済安全保障委員会報告書』は、日米など外国のウェブサイトに攻撃を繰り返す民間ハッカーについて、「国家支援がなければ活動は難しい」として、人材確保や情報提供を通じた軍との緊密な関係を指摘した。また、総参謀部第四部や、北京、広州などの軍区にある技術偵察局など具体名を挙げ、「米企業などのシステムへの侵入を展開している可能性が高い」と指摘した。

二〇一〇年八月に発表された米国防省『中国に関

する軍事・安全保障年次報告』では、人民解放軍が米企業や政府省庁を標的にしたサイバー攻撃に民間人のコンピュータ専門家を使っていると報告した。このように二〇一〇年前後から、米国はサイバー攻撃における国家および軍の関与が明確であることを告発するようになった。

二〇一〇年一月、中国に進出している米国企業「グーグル」に対するサイバー攻撃が米中の政治的問題へと発展した。一〇年二月一九日付『ニューヨーク・タイムズ』によれば、米情報機関がグーグル社へのサイバー攻撃の発信源を調査したところ、上海交通大学と山東藍翔高級技工学校の存在が浮上した。同工学校は山東省済南市の郊外に位置し、調理や自動車整備などを教える職業訓練学校であり、学生数は約三万人を数える。一九八四年創立時は、バイクとミシンの修理訓練所であったが、八八年に軍施設の跡地を借り上げて拡大したという。そのなかに六階建ての校舎があり、最上階に「コンピュータ第五実習室」がある。ここで軍下士官に対するコンピュータ技術教育が無償で行なわれていると報じられた。同校の李自祥・共産党委員会書記は、取材した朝日新聞に軍の管理下に置かれているわけではないが、「軍と関係があるのは事実だ」と認めている。

二〇一三年二月、米国情報セキュリティ会社「マンディエント」は「二〇〇四年以来、数百の企業・組織のコンピュータ・システムの侵入について、人民解放軍の部隊が関与している」として、総参謀部第三部所属の六一三九八部隊（上海）の関与を指摘した（五九頁参照）。また「国有通信会社の中国電信が同部隊に光ファイバー通信設備を提供している」として、中国が国家ぐるみでサイバー攻撃を支援している状況を告発した。

二〇一四年五月、米司法省は「米国の五企業および労働団体一団体がコンピュータ・ハッキングによる経済スパイにあった」とし、五名の人民解放軍当局者を起訴した。

米国などからの指摘に対し、中国は終始、国家および軍の関与を否定し、中国も犠牲者であるという姿勢を貫いている。二〇一三年二月の「マンディエント」の件について、中国国防部は記者会見で「事実無根」との見解を発表した。耿雁・国防部報道官は「中国の軍隊は、いかなるハッカー行為も支持したことはない。IPアドレスだけで中国からの攻撃と結論づけるのは技術的根拠に欠ける」と述べた。洪磊・副報道官も「中国もサイバー攻撃の被害者である。われわれが把握している状況では米国が主要な攻撃元だ」と逆に米国を名指しで牽制した。

二〇一四年五月の軍当局者五名の起訴に対しても、中国国家インターネット弁公室が「中国政府および軍は、これまで米国が告発するようないかなる行為に関与したことはない」と容疑を否定し、「中米サイバー作業部会を中止する」と発表した。また国営『新華ネット』を通じて、「スノーデン事件」(元NSA職員の亡命事件)を持ち出し、米側の姿勢を非難するとともに、中国は米国のサイバー被害者であり、米国側に対し、「中国側に対するサイバー窃取、盗聴、監視・制御について説明し、この種の行為を直ちに止めるよう要求する」と反撃に転じた。

このように人民解放軍が秘密ルートを通して民間人のコンピュータ専門家を使用したとしても、事実を否定している以上は特定が困難であり、さらなる追及もできない。これまでのサイバー事例の多くについて、軍の背後関与が推察されたが、それを特定することは不可能であった。

伝統的な心理戦と「三戦」の展開

かつて中国の情報作戦といえば、抗日戦争および中越戦争においてみられたように、敵陣前での拡声器による投降の呼びかけ、厭戦気運を高めるビラの配布など、伝統的手法による心理戦が主流であった。しかし、一九九一年の湾岸戦争以降、情報作戦の核心の一つである「心理戦」の重要性が再認識され、人民解放軍による心理戦能力の強化に向けた組織的取り組みがみられるようになった。

一九九四年、人民解放軍は四川省成都で「ハイテク局地戦の初期段階における学術検討会」を開催し、現代のハイテク心理戦に対応するために、①心理戦組織の確立および心理戦特殊部隊の設立、②「ハイテク条件下の心理戦」などの研究、③心理戦訓練の導入、④軍人の対心理戦の強化、⑤心理戦に適応しえる人材育成、などの方針を確立した。

一九九五年一二月の『軍事訓練大綱』において心理戦に対する戦術、戦法の研究を訓練重点方針の一つとした。九八年には心理戦の専門家を召集し、心理戦特殊部隊を編成した。九九年六月には国防科学技術大学が新編され、心理戦のための人材を養成する専門科目が設置された。同年末には、西安政治学院において軍の心理戦研究室が新設された。二〇〇〇年一一月、総参謀部が「全軍心理戦検討会」を西安で開催し、「心理戦を国家戦略および軍事戦略の地位に高めるべきである」と認識された。

二〇〇三年一二月、「中国人民解放軍政治工作条令」を改訂し、輿論戦、心理戦、法律戦からなる「三戦」という概念を打ち出した。これは武力戦に対する非武力戦の概念であり、なかでも輿論戦と心理戦は、メディア、インターネットなどの現代の情報伝達手段を最大限に駆使し、効率的かつ物量的な非武力戦を武力戦と併用して仕掛けるところに特徴がある。その狙いは相手側の政府要人、軍人および一般大衆の思想および心理に働きかけ、世論形成、心理的畏怖および法律闘争などを行ない、これらを通じて、敵の抵抗意志を瓦解するとともに自らの戦闘士気を高揚させることにある。

台湾国防部は中国による「三戦」を台湾統一の主要手段として警戒しており、『国防報告書』では、その具体的な戦術・戦法を次のようにとらえている。

●宣伝戦：「台湾は中国の一部で、台湾問題は内政問題である」とする国際宣伝の展開
●心理戦：台湾対岸の短距離ミサイルの増加配備や同ミサイルの台湾海峡などへの発射による心理的威嚇、対台湾侵攻を想定した統合演習の実施による武

力威嚇
●法律戦：「国家分裂法」の制定と「台湾白書」などによる武力攻撃の可能性を示唆する言葉の脅し

現状をみる限り、どうやら、台湾国防部が警戒するように、中国による台湾に対する「三戦」は具体的な運用段階に入っているようだ。

当然のことながら、「三戦」は対台湾に限定されるものではない。米国防省が毎年発表する『中国の軍事力報告（二〇〇八年版）』では、「三戦」を軍事戦略の一角として位置づけ、その適用に警戒を訴えている。

わが国との尖閣諸島の領有をめぐる活動や行動などにおいても、「三戦」がすでに適用されているとみなければならない。まず法律戦では、国際海洋法の独自の解釈により、尖閣の領有権や沖縄トラフまでのＥＥＺ（排他的経済水域）を主張し、自国民に対する領土意識の啓蒙に努めている。心理戦では、わが国「漁政」「海監」などの法執行船を派遣し、わが国の漁業関係者、海上保安庁に対し、領有権の既成事実化を図ろうとしている。輿論戦ではマスメディアを利用して尖閣諸島において領土問題が存在することを国際的にアピールしている。

「戦わずして勝つ」を上策とする中国が、日米同盟の存在という戦略的劣勢下において、「三戦」を常套手段としてくることは間違いないものといえる。

対衛星破壊能力の取得を目指す

中国が情報収集能力を強化するためには宇宙における衛星の存続が鍵となる。衛星の存続を担保するためには米国などに対する衛星破壊能力を誇示し、抑止力を保持することが必要になる。一方で、米衛星通信などに深刻な打撃を与え、情報作戦を有利に展開するためにも、中国は米国衛星に対する攻撃、破壊能力を保持しようとしている。それを顕著に示したのが、二〇〇七年一月の対衛星兵器（ＡＳＡＴ）の試験であった。

中国は一九八六年の「八六三」計画において、レーザーの開発を主要な研究分野の一つとした。それ以降、同計画の中で衛星を破壊する目的でのレーザー能力の開発や、高出力マイクロ波（ＨＰＭ）、電磁パルス（ＥＰＭ）を兵器に応用する技術の開発も進めてきたとされる。ＨＰＭ、ＥＰＭ技術は、コンピュータ・ネットワークを混乱させるためにも使用される。こうした技術開発の成果が二〇〇七年の対衛星兵器の開発につながったことは想像にかたくない。

中国が行なった二〇〇七年のＡＳＡＴ試験はキネティック・キルビークル（爆発する非核弾頭）搭載の弾道ミサイルＳＣ-19を西昌から発射し、約一〇分間の飛翔により、地表から五三〇マイル付近の低地球軌道の目標をキルビークルの直撃により破壊したものである。中国は一月二三日、衛星攻撃試験を行なったことを日本および米国などに通報した。これに対し米議会調査局は同年四月、関連報告書により、「米国の衛星に脅威を与える」と警戒感を露《あらわ》にした。

この実験は、中国が培ってきた人工衛星打ち上げ技術などの成果を示したものである。すなわち迎撃体を目標近傍に打ち上げる発射技術、対空ミサイルのセンサー技術を活用した目標の探知・追尾技術、「神舟」有人宇宙船の軌道制御技術を活用した迎撃体の軌道制御技術などの成果である。ただし、このＡＳＡＴ試験は目標が自国の衛星であり、事前に軌道計算ができたから成功したともいえ、その技術レベルは初歩段階であるとの見方が一般的であろう。

中国のＡＳＡＴ試験では大量のデブリ（宇宙ゴミ）が発生し、これにより世界各国から非難を浴びた。そこで中国は同様の実験を実施することは政治的理由から困難であると判断したのか、責任者である総装備部長は試験後、「今後、ＡＳＡＴの試験は実施しない」と弁明した。しかし、中国としては自国衛星の安全性を確保し、インテリジェンス戦争に勝利するためには初歩的なＡＳＡＴ技術をさらに向上させる必要がある。つまり、政治的にその試験は困難だと認識しつつも、ＡＳＡＴ試験を断念するわけにはいかないという、ジレンマにある。

こうした状況下、二〇一〇年一月に中国は「ミッドコース」上のミサイルを迎撃するという対弾道弾ミサイル（ＡＢＭ）試験を実施した。中国側の発表によれば、この実験は成功し、所期の目標を達成した。

実は、国際戦略研究所（ＩＩＳＳ）の分析によれば、このＡＢＭ試験はＡＳＡＴ試験の代替手段であった可能性がある。ＡＢＭによる弾道ミサイルの破壊と、ＡＳＡＴの低軌道衛星の破壊は技術的に大いに関連性がある。ＡＢＭ技術は高速度で移動・落下する弾道ミサイルを迎撃するものであり、人工衛星を迎撃するＡＳＡＴより技術的難易度が高い。しかもＡＳＡＴ試験と異なり、ＡＢＭ試験の方は破片が大気圏で燃焼、消滅することから宇宙にデブリを発生させることもない。米国もＡＢＭ試験を実施中であることから、中国も米国にならって防御兵器を開発しているということであれば政治的ハードルは低い。したがって、中国がＡＢＭ試験を通じて、迎撃体の目標捕捉に関するデータ収集など、ＡＳＡＴに必要な共有技術の蓄積を図った可能性は否定できないのである。

中国は今後も、ＡＢＭ試験を継続するとみられるが、その先にあるものは、ＡＳＡＴ能力を保有し、米国が先行する宇宙規模での情報収集力の優位性の打破を狙うものとみてよいだろう。そして、中国のＡＳＡＴ能力は、高度約五〇〇キロの円軌道をまわる日本の情報収集衛星に対して攻撃能力を獲得するという点からも注目する必要があろう。

5 軍事交流とインテリジェンス戦争

多彩な軍事交流を展開

中国の『国防白書』によれば、中国の軍事交流の概念は実に多彩である。駐在武官の派遣、二国間のハイレベル代表団の相互交流、戦略対話や多国間安全保障会議への参加、艦艇の相互訪問、対テロ共同演習の実施、国連平和維持活動への参加、さらに武器装備品の輸出入も軍事交流に含まれる。

中国の軍事交流は、人民解放軍の最高指導機関である中央軍事委員会および党中央の指導方針の下で、国防部外事弁公室が窓口業務を行なっている。外事弁公室は、各軍区、海・空軍の外事局とも密接な連携を保持し、中国武官の海外派遣、在中国外国武官との交流、軍要人の外国訪問における調整、外国訪問者による部隊訪問の受け入れなどの全般業務を統制している。

外事弁公室には、多国間交流を担当する総合局と、二国間交流を担当する各地域局がある。地域局で日本を担当しているのはアジア局北東アジア処である。二〇〇八年には外事弁公室の下に新聞事務局が設置され、国防部報道官制度が開始された。これにより中国の軍事交流を通じた「平和・友好のイメージ」演出と中国脅威論を払拭する有効な体制が整えられた。

中国の中央軍事委員会主席は、党総書記あるいは国家主席の肩書きで外遊するため、ハイレベル軍事交流は、軍人トップである二名の中央軍事委員会副主席以下で実施される。そして随時に行なわれる相互友好訪問と定期的に実施される防衛実務協議に区分される。相互友好訪問は中央軍事委員会副主席のほか、国防部長、四総部の長、大軍区司令官および海・空軍司令官などが団長となり、これに数名の高級軍人が随行するかたちで行なわれる。

防衛実務協議は、国防長官クラスの相互訪問と国防次官級の国防事務協議がある。国防長官クラスの相互訪問はロシアとの間で毎年行なわれており、国防部長が参加する。国防次官級の国防事務協議については、中国は一九九七年以降、米、ロ、仏、豪、日本などの主要国との間に毎年一回、定期的に同協議を開催してきた。同協議では国際および地域情勢に関する意見交換や軍事交流に関する年度計画が決定される。この事務協議には、情報・軍事交流担当の副総参謀長が国防部副部長の肩書きで参加しているが、外交部などのほかの部署とは異なり、国防部には国防部長（大臣）に次ぐ副部長（次官）のポストがないためである。

作戦、兵站、訓練といった特定分野に関しては、専門代表団による外国軍隊などとの実務レベルの交流が行なわれている。国境画定および兵力削減交渉、共同訓練、武器輸出入なども実務レベル交流の範疇に属するとみられる。近年は軍区レベル以下の部隊が方面軍との部隊間交流を活発化している。

一九八五年に創設された国防大学は、米国、英国、オーストラリア、パキスタンなどの国防大学と留学生交換プログラムを持っている。日本とも防衛研究所との間に同種の交換プログラムを保有している。中国はさまざまな国に留学生を派遣している一方で、アジア、アフリカ、ラテンアメリカ、ヨーロッパなどからも千名近い軍事留学生や各種研修生を受け入れている。

中国海軍艦艇の友好親善訪問は一九八五年から実施されている。九四年に国産新型の「ＬＵＨＵ」級駆逐艦が就役したことに伴い、九六年以降の親善訪問は逐次、遠方へと拡大してきた。二〇〇〇年には当時の国産最新鋭の「ＬＵＨＡＩ」級駆逐艦を使用して、建国以来、初めてインド洋を横断し、タンザニアおよび南アフリカを友好親善訪問した。〇二年には初めて世界一周を行なうなど、艦艇訪問の規模は拡大している。〇九年からのソマリア・アデン湾沖の海賊対処任務においては任務終了後にアフリカ、アジア各国を訪問し、友好親善訪問を行なっている。

中国は近隣周辺国との軍事関係を最優先している。そのためＡＳＥＡＮ地域フォーラム（ＡＲＦ）、相互協力および信頼醸成措置アジア会議（ＣＩＣＡ）、東北アジア協力対話会議（ＮＥＡＣＤ）、米中日三国間学術シンポジウムなどの多国間の安全保障対話を通じて、ハイレベル交流、艦艇訪問、教育交流を奨励している。

また中央アジアに対しては、二〇〇一年六月、上海協力機構（ＳＣＯ）を発足させ、〇二年以降、中国はＳＣＯを通じたテロ対策の協力を強化しており、「平和の使命」と冠する合同軍事演習がほぼ隔年で開催地を相互に提供し実施されている。中国は同演習を通じて、ロシアからの軍事技術と作戦ノウハウの取得、SCO加盟国に対する武器売却のルート作り、中国の国際的地位および発言力の増大を狙っているとみられる。

軍近代化と国家外交への奉仕を目的

中国の軍事交流はインテリジェンス戦争の視点から注目しなければならない。わが国をはじめとする西側諸国においては、軍事交流は安全保障上の信頼醸成措置の一環である。しかし共産党体制下で党軍としての位置づけを有する人民解放軍の軍事交流には西側諸国の軍事交流とは異なる特徴や狙いがある。

中国の軍事交流の第一の目的は、軍近代化である。高官交流を通じての先端兵器および軍事技術の導入、教育交流を通じた人材育成、軍事施設および訓練状況の見学による近代化のための研修、共同演習を介した作戦運用の修得まで幅広い。これらを目的とする軍事交流は主として主要国との間で行なわれているが、ロシアとの交流は中国にとって極めて重要度が高い。中国はロシアから最新鋭兵器の取得と共同軍事訓練を通じての作戦運用の修得を狙っている。

第二の目的は、国家政策への貢献である。中国は軍事交流を「国家全体の外交に奉仕するもの」と、とらえており、外交部の主導する一般外交と併用して、軍事により政治的目的を追求することが強調されている。

軍事交流を行なう軍人トップである中央軍事委員会副主席二名は、中共トップ二五名に位置する政治局委員にランクされ、軍事交流の主宰者である国防部長（防衛大臣に相当）は党中央委員である。大軍区司令官および政治委員も党中央委員の肩書きを持っている者が大半である。一方の国家の外交活動を司る外交部においては一般的にトップの外交部長（外務大臣に相当）を除いて党中央委員の肩書きを有している者はいない（ただし外交担当の国務委員〔副総理級〕は政治局委員）。

このように軍高官の党ランクは非常に高いことから、軍高官が外国訪問時には、党ランクをフルに活用し、訪問国の元首クラスに会見することを強く要望し、狭義の安全保障に限定されない政治的内容までを話し合うという。

中国の軍事交流が政治的目的を多分に帯びたものであるとみた場合、軍事交流の目的は、「安定」「安全」および「発展」の三つの国益に集約される。つまり第一に中国を取り巻く戦略環境の安定化を狙いに、高官交流や共同訓練などを通じてSCOの枠組みなどを強化する。第二に米国の影響力の政治的牽制とアジア・太平洋諸国との海洋安全保障を通じた関係強化を図っていく。第三に経済発展にとってマイナス要因である「中国脅威論」を排除し、中国の国際的地位と平和イメージを高めるためにPKO参加や海賊対処任務などを行ない、発展途上国との関係強化を図っていく。第四にさらなる経済成長とその基盤を強化するために武器売却、共同軍事訓練などを通じてエネルギー資源の獲得、海外拠点の確保を目指す、ということになろう。

軍事交流を通じたインテリジェンス戦争

軍事交流とインテリジェンス戦争の関係は密接不可分にある。先進国における部隊研修は、ハイテク軍事技術の修得や他国軍の実態解明といった情報収集活動と切り離すことはできない。留学生交換プログラム、軍事教育の受け入れは友好人脈の構築、親中意識の醸成といった秘密工作の側面も伴う。

中国の軍事交流とインテリジェンス戦争が密接不可分であることは、軍事交流に携わる実行機関からも明らかである。軍事交流の全般統制は国防部であるが、その実態は軍の情報機関である総参謀部第二部が取り仕切っている。国防部副部長の肩書きで防衛次官級会議に参加するのは、総参謀部の情報・軍事交流担当の副総参謀長であり、かつて同職は第二部部長が兼務していた。また国防部外事弁公室の主任は第二部の外事局長が兼務している。このほか国際平和維持活動を担当する国防部維和弁公室の実務も第二部が担任している。

かつて中国人民解放軍の最高の情報将校と目された熊光楷（上将）は一九九六年から約一〇年間、副総参謀長として軍事交流に携わった。熊は入隊以後、一貫として情報畑を歩み、八四年一二月に第二部副部長、八八年同部長に就任し、九六年から副総参謀長と第二部長を兼務した。九七年からは情報の民間シンクタンクである中国戦略学会の会長を歴任した。その後の馬暁天・副総参謀長（現在、空軍司令員）も熊と同様に軍事交流を担当するかたわら、戦略学会の会長を歴任した。そして戦略学会はわが国との間で佐官級交流を主宰してきた。つまり、軍事交流とインテリジェンス戦争が強く連携して行なわれたことになる。

また武官の相互派遣も軍事交流の一環と説明されているが、在外大使館の駐在武官事務所には第二部の要員など多くの情報専門家が派遣されているとみられる。つまり、いわば情報のプロが軍事交流の名目の下に、インテリジェンス戦争を仕掛けているといえるのである。

前述したように、中国は現在、一五〇以上の国と軍事関係を構築し、一〇〇あまりの在外大使館に武官事務所を設け、また八五カ国が中国に駐在武官を配置している。このことは大容量のインテリジェンス戦争が武官事務所を発電源として仕掛けられている可能性を示唆するものだ。

中国武官の派遣数については、最も多いのが米国であり、一〇名以上。その次が英国で七名程度、三番手としてロシア、フランス、ベトナム、日本、パキスタンなどがこれに続き、四名程度の軍人が派遣されている。この派遣数は、中国情報機関の情報関心の高さと表裏一体といっても差し支えないであろう。

中国は部隊見学や艦艇の相互訪問などにおいては、あからさまな情報活動を展開しているという。貪欲に可能な限りの施設見学を要望し、質問は極めて活発、立ち入り禁止区域や撮影禁止区域に対する制止を無視しての立ち入り・徘徊や異常な振る舞いが報じられている。軍事交流の目的を逸脱した中国側の行為に欧米各国は辟易しているのが実情だという。

米中軍事交流とインテリジェンス戦争

米中軍事交流を例に軍事交流が有するインテリジェンス戦争の危険性を指摘しておこう。

米中が一九七九年一月に国交正常化して以来、両国間の軍事交流は八〇年代以降に急速に拡大・深化した。その後、天安門事件、台湾危機、在ユーゴ中国大使館誤爆事件、海南島上空での米中軍用機衝突事件、米国による台湾武器売却問題などで軍事交流はしばしば中断されたが、そのつど、復元力が働き、軍事交流は紆余曲折や波乱を含みながらも継続的に進展してきた。

中国にとって米国との軍事交流の目的は第一に、米軍の軍事技術、作戦運用を修得することにある。これは軍の近代化に直結し、台湾侵攻作戦を具体化するためにも不可欠の要請である。

中国の軍事文献において、多くの米国の作戦運用および軍事知識が引用されているが、これは中国軍将校が米国の国防関係機関に派遣され、ここでの教育交流を通じて得た知識が反映されたものであろう。関連情報によれば、中国は人材の育成、とくに幹部の育成に極めて強い関心を示し、一九九八年に公布された兵役法、二〇〇〇年に公布された現役将校法においては米国の影響が強く反映されたとしている。

米国は中国との軍事交流を行なうことで、中国を軍備管理・軍縮体制に組み込む、米軍の力を誇示することによって中国の軍事力行使を抑制する、軍の透明化を促進させる、米中双方の軍事的パイプを構築することによって人民解放軍の企図を早期に察知する、などの目的を追求している。

しかし、米国が中国に対して、実戦部隊の見学および訓練展示などの細部を公開しているのに対し、中国は米国に対して展示部隊の見学程度にとどめている。このことから、米国内では「現在の軍事交流は一方的に中国を利するだけ」との不満もある。つまり、中国は「透明性の向上」などの米側の要求については無視し、米国に対しては合法のみならず非合法の手段までも駆使して、軍近代化に直結する重要情報の獲得を目論んでいる。

　こうした警戒感はこれまでも幾度か提起されてきた。二〇一一年五月、陳炳徳総参謀長の訪米では、米下院外交委員会のロスレイティン委員長が、総参謀長の訪問を最高の歓迎で遇していることについて、「デリケートな国防上の機密を危険にさらしている」と激しく非難した。（二〇一一年五月一八日『ＡＦＰ』）

　同委員長は、「人民解放軍は米国を公然と敵国とみなしている。専門家集団が収集する、ありとあらゆる情報は米国に敵対するために使われるのは間違いない。国防省がネバタ州のネリス空軍基地への訪問を許可したことは、同基地はサイバー戦やほかの

ハイテク分野への脅威に対する防衛で主要な役割を果たしており、とりわけ問題だ」と指摘した。

第6章
対日インテリジェンス戦争

1 インテリジェンス戦争の関連組織

駐日中国大使館

現代の国外活動は合法的な駐在機関で行なうのが常識である。これは、外交官が有する「外交特権」が各種のインテリジェンス戦争に有利だからである。外交官は身体の不可侵、公館および館舎の不可侵、文書の不可侵を有し、当該国の官憲から容易に取り締まられない。大使館内に情報収集用の無線送信機を設置・使用したとしても、取り締まりは困難である。

したがって日本国内における中国の最大のインテリジェンス戦争拠点といえば、在日本中国大使館ということになる。以下、中国大使館についての概要を『軍事研究』(二〇〇六年一一月別冊)の『北朝鮮&中国の対日情報戦』ほかの公刊資料でまとめておく。

東京の中国大使館は本館と別館が港区に、教育処が江東区に所在する。

中国大使館の全職員は約二〇〇人と推定され、ビザ発給の窓口業務の数名を除いてすべて中国人であり、中国人以外の人間は本館に自由に入ることはできない。大使館職員はほぼ全員がある程度の日本語が話せ、主要幹部はほぼ完璧に日本語ができるようだ。大使館に派遣される職員は本国でも所属組織(外交部、発展改革委員会、商務部)などの日本担当セクションで働く専門家である。

中国大使館は公使参事官、総務部、報道部、政治部、経済処、商務処、武官処、科学技術処、交流処、領事部からなる。インテリジェンス戦争のセクションとしては、政治部が主要な役割を担っているとみられ、政治部には外務省担当、国会担当、政党間交流担当、多国間協議担当の参事官がいる。政治部の参事官は政治思想工作、機密事項、人事・外交通信などの情報を扱うことが可能とみられる。

武官処は軍の武官によって構成され、各種の軍事情報を扱っているとみられる。ここには上級大佐相当の武官が派遣され、その補佐官三名（陸、海、空）を含めて四名程度が派遣されているが、総参謀部第二部の情報将校である可能性は高い。多くの国において武官が軍事情報活動に従事していることは常識であることから、中国武官にとって軍事情報の収集および自衛隊工作は重要な任務であろう。交流処は各種文化団体との交流、接触を通じ、日本の政情、民情、国民世論、対外感情などを調査し、親中感情を醸成する。領事部は在日華僑に対する動向調査などを行なっているだろう。

大使館員の中に情報関係者はどの程度の割合を占めているのだろうか？　公刊情報によれば、旧ソ連の在外大使館では、多いときには七〇パーセント以上が旧KGBとGRUなどの情報要員で占められていたとされる。中国軍事の専門家である平可夫はかつて「中国が米、日本などの主要国に置いた大使館の情報員の配置最低基準は国家安全部より四～八名、総参謀部より二～四名（武官は除く）、その他に総政治部連絡部、統一戦線工作部、対外連絡部から各二名で合計二六名前後、これに武官三～四名を加えた、大使館員総数の約二五～三〇パーセント前後である」と推定した。（『二〇〇〇年の中国軍』）

初代駐日中国大使の陳楚は外交部出身であるが、一九三〇年代に上海の地下活動家だったという。後任の符浩大使は延安時代の中央社会部秘書という経歴を有しており、ベトナム内戦中ハノイの特命全権大使として、北ベトナム援助と軍事協力、南ベトナムかく乱工作を指揮していた。符浩は一九七七年四月、華国鋒との特殊関係を背景に、対日秘密工作のために駐日大使として派遣されたという。（『北京私書箱一号』）

一九八三年に駐日大使館付武官だった丁山大佐は、六〇年代にヨーロッパにおける中国の諜報活動本部があったベルンで秘密情報活動に携わり、その後に武官として赴任したという。宋之光大使は韓国情報機関ＫＣＩＡの日本支部長との関係を構築したという。このように歴代の在日中国外交官はインテリジェンス戦争と無縁ではない。

中国大使館では人脈作りのために、財界人や文化関係者を招いて大使主催の宴会をしばしば開催する。日本に所在する人民団体や華僑社会とも関係がある。大使館には友好交流部があり、それが中日友好協会とつながり、中日友好協会は日中友好協会とつながっている。また「国際友好連絡会」などの別の組織を結成し、対日インテリジェンス戦争の輪を拡大し、幅広い活動を展開している。

二〇〇六年四月、中国大使館がインテリジェンス戦争の活動の中心となっていることを裏付ける事件が発生した。警視庁公安部は中国大使館の領事部参事官と商務処秘書の二名に出頭要請した。調査によれば、両名は中国人の不法就労を幇助していたコンサルト会社「中国事業顧問」（東京都中央区）の社長である章健容疑者（五一歳）と接触を繰り返していた。同容疑者は中国と台湾の統一を目指す中国人民間組織「日本中国和平統一促進会」副会長兼秘書長であった。同促進会は中国全人代常務委員会の指導で創設されたという触れ込みで、統一戦線工作部あるいは人民解放軍総政治部との関係が指摘された。章は〇五年八月に港区内で中台統一を議題にした会合を開催し、同会合には中国の政府関係者や中国大使館領事部参事官らが主席したという。同参事官は元創価大学留学生であり、商務処秘書は国家安全部あるいは総参謀部第二部の要員だったとの疑惑も浮上した。（二〇〇六年四月一五日『産経新聞』）

このほか袁翔鳴『蠢く！中国「対日特務工作」マル秘ファイル』や、ロジェ・ファリゴ『中国の情報機関』によれば、総参謀部第二部出身でわが国に筆頭参事官として勤務していた除源海がいったん帰国、その後、東京都飯田橋の中国人留学生寮の責任者として来日し、「除源海機関」という在日情報機関の裏の最高責任者として、インテリジェンス戦争を統括していたという。

在日中国報道機関

新華通信社、中国新聞社、人民日報社、北京週報社、中国青年報社、中国経済日報社、文匯報社、北京日報社、光明日報社、中国国際放送局などの報道・通信機関の日本現地支局がある。興味深いのはこれら機関がほとんど目黒区および渋谷区恵比寿に集中していることである。現在も目黒区中目黒には防衛研究所、技術研究本部の一部、幹部学校、統幕学校といった自衛隊機関がある。中国の報道・通信機関がいわば、こうした防衛省の機関所在地の近くにあるということは、立地条件を活かして、この周辺での自衛隊関係者を監視して、日本の防衛関連動向を探知することを意識しているのではないかとの疑惑も生じさせることになろう。

中日友好協会（人民団体）

中国は相手国の友好団体を育成・指導している。これら友好団体に対しては共産党や政府が直接に対応するのではなく、人民団体を組織し、あくまでも民間外交の枠組みで行なっている（第3章参照）。今日の対日インテリジェンス戦争を担任する人民団体には、新華社の中国新聞工作者協会、華僑事務弁公室の全国華僑聯合会、国家観光局の中国旅行社、外聞出版発行事業局の外文出版社、広播電影電視総局の国際放送局（北京放送局）、商務部の中国国際貿易促進委員会、外交部の中国人民外交協会、中日友好協会などがある。

なかでも最も影響力を持っているのが中日友好協会である。中日友好協会は中華全国総工会、中国人民外交学会など二〇近い中日関係団体を網羅して一九六三年一〇月に設立された。これはLT貿易（一九六二年の日中間で交わされた「日中長期総合貿易に関する覚書」に基づく半官半民的な形態による貿易）の開始に伴い、日本側に日中友好協会が設立されたことにより、その対応組織として設立されたものである。歴代の名誉会長や会長には郭沫若、廖承志などの対日エキスパートが就任した。

中国国際友好連絡会（友連絡）

中国国際友好連絡会はシンクタンクとして「平和と発展研究センター」があり、機関誌『平和と発展』を発行している。

友連会の設立には元来、日本との関係強化という意味合いが強い。友連会は、胡輝邦が失脚した一九八四年一二月に、中日友好協会の幹部が中心になって設立した。設立時の名誉会長は、元人民解放軍の高官で、八八年には国家副主席に就任した王震・元中日友好協会会長である。

王震は胡輝邦の急速な対日外交を警戒し、薄一波・中央顧問委員会副主任（中国国際貿易促進会会長）、彭真・元北京市長らの保守派と結託し、胡輝邦の対日外交を批判することで、胡の失脚を画策したという。

友連会の設立を支援した日本側の人物が日本船舶振興会（現日本財団）の笹川良一会長である。笹川は一九八四年一一月に戦後初の訪中で万里総理と会見し、翌八五年一〇月には鄧小平・中央軍事委主席との会談も果たした。この席に王震が同席し、笹川会長は鄧と王の両氏と意気投合し、笹川平和基金を提供して友連会が設立されたというのが経緯のようだ。

王震は友連会の設立と同時に名誉会長に就任し、鄧の支持で組織を拡大した。今日も友連会の指導部には、中国の有力者が関与している。歴代指導部には鄧の三女である鄧榕（副会長）らの太子党（高官子女）、歴代駐日大使、各界有力者らが名を連ねている。なお現在の会長は李肇星、副会長は鄧榕らである。

なお福田博幸『中国の対日工作の実態』によれば、友連会は笹川会長と結びつき、笹川会長が支援した国際勝共聯合を通じて、旧軍関係者、保守系地方議員、自衛隊に対する秘密工作を活発化した。一方で反共を標榜する日刊新聞である『世界日報』を創刊するなどマスコミ秘密工作も強化し、国際勝共聯合の宗教組織である統一教会を通じて各種の宗教工作も行なったということである。

華僑組織

華僑組織は、中国のインテリジェンス戦争における現地基盤として位置づけられる。華僑組織は、①老華僑（改革開放以前から日本に定住している中国人）、②新華僑（一九七八年の改革開放後、留学などの目的で日本に入国し定住した中国人）、③華人（日本国籍を取得した中国人）で構成されている。

法務省の在留外国人統計によると、在日中国人の総数は約三八万人程度とされ、このうち老華僑は約二万四千人、新華僑は約一八万人、在日留学生や就学生による新華僑予備人員は約九万人である。残りの約八万七千人が不法残留者となるが、実際の不法滞在者は三倍の約二五万人になるという。

中国情報機関は華僑組織の結成や運営に深く関与し、統一戦線工作、日本における親中世論の醸成、各種情報収集活動への利用を画策しているとみられる。同時に、老華僑の資産獲得と政財界に対する人脈構築、新華僑の頭脳とネットワークなど双方の利点を最大限に活用するため、両者の統合に向けて積極的指導を行なっているという。

二〇〇三年九月、在日の有力新華僑組織八団体が日本の政財界関係者や新・老華僑団体など二五〇人を集めて、新華僑の全国組織「日本新華僑華人会」の設立大会が開催された。これらの加盟八団体の内訳は、中国留日同学総会、在日中国科学技術者連盟、全日本中国人博士協会、西日本新華僑・華人連合、日本華人教授会議、在日中国律師連合会（在日中国人弁護士連合会）、北海道新華僑・華人連合会、日本中華総商会であった。

2　インテリジェンス戦争の実態

中国が仕掛ける官製反日デモ

中国は「中華民族の偉大なる復興」を掲げて、アジア第一位の地位を不動にすることを当面の目標に据えている。そのためにライバルである日本の国際的な政治大国化は絶対に阻止しなければならない。こうした認識に立ち、中国は日本の国連常任理事国入りの動きを牽制してきた。

中国は一九九二年、対日秘密工作専門のシンクタンクを設立し、日本の常任理事国入りの動きを阻止することを画策した。そのための手段の一つが日本に対する歴史認識問題、すなわち戦争責任謝罪問題での圧力強化であった。九三年八月、中国は日本政府に対して「日本の常任理事国入りを支持するためには、戦争犯罪への謝罪が前提である」と通告し、歴史認識問題と常任理事国入りの問題をリンクさせた。九四年九月、中央宣伝部は「愛国主義教育実施綱要」を発表し、国内の教育機関に対し反日教育を行なうよう指示した。

二〇〇五年、日本の「常任理事国入り反対」をスローガンに掲げる大規模な反日デモが発生した。同年三月二一日、国連のアナン事務総長が「日本の常任理事国入りを支援する」旨の発言をしたことに対し、中国外交部が同日「アナン事務総長の見解を注視している」と、直ちに反応した。この前後からインターネット・サイトで反日の書き込みが急増し、三月二八日には中国紙が、日本の中学歴史教科書に関する批判記事を掲載した。同月二九日からは長春市で日本製品の不買運動が発生し、四月に入ると週末デモが各地に拡大した。四月九日には北京で一万人規模のデモが発生し、大使館に対する激しい抗議行動が行なわれた。四月一六日には中国当局がデモの中止を呼びかけたにもかかわらず上海で抗議デモが発生し、上海総領事館に投石するなど、デモは暴徒化した。

二〇〇五年のデモは、公安部がデモ隊を引率し、デモ参加者に対しては弁当の配布や車両移動の便宜を図ったという。このことからデモは中国当局が先導する官製デモであり、党指導部が日本の常任理事国入りを阻止する目的でデモを組織したとみられている。

また同年二月に日米安全保障委員会（2プラス2）が開催され、「台湾海峡の安全は日米の共通戦略目標とする」ことに日本が合意し、これに対して中国当局が強い拒否反応を示した経緯から、党指導部がデモを主導することで台湾問題に対する日本の姿勢を牽制することを狙った可能性もある。台湾問題は中国にとっての核心的利益であり、日米の動きを主権侵害と認識し、座視するわけにはいかないとの判断が働いたのかもしれない。

二〇一〇年および一二年には尖閣諸島問題をめぐる反日デモが生起した。この際も、党指導部が日本の行動を〝主権侵害〟とみなし、「中国国民の怒りの声」を伝達し、全世界に対し「尖閣はわが国領土」という主張を喧伝するために、公安部などを使って官製デモを画策した可能性がある。

内政問題のスケープゴート

中国が対日インテリジェンス戦争の一環として反日デモを仕掛けている可能性は高い。しかし他方で、別の力学が働いていることにも要注意だ。「中国外交は内政の延長」の諺どおり、建国後の国内政治闘争が革命輸出というかたちで外交に転化した。今日においてもその基本的構図に変化はない。よって反日デモの実態解明も、国内要因との相関関係から紐解くことが重要である。

中国は、今日のGDP世界第二位が象徴するように順調に大国化に向けた歩みを進めているかのようにみえるが、これまでの道のりは決して平坦なものではなかった。政権内部における権力闘争の繰り返し、闘争に絡んでの反対派に対する大粛清、合理性を欠いた大躍進政策、国内に大混乱をもたらした文化大革命など、失政の連続であった。

経済成長が持続するうちはいいが、それが適わなくなると、たちまち党内対立が生起し、過去の失政責任が問われることになる。中国が「抗日戦争勝利」の歴史教育を熱心に行なっているのも、こうした失政責任を回避するという狙いが潜んでいる。胡耀邦時代で最も親日的であった一九八五年でさえ、「反ファシスト勝利四〇周年」のキャンペーンが大々的に展開され、街頭には日本軍による虐殺の生々しい写真が多数掲げられた。これは胡総書記が文革に対する評価を見直そうとしたことで、党内分裂の危機を迎え、そのため胡の見直し論を封じて党内の結束力を保つため、あえて抗日時代の残虐な写真を大衆にみせることで、文革時の「党による反対派の粛清」という残虐行為の隠れ蓑とした可能性があった。(杉本信行『大地の咆哮』)

一九七〇年代末からの改革開放政策以後、貧富の格差、失業者の増大、汚職・腐敗の蔓延など、中国は多くの社会問題にさいなまれている。さらには社会における民主化要求が漸次高まり、それが高じて一九八九年六月には学生を主体とする民主化デモ「天安門事件」に発展した。同時に国際的にはソ連邦が崩壊し、中国は共産主義イデオロギーと、最大の仮想敵という二つの求心力を失った。こうしたなか、八九年に国家指導者となった江沢民は、中共が「軍国主義日本」と戦って勝利したことで新生中国を建国したとする「建国神話」を利用することで、天安門事件の後始末をしたのである。

ここで「建国神話」の誕生について簡単に振り返っておこう。中国はかつて自らを天下の中心で文明を発達させている「中華」あるいは「中夏」と自称した。そして中心から遠い周辺諸国を文明のレベルが低い禽獣《きんじゅう》なみと考え「戎狄《じゅうてき》」と呼んで区別した。日本に対しては優越的な地位を保持し、朝貢だけを認め、対等の外交関係を認めようとはしなかった。

ところが一八世紀末からの西側諸国からの軍事的威嚇と半植民地政策により、中国人の深層心理の中に、「中国は西側よりも劣っている」との劣等意識が扶植された。一九世紀に入り、日本による統治時代を迎えたことで、かつての優越的な自尊心は完全に瓦解し、同時に鬱屈した強烈な反日意識が芽生えた。そうした絶望感や鬱屈した国民感情の上に、「革命の使者」または「救世主」として登場し、「侵略者日本を打倒し、祖国を解放し、中国を建国したのが中共である」というのが「建国神話」である。

江沢民以後の反日教育により、中国国民の中に急速に反日意識が芽生えた。また中国指導者は胡耀邦が対日融和政策を採用したことで保守派の反感を買い失脚に追い込まれたことを教訓に刻み込んでいる。つまり権力闘争に敗北しないためには、愛国主義教育を尊重し、強硬な対日姿勢を保持し、強い指導者像を演出することが権力維持の必要条件だと認識しているのである。

最近の中国社会は、社会的不満が携帯電話やインターネットを媒介として急速に拡大する。一〇億台以上の携帯電話が普及し、ネット人口は六億人以上で、これらは指導部も無視できない世論を形成している。党や政府の要人であっても、日本に理解を示すような発言をすると「売国奴」や「漢奸」のレッテルを貼られ、たちまちネット上の批判対象となる。新しい世論誘導手段の登場により、党指導部は一般人の感情に配慮しなければならなくなった。このことも強硬な対日外交を保持する、あるいは「愛国無罪」を掲げた反日デモを容認する傾向を強くしている。つまり、党指導部は世論に誘導され、民衆の不満が共産党への批判に集約してくることを警戒するため、デモを民衆のガス抜きとして容認するという構図が固まりつつある。

しかし、強硬な対日外交や官製デモは「諸刃の剣」となる。二〇〇五年以降の大規模な反日デモは、当初は統制が保たれていたが、途中から民衆が携帯電話を使って自発的にデモへの参加を呼びかけ、付和雷同した者がデモに加担して、一部が暴徒化した。対日批判のプラカードが共産党批判へとすり替わる状況も確認された。党指導部は対日牽制を目的に反日デモを画策する、あるいは民衆のガス抜きを目的に反日デモを容認する一方、反日デモが共産党批判に転化しないよう警戒しなければならないのである。こうした難しい舵取りは、次第に限界に近づきつつある。

対日歴史認識問題、四つの狙い

中国による反日デモの仕掛けには、歴史認識問題がリンクされる。ここで歴史認識問題の構造的要因について述べておこう。

歴史認識問題には、教科書問題と靖国（神社参拝）問題がある。両問題の発端は一九八〇年代の中曽根総理と胡輝邦総書記の関係まで遡る。一九八二年六月二六日、日本の社会科教科書の検定で「文部省が『侵略』を『進出』に書き改めさせた」として、中国外交部が抗議した。これが外交問題に発展したのが教科書問題である。一方、八五年八月一五日に中曽根総理が一八名の閣僚とともに総理大臣の資格で靖国神社に公式参拝したことが外交問題に発展したのが靖国問題である。

中国が歴史認識問題を利用することの第一の狙いは、国民不満の矛先を外の「共通敵」に振り向けるというものである。中国のみならず、すべての中華民族にとって、日本の「軍国主義者」および「右翼勢力」は「共通敵」と認識されている。中国は「共通敵」を粉砕することで、人民の党に対する不平・不満を解消し、「民意の代弁者」たる共産党への忠誠心や求心力に置き換えようとしている。

江沢民政権以降、愛国主義教育と一体となった反日教育が強化され、「抗日戦争記念館」を各地に建設し、反日宣伝を展開している。小学校から高校までの歴史教科書では、日本軍の中国侵略時の残虐行為、それに対する共産党の抗日戦争への賛美が、多くのスペースを割いて詳述されている。

こうした反日教育の成果は目覚ましい。二〇〇四年三月、南京大虐殺記念館が有料から無料になったことで入場者が一カ月足らずで〇三年三月の七倍になったという。国防教育法に基づく大学生向けの愛国教育の強化、全国の戦争記念館などの愛国主義教育基地の無料開放など、これら施策の下で着々と反日世代が育っているのである。

第二に、歴史認識問題は日本国民に対する思想啓蒙工作の側面がある。中国は日本の「軍国主義復活」や「右傾化」を警戒し、歴史認識問題を継続的に持ち出すことで、彼らのいう「右翼分子」を牽制している。他方、中国は親中派団体、左翼思想家・マスコミなどの活用のみならず、右翼団体に対する積極的な取り込み工作も行なっている。

教科書問題では、日本の中学、高校で学習する歴史教科書を中国の思うとおりに改訂し、中国に都合のよい歴史観を青少年に扶植することに狙いがある。青少年に自虐史観を扶植し、親中国感情の醸成を行なうことは、将来的に、中国が対日インテリジェンス戦争を有利に戦うことにつながる。そのため、日中青年交流を行ない、日本の中学または高校の歴史教科書の検定に影響力を有する文化人などに集中的に工作を仕掛けている。

第三に、反中政権の誕生を阻止するという側面もある。過去、わが国閣僚による歴史認識発言を日中の報道機関が大々的に失言として取り上げ、これが外交問題へと発展し、その閣僚が辞任に追い込まれるという図式が幾度となく繰り返されてきた。藤尾正行文部大臣の教科書発言（中曽根内閣）、奥野誠亮国土庁長官の靖国発言（竹下内閣）、永野茂門法務大臣の南京事件発言（羽田内閣）、桜井新環境庁長官および江藤隆美総務庁長官の侵略論争発言（村山内閣）などである。これら閣僚の発言はいずれも非公式なオフレコ発言であったという。これらリーク記事は問題発言のみを抽出した誇大報道という特徴がある。真偽は定かではないが、報道記者が意図的に発言を誇張してリークしたとの指摘もある。中国側視点からは、中国にとって都合の悪い政治家を排除し、首相に圧力をかけることで政府の対中政策を有利に転換・修正したことになった。

二〇〇六年三月、李肇星外交部長が北京人民公会堂での内外記者会見で、わが国政治家の靖国神社参拝を激しく非難した。当時、「八月一五日には必ず靖国神社に参拝する」という公約を掲げて首相になった小泉総理の後継問題が注目されていた。この時期の中国外交部長発言の主旨は、「ポスト小泉の首相には靖国参拝をさせない。そのような政治家では日中関係は悪化するぞ」との警告であった。後任の安倍総理（第一次安倍内閣）は公式参拝ではなく個人の資格で靖国に参拝した。安倍総理以降の総理は参拝そのものも控えるようになった。これは中国による歴史認識問題を利用した対日インテリジェンス戦争の成功例とみてよいだろう。

第四に、日本からの対中援助の正当性を確保するという側面もある。中国は報道機関を誘導し、繰り返し日本に対し、過去の歴史に対する贖罪感を扶植し、「右傾化」の動きを牽制してきた。同時に、歴史認識問題と政府開発援助（ODA）を巧妙にリンクさせてきた。中国は日中国交回復の際、戦争賠償要求を行なわなかった。それを逆手にとり、「日本のODAは中国の戦争賠償の代わりとして継続が義務づけられているもの」との認識に立ち、中国国内での思想刷り込みを行なった可能性がある。

ODAは一九七九年一二月、大平首相が中国を訪問した際に表明したものであり、翌八〇年から開始された。鄧小平は当時、二〇世紀末までに所得を四倍にする「所得四倍増計画」を発表し、これを支えたのが対中ODAであった。日本は、八九年の天安門事件を受けて円借款を中止し、九五年の核実験時には無償援助を停止した。これに対して中国は歴史認識問題と絡めて激しく反応した。中国全土に日中戦争当時の虐殺写真を展示し、「その被害に比べれば日本のODAは問題にならない」といった主張が繰り返された。つまり、歴史認識問題とODAがリンクされたことで、結局、対中ODAは増大の一途を辿った。ODAが中国の軍近代化のために活用され、わが国の軍事的脅威を増大させる一助となったことは、実に皮肉というよりほかはない。

水面下で繰り返される対日諜報活動

中国にとって日本の経済力と科学技術力は魅力ある存在だ。そのため中国は「戦略的互恵関係」を標榜し、日本との経済関係の安定的発展を希求する一方で、経済の原動力となり得る科学技術を日本から吸収することを狙っている。また、C4ISR（指揮・統制・通信・コンピュータ・情報・監視・偵察）を基盤に各種の戦闘力を有機的に結合することを目指す「軍の情報化建設」を推進するためにも、日本の軍事科学技術は垂涎の的である。

中国による科学技術や軍事技術の取得を狙った対日諜報活動の歴史は長い。建国当初、ソ連支援下で自国の技術強化を目指す一方で、欧米や日本の科学技術への接触を図った。六〇年代からは、ソ連からの技術輸入が制約されるなか、欧米先進国の技術獲得を狙いとする接触が一層加速化された。中国は欧米の公開・非公開の文献を手当たり次第に入手した。各種使節団を通じた人材・技術交流を活発化させ、技術者の招致や獲得を積極的に展開した。

さらに中国から各種工業視察団が日本に大挙して押し寄せ、視察団は日本全国の関連企業や施設を軒並み見学した。当時、中国は米ソに対抗するための核兵器開発を目指していたため、そのための科学技術の獲得が急務であった。当時、日本の大学教授、原子力研究機関の職員、石油地質専門家などの中国密航事件が相次いだ。中国は一九六四年に核開発に成功するが、これらの中国密航事件が核開発につながった可能性は高い。

また、一九六八年のグラス・ライニング代表視察団では、中国人視察者五人が四〇日間にわたり日本全国の化学薬品、ガラス、防蝕工場などの大企業と町工場などを視察した。これはミサイル弾頭の大気圏突入の際の高熱に耐えうる耐熱合金、防蝕技術の獲得が目的であったという。中国の核ミサイル開発の成功の陰には、中国情報機関などの関与の可能性がある。

一九七二年の国交回復以後も、中国情報機関は科学技術の取得を狙った。七六年一月、香港在住の中国人貿易商である汪養然が、わが国に対する課報活動容疑で逮捕された。汪から、中ソ国境地図などのソ連情報、外国の航空機エンジンなどの軍事技術情報、石川島播磨重工業がイギリスから輸入した航空自衛隊の超音速練習機T2のジェットエンジンに関する秘密書類などが、中国情報機関に流れていたという。調べによれば、汪に対し、「香港において中国と取り引きする中国人業者は、祖国の建設と祖国防衛に協力する義務がある」と脅迫し、香港における貿易取引の便宜供与の見返りとして、わが国での諜報活動を強要させていたという。

一九七八年六月、中国関係書籍を扱う「燎原」の店主と「三景」取締役が、NTT職員（四五歳）を通じて秘密情報入手し、中国に漏洩していた容疑で逮捕された。このNTT職員は、科学技術に関する研究資料を官公庁の研究機関から詐取・窃取していた。同職員は「燎原」店主らから、最初はNTT職員ならば容易に入手できる資料の提供を求められ、小遣い稼ぎという軽い気持ちで承諾していた。しかし次第に官公庁までに手を広げ、流した資料は三〇種類七〇〇件に及び、なかには運輸省船舶技術研究所の船舶技術資料、電子航法関係資料、通産省電子総合研究所や防衛庁関係の非売品の重要資料があったという。

「燎原」「三景」は中国関係書籍販売の小規模「友好商社」であった。なおNTT職員は詐欺、窃盗、有印公文書偽造で起訴されたが、懲役二年に執行猶予三年という軽い判決であった。

その後も、わが国から中国への科学技術情報の流出は後を絶たない。二〇〇六年一月、ヤマハ発動機が対中輸出禁止の無人ヘリを無許可で輸出するという事件が発生。一二年一〇月、軍事転用される恐れのある炭素繊維が大阪府内の商社から中国に不正持ち出されたとの疑惑が発生した。（二〇一二年一〇月二四日『産経新聞』）

中国への輸出規制品の主な不正輸出は、以下のとおりである。

- 一九六九年七月、対中貿易商社の兵庫貿易の部長二人が、中国機器公司にココム規制対象品である振動試験装置振動台付駆動コイルを総額七〇万円で輸出。

●一九八七年三月、東明貿易営業部長が中国電子技術進出口公司に信号発振機総額六六五一万円で輸出。
●一九八九年、極東商会が中国儀機進出口公司に「サンプリング・オシロスコープ」などを輸出。
●一九九四年三月、対中貿易商社の株式会社トレーターズ社長および同社員らがココム規制対象品である電子機器を輸出。
●一九九九年二月、精密機器輸出商社「菱光社」が核兵器開発に転用可能な精密測定装置を輸出。

このように科学技術の取得を狙った対日活動は、戦後の復興期から現在まで活発に継続されているのである。

巧妙かつ隠然とした政界工作

戦後、中国は日本共産党（日共）を「最大の友」と位置づけ、対日革命工作を展開した。これには一九三〇年代の延安時代に中国で反日活動を展開した野坂参三らの中国帰還者を活用したほか、日共党員との人的交流、友好貿易を介した日共への資金援助などを通じて革命基盤の育成を図った。すなわち、中国は日共を日本における〝中国革命の拠点〟とし、米帝国主義を打倒し、アジアにおける革命闘争を有利に展開することを狙っていた。

しかし、中国と日共との蜜月に終止符が打たれた。一九六六年、宮本顕治・日共委員長が訪中した際、毛沢東は宮本に日本でのゲリラ闘争を指令するが、宮本がこれを「時期尚早」と断った。これにより、日中双方の共産党は対立するようになった。

中国にとって、建国以来の革命同志であった日共を失ったことは大きな痛手であった。しかし、中国はこうした逆境のなか、日共の内部分裂を画策し、日共からの分裂派を親中勢力として取り込み、一方で、日共勢力以外のさまざまな政党と接触するという多党派工作を展開していった。

中国による多党派工作は、まず社会党親中派に向けられた。このほか、自民党保守派内の親中派勢力や、公明党（創価学会）などに接近したとされている。なかでも、新たな取り込み対象として重視されたのが、自民党の保守派政治家の獲得工作である。

中国は六〇年安保では共産党を通じて各種工作を企図したが、結果は失敗に終わった。その教訓から、保守派工作による日中国交回復が重要であることを認識した。そこで、親米派の保守本流の政治家は「反動派」として徹底した闘争方針を採用し、一方の反主流派に対しては、親睦を名目に接近し、中国国内に招待して懐柔する方針を採用した。

一九六一年一月、社会党の黒田寿男が訪中した際に、毛沢東は「日本政府の内部は足並みがそろっていない。いわゆる主流派と反主流派があって、彼らは完全に一致していない。たとえば松村、石橋、高碕などの派閥は、われわれの言葉でいえば〝間接の同盟軍〟である。あなた方にとって中国人民は〝直接の同盟軍〟であり、自民党内部の矛盾は〝間接の同盟軍〟である。彼らの割れ目が拡大し、対立し、衝突することは人民に有利だ」と述べたという。

七〇年代に入り、日中国交回復に向けた動きが本格化したことで、中国の保守派工作は一層強化された。日中国交回復で主導的な役割を担ったのは、超党派議員で結成された日中国交回復促進議員連盟であった。

中国が対象国に影響力を及ぼすためには、その国の政治、経済、外交および軍事を担う体制派の人物の獲得工作が最も重要である。最も効果的な工作対象者は国家最高指導者である。それに次ぐのは政界の長老などの最高指導者に影響力を行使し得る人物、次いで国家指導者の政策ブレーンなどである。すなわち、中国は『兵法三十六計』の第十八計「擒賊擒王」の計略を実践しているのである（一五六頁参照）。

大胆不敵な対皇室工作

中国は保守派工作に加え、皇族との関係も重視している。

一九七八年、鄧小平が訪日し、天皇陛下と会見した。以降、中国は陛下の訪中工作を画策した。その成果が現れ、九二年に天皇陛下による初の訪中が実現した。当時、八九年の天安門事件で中国バッシングが国際的に起こり、対中経済制裁が行なわれていた最中で、陛下の訪中は中国包囲網に風穴を開ける大きな意義があったとみられる。

江沢民政権下に移行してからも、歴史問題に陛下を利用しようとする試みがみられた。しかし、江は一九九八年に訪日し、宮中晩餐会に人民服で出席し、歴史認識問題で陛下を追及するなど、狼藉ぶりを示し、日本人の対中感情が悪化した。

二〇〇〇年代の胡錦濤政権に移行し、日中関係が修復されるが、小泉総理の靖国参拝、〇五年の反日デモなど、再び日中関係は悪化していった。〇六年の第一次安倍政権になって「戦略的互恵関係」で合意するが、そうした関係が二〇〇九年七月の衆議院解散と、九月の鳩山民主党内閣の成立により、大きく変動した。

中国はここで鳩山内閣への接近工作を展開する。その一つが、将来の国家指導者候補のトップであった習副主席の訪日と陛下との会見であった。

まず、小沢一郎民主党幹事長（当時）が五百人近い訪中団を結成し、二〇〇九年一二月一〇日から一三日まで訪中し、その返礼として、一五日には習近平国家副主席（当時）と陛下との会見が特例で実現した。

この際、中国は一カ月前までに会見を申し込むという慣例に従わず、その会見申請は一一月二三日までずれ込んだ。そこで、宮内庁は「一カ月前ルール」に照らして応じられないと返答し、外務省も、鳩山総理と平野官房庁長官に「会見は不可能」と伝えた。これに対して、小沢幹事長は強引ともいえる手法で、宮内庁長官らに圧力をかけて、会見の実現に漕ぎ着けたという。かかる経緯の詳細はよくわからないが、中国は何としても陛下との会見を実現する必要があったのであろう。

中国は、小沢の実力誇示に一役買う一方で、日本国民が尊敬してやまない陛下との良好な関係を演出することで、日本国民の高まる反中感情を緩和させることを画策したのであろう。

また、当時、習は次期国家指導者をライバル李克強副総理と争っていた。その競争は習の有利で進んでおり、習は二〇〇九年一一月の共産党中央委員会総会で党中央軍事委員会副主席に就任して次期国家指導者ポストを確実にするとみられていた。しかし、その就任は見送られた。国家指導者への黄色信号が点灯するなか、習は一九九八年の胡錦濤国家副主席（当時）による陛下会見と同様の会見を実現し、国内向けに実力をアピールすることで、次期国家指導者を確実なものとする必要があったのかもしれない。

自衛隊・防衛省に忍び寄る秘密工作

中国情報機関は協力者の利用や公式の防衛交流を活用して日本における軍事情報を収集している。軍事情報を入手するためには、防衛省関係者に接触するのが最も手っ取り早い。中国情報機関は日中貿易などを通じて獲得した協力者を利用し、貿易面での便宜を図るかわりに、防衛省関係者に対する接触を指示している可能性がある。

二〇〇四年二月、偽造入館証で防衛庁（当時）に侵入しようとした自営業者（五四歳）が逮捕された。自営業者は元自衛官で、防衛庁内において売店を経営しており、財団法人「日本国防協会」の常務理事をしていた。この自営業者は八〇年代から、防衛庁関係者に人脈を作ると同時に、中国大使館の駐在武官とも接触し、防衛庁から入手した資料を駐在武官に提供した。この件では自営業者が防衛庁内の売店に中国人アルバイトを雇用していたことも判明した。

二〇〇五年四月、防衛庁技術研究本部の元幹部技官（六三歳）が在職中の二〇〇〇年二月から三月にかけて、海自潜水艦の特殊鋼材の原料に関する研究論文のコピーを勤務先から持ち出し、知人の埼玉県川口市の対中貿易商社社長（五三歳）に漏洩したとして警視庁に逮捕された。元技官と貿易商社社長とは長年の交流関係にあり、社長は駐日中国大使館の出入りや中国への頻繁な渡航を行なっており、防衛庁の直営売店にも物品を納入し、人づてに元技官と知り合った。社長の関係先から、中国政府関係者が日本の特別防衛秘密の入手を指示したとみられる文書が押収されていたことが〇七年八月、判明したという。

このほか、袁翔鳴『蠢く！中国「対日特務工作」マル秘ファイル』の第六章「防衛省・自衛隊に忍び寄る軍事スパイの魔の手」では、退職自衛官が在日中国駐在武官にリクルートされ、北京の中国公安大学で短期講座を開催し、「アジアの安全保障と日本の防衛」などについて講義しているという状況が記述され、「これは意識せずの情報漏洩である」との指摘がなされている。元産経新聞記者で中国の現地情報に詳しい野口東秀氏の著書でも、同じ事例が紹介されているので、これは根も葉もない憶測記事ではあるまい。このような事件は、中国情報機関が自衛隊工作を重視していることと、一方の自衛隊側の保全意識の欠如に起因しているのであろう。

二〇一一年一〇月、NHKスペシャルで「中国政経懇談会（中政懇）」と人民解放軍との会合状況が報じられた。この会合は一九七七年一〇月から毎年、自衛隊の退役将官が訪中し、中国の現役軍人と安全保障に関わる討論を行なっているものである。退役将官は「両国が不測の事態に発展しないためにも双方が忌憚なき意見を交わすことが重要だ」との認識に立つ。退役将官の発言はわが国の国益擁護の観点に立脚した正論である。双方の意思疎通は信頼醸成の基本であるから、筆者は交流の意義を毛頭否定はしない。

しかし中国側が対日インテリジェンス戦争の一環として「中政懇」を積極的に組織して、同組織を介して自衛隊が所有する情報への接触、自衛隊人脈への浸透、親中自衛官の育成などの秘密工作を試みている側面があることは忘れるべきではない。自衛隊側の元将官の訪中メンバーがあたかも「順番制」であるかのようにくるくる変わるのに対して、相手側の中国は現役軍人であり、しかも情報のプロが毎年参加している。あたかも自衛隊側の暦年変化を定点観測しているかのようだ。つまり、軍事情報のプロが統一された国家方針の下で、日本側の自由な立場の退役将官とインテリジェンス戦争を繰り広げているのである。

社団法人日本生活問題研究所『日生研レポート』によれば、「中政懇」と笹川平和財団を柱にスタートした日中防衛関係者の交流は、人民解放軍将校の防衛研究所交流、佐官交流（現在、中止）へと発展した。佐官級交流は、安全保障における日中間の信頼醸成や、相手側の意図を知るうえで、ほかの防衛交流と同様な意義を持っていたが、相手側には自衛隊工作の機会でもあった。

なお佐官級交流は、二〇一二年九月の尖閣国有化問題をめぐり、中国側が佐官級交流の延期要請を行なったことに対して、笹川陽平日本財団会長兼日中友好基金運営委員長が毅然として中止を発表したことは英断といえよう。

経済力を背景とする自治体工作

中国は、友好都市の関係を通じて地方都市への接近を図っている。友好都市関係は一九七三年六月に初めて神戸市と天津市で締結された。現在では三四の都道府県、二九七の市町村が友好都市関係を締結している。日本はほかにも外国と多くの友好都市関係を締結しているが、中国との友好都市関係が突出している。

友好都市の関係を利用して、中国指導者が地方都市の首長に接触するケースが多い。習近平が当時国家副主席であった二〇〇九年一二月に訪日した際、習は過密なスケジュールの合間を縫って静岡県の川勝知事を訪問した。これは浙江省と静岡県とが友好都市関係にあり、習が浙江省の党委員会書記であったことに由来した。習の訪問返礼として、川勝は二〇一〇年の上海万博に大訪問団を結成して訪中した。

中国は経済力を背景に、観光事業を柱に地方都市への国際便の直接乗り入れなどを梃子に、自治体工作を強化している。地方都市への国際便の直接乗り入れは、航空運賃の低価格を売りに着実に増加している。地方都市にとっても中国からの大型観光客の受け入れは都市活性化の観点から魅力がある。

自治体工作の最たる成功事例が新潟県における総領事館の設置である。二〇一一年一二月、中国は賃貸ビルに入居している総領事館を移転するために、新潟市中心部に約一・五万平方メートルの民有地を購入した。ただし、所有権の移転は行なわれていない模様である。（二〇一四年五月二七日『産経新聞』）

中国は、日中国交回復の「井戸を掘った人物」として田中角栄元総理との関係を重視し、同総理の故郷である新潟県に対しては従来から積極的な関係作りを試みてきた。孔子学院の設立などの文化統一工作にも余念がなかったようだ。

新潟県の地理的位置は中国にとって大いに魅力がある。中国は二〇〇八年に北朝鮮の羅津港の五〇年租借権を獲得した。この背景には中国東北部における経済開発、北朝鮮羅先特区の資源開発に加え、資源および商品を日本海ルートで上海などの沿岸都市に運搬するという壮大な海運プロジェクトがある。つまり、中国にとって、日本海の重要な拠点港である新潟県との連携は、海運プロジェクトの活発化という面からも大いに魅力なのである。

中国が海運プロジェクトを通じて、南シナ海、東シナ海および黄海に食指を伸ばしているように、将来は日本海も支配下に置く野望を持ってくる可能性もある。さらには地球温暖化により開設される北極海ルートによる欧州正面への海上輸送が本格化することを視野に、今から新潟県との関係構築を進めておくのは中国の戦略に適合している。

中国が新潟県以上に工作重点としているのが沖縄県である。西太平洋への進出を企図する中国にとって沖縄県の地政学上の重要性は論を俟たない。一九五七年の中国歴史地図には、沖縄は中国のかつての領土として示されている。そのほか書籍、漫画など使って中国と琉球王朝の深い関係を説明するなど、国民に対する啓蒙活動にも熱心だ。尖閣諸島の国有化以降は、七二年五月の沖縄返還を「国際法違反だ」「歴史的経緯からみて琉球の主権は、日本ではなく中国にある」などと、尖閣諸島のみならず沖縄領有論までもにわかに高まっている。また、中国人による沖縄県の民有地を購買する意欲が活発化しているという。

中国情報機関およびマスコミの活動も活発化している。二〇一二年八月、中国国際友好連絡会は、沖縄の地方議員らで作る社団法人「沖縄・中国友好協会」と那覇市で共同シンポジウムを開催。尖閣問題について、「沖縄が調整役となって、日中両国間に領土問題があることを認めさせ、問題を棚上げにすること」を柱とする「処理案」がまとめられた。(二〇一二年一二月一四日『読売新聞』)

二〇一三年五月、沖縄県の帰属をめぐって、『人民日報』は「中国の属国だった」との論文を掲載した。論文の執筆者の一人、中国社会科学院の李国強は、「釣魚島の主権に関する日本の根拠は、釣魚島が琉球に帰属することだが、琉球問題は中日間で未解決だ。日本は何に基づき釣魚島の主権を主張するのか」とのインタビュー記事を掲載した。(二〇一三年五月一六日『国際先駆導報』)

これに呼応するかたちで、同年五月一五日、沖縄県で琉球民族独立総合研究学会が発足した。同研究会は「日本から独立し、米軍の軍事基地を撤去し、平和と希望の島を自らの手で作り上げていく」ことが目的とされ、友知政樹沖縄国際大学准教授らが発起人である。五月一六日、人民日報系の『環球時報』は、「沖縄県で設立された琉球民族独立総合研究学会を支持すべきだ」という社説を早速掲載し、総合研究学会の活動を支援していく姿勢を示し、安倍政権に揺さぶりをかけた。一〇月二六、二七日には那覇市で第一回「学会大会」が開催され、独立の賛否を問う住民投票に取り組む方針を確認した。

二〇一三年五月三一日、『人民日報』は「明朝と関係の深い沖縄久米村」と題するルポルタージュ記事を配信した。仲井真弘多知事が、明朝の時代に渡来した「久米三六姓」の子孫であると述べ、沖縄と中国との歴史的関係を強調した。（二〇一三年一二月一四日『読売新聞』）

これらの事象は、中国情報機関による沖縄県に対する民間レベルの関与が水面下で着々と進展していることを示すものである。中国は新潟県と同様に沖縄に総領事館の開設を水面下で働きかけているという。今のところ日本側は「在日米軍や尖閣諸島を監視する拠点になりかねない」と警戒しているが、中国が再度、戦略を立て直してくるのは必至であろう。

宣伝部などによる反日宣伝工作

中国国民党中央宣伝部は、一九三一年の柳条湖事件直後から「九月一八日はわが国の有史以来で最大の屈辱記念日である」といった宣伝標語を作成するなど、「田中上奏文（メモランダム）」を活用した反日宣伝工作を展開した。（服部龍二『日中歴史認識』東京大学出版会）

この国民党中央宣伝部のお株を奪う宣伝戦を展開したのが中共である。一九三四年一〇月以降、国民党軍に追われた中共は長征を開始するが、毛沢東が率いる紅軍第一方面軍は長征途中の三五年八月に『抗日救国のため全国同胞に告げる書』という「八一宣言」を発表した。この中で「田中メモランダムによって予定された、完全にわが国を滅亡しようという悪辣な計画は、まさに着々と実行されつつある」と日本による中国滅亡計画を国際的に宣伝した。この宣伝の目的は、中共内部の結束と、対日牽制に有利な国際世論の醸成にあった。

中国の反日宣伝工作では郭沫若が重要な役割を演じた。郭は日本に留学していたが、一九三七年に日中戦争が始まると中国に緊急帰国し、南京大虐殺を世に知らしめた『戦争とは何か』（ティンパリー著）の中国版の序文を書いた。文化人で著名な郭が序文を書いたことで、同著は北米における反日世論を形成するうえで大いに貢献した。郭の緊急帰国に対しては駐日中国大使館の参事官として駐在していた王梵生が協力した。王梵生は国民党政府中央軍事委員会に属する国際問題研究所の所長として対日工作を仕切っていたが、国民党ではなく隠れ中共党員であったという。

戦後、中共は日共を通じて、日本の一般大衆に対する宣伝工作を行なった。このための宣伝武器として活用されたのが『人民中国』『中国画報』および『北京週報』のいわゆる反日宣伝三誌であった。

『人民中国』は、五〇年代から六〇年代末にかけて、日本の一般大衆に対し、中国の基礎知識、歴史文化などを紹介するかたわら、反米・反帝国主義闘争の体験談、中国社会主義の成果、毛沢東賛歌などを織り交ぜて、大衆に対する政治宣伝を行なった。

『中国画報』は、文化芸術活動、中国の国内建設の成果、各国人民との親善交流などを絵画や写真により紹介した。同画報は二〇〇〇年末をもって廃刊されたが、〇一年からインターネット版となり、現在まで編纂活動は継続されている。

『北京週報』は、中共が反日宣伝活動のために最も力を入れた雑誌であり、中共の内外政策に関する論文などが掲載された。発刊当初は一万部程度の発行部数であり、『人民中国』の半分にも満たなかったが、半年後に四万部を超え、発行部数においては主要三誌の中でトップに躍り出た。こうした飛躍的な部数増大の背景には、安価、三カ月無料配布、航空便を使用した迅速な販売などが挙げられる。なお『北京週報』は文化大革命中も定期的に発刊、販売された。

ラジオ放送を利用した反日宣伝については、日中戦争時代に延安ラジオ放送局が現地の日本人兵士向けにラジオ放送を開始したが、本格的な対日放送は一九四九年に北京放送局が開局された以降である。北京放送は同年六月二〇日から対日放送を開始した。五二年五月一日から五五年一二月三一日まで「自由日本放送」という名称の放送が行なわれた。当時、この放送は謎の存在であったが、のちに野坂参三および徳田球一（所感派）が北京に亡命し、放送は日共に対する指示を伝えるためのものであったことが明らかになった。

こうした中国の反日宣伝工作は今日も健在である。その最も顕著な宣伝工作は日中戦争初期にあった南京事件をめぐる大論争である。中国は日本軍が犯したとされる殺人行為の規模について、三〇万人以上という科学的根拠のない数値を出し、いかに日本軍が中国大陸で非道な行動をしたのかを喧伝している。

習近平は二〇一四年二月、毎年の一二月一三日を南京大虐殺の犠牲者のための国家記念日に制定することを決定し、同年一二月一三日、「南京大虐殺記念館」で「中国を侵略した日本軍は大きな罪を犯した」「罪のない三〇万の犠牲者は許さない」「大虐殺の事実を否定することは許さない」などと演説した。

こうした反日宣伝は、北京発の中国語と日本語の放送および新聞で行なわれるのみならず、しばしば海外発で行なわれるのが特徴である。

海外発の反日宣伝工作

中国は日中歴史認識問題を発信するための海外反日組織を形成している。米カリフォルニアにおいて一九九二年に過去の日本の侵略を非難する「抗日戦争史実維護連合会（抗日連合会）」が結成され、九四年一二月、同じくカリフォルニアで、日本に謝罪を求める中国系組織の連合体として「アジアにおける第二次世界大戦の歴史を保存する世界連盟（世界連盟）」が結成された。以後、世界連盟は日本の戦争犯罪を追及する在米の韓国組織、ドイツに対して補償を要求していた在米のユダヤ系組織とも積極的に連携を深めた。

中国は二〇〇二年二月に、世界連盟の幹部を上海に招き、「第二次世界大戦補償問題に関する国際法律会議」を開催した。同年三月には、南京で日本の戦争責任を追及する日中韓の関係者が集い、第一回「歴史認識と東アジアの平和フォーラム」が開催された。主催は中国側の「南京大虐殺記念館」「中国社会科学院中日歴史研究センター」、韓国側の「韓国学術団体協会」「日本の教科書を正す運動会本部」、日本側の「日本責任資料センター」「子供と教科書全国ネット21」の六つの団体であった。（二〇〇五年七月『正論』）

二〇〇三年九月、韓国、北朝鮮、米国、日本、フィリピン、オランダの反日組織のリーダーを集め、国際反日ネットワーク「日本の過去の清算を求める国際連帯協議会（国際連帯協議会）」が結成された。同協議会は対日歴史認識問題を取り扱い、戦時の在米日本企業に対する戦後補償を求める根拠となるハイデン法の制定に大きく関与したという。

二〇一四年一一月、抗日連合会の二年に一度の研究会が開催された。同連合会は結成以来、南京大虐殺に関する反日宣伝行動や中国系米国人ジャーナリスト、アイリス・チャン（故人）の著書『ザ・レイプ・オブ・南京』の宣伝・販売を手がけている。また中国以外で初めての抗日戦顕彰館となる「海外抗日記念館」の開館（二〇一五年八月一五日にサンフランシスコの中華街に設立）に対する支援を行なってきた。同連合会ではアイリス・チャンの精神を踏襲し、南京大虐殺における日本軍の蛮行を宣伝する教材、映像資料などの発行、普及を計画していくことが確認された。

中国は反日組織の結成・活動とともに、二国間外交、国際会議を利用し、戦勝国である米・英・仏・ロシア、ならびに被害を受けたアジア各国と連携し、日本の信用低下と中国支持の世論環境を形成することを画策している。二〇一三年六月、韓国の朴槿恵大統領が訪中し、習近平主席に対し黒龍江省のハルビン駅に伊藤博文の暗殺者である安重根の石碑を建てることを要請し、一四年一月、ハルビン駅に安重根記念館が設立された。同年三月、オランダの核安保サミットで習主席は朴大統領に「安重根記念館の建設は自身が直接に示したもの」だとし、中国は対日歴史認識問題で協調していくことを国内外にアピールした。

二〇一四年一月の世界経済フォーラム年次総会（ダボス会議）が開催された。同総会は尖閣国有化、中国による尖閣海域への領海侵入、防空識別圏の設定、安倍総理の靖国参拝などで日中関係が緊張化するなかで開催された。中国は総会で、激烈な反日宣伝を展開した。総会の総括討論会「二〇一四年の世界の課題」の席上では、パネリストの中国工商銀行会長の姜建清が「第二次世界大戦では、日本はアジアのナチスだった。武力紛争が起こるかどうかは、すべて日本次第だ」と捲し立てた。中国は、ダボス会議の司会やパネリストに日本の倍以上の延べ四〇人以上近くを送り込んだという。（二〇一四年二月四日『読売新聞』）

海外発の反日教育、反日デモは珍しくない。米国では日中戦争の映画放映などによる視聴覚宣伝を通じて、反日世論の醸成が行なわれているという。二〇〇五年の反日暴動では、日本の国際常任理事国入りに反対するインターネットの呼びかけは、前掲「国際連帯協議会」による仕掛けであったという。

〇六年四月、ドイツ各地では、「ナチス解放六〇周年記念」の犠牲者追悼記念式典が開催された。中国はこの機に乗じて、「ドイツは素直に謝っているのに日本は謝らない」という宣伝をドイツ発で世界に発信することを狙った。中国は本国での反日デモに合わせ、ミュンヘンやデュッセルドルフにおいても在独中国人留学生を扇動し、韓国人留学生も含めた反日デモを仕掛けたのである。

二〇一四年三月のドイツ訪問時、習主席はベルリンのホローコースト記念館への視察を打診した。これはドイツ側から断られたが、習は同記念館を訪問し、ナチスの歴史を深く反省したドイツを賞賛し、それと対比するかたちで「軍国主義と侵略の歴史を反省しない日本」との違いを浮き彫りにする狙いがあったとみられる。

習は訪問先のドイツで「日本軍国主義による日中戦争で中国人三五〇〇万人の死傷者が出た。南京大虐殺で三〇万人以上の兵士や民間人を殺害する凶悪な罪を犯した」との対日批判演説を行なった。この発言がなんと、米国の公立学校が現在使用している一部の教科書では「日本兵の銃剣で四〇万人の中国人が命を失った」と記述された。（二〇一五年一月八日『産経新聞』）いつの間にか、三〇万人が四〇万人に上方修正されているのである。

二〇一五年、「南京大虐殺」がユネスコの世界記憶遺産に登録された。多額の資金をバックに、繰り返し、海外における宣伝、扇動を展開すれば、〝嘘もまこと〟になるということだろうか。

第7章
日中インテリジェンス戦争

1 日中対決のシナリオ

尖閣諸島をめぐる対立

中国は東シナ海を是が非でも支配下に置きたいとの欲望をあらわにしている。すでに日中中間線付近のガス田開発をめぐる問題の顕在化、東シナ海を通過しての西太平洋への進出と軍事訓練の常態化などが進展している。ここに尖閣諸島という領土問題が複雑に絡み、東シナ海をめぐる日中の勢力圏争いを一層混沌とさせている。

一九五八年に中国が発表した「領海に関する声明」では、尖閣諸島は中国の領土に含まれていなかった。しかし、一九六八年にＥＣＡＦＥ（国連・アジア極東経済委員会）が同諸島付近の海域に石油と天然ガス資源があると発表したあと、中国は突如として尖閣諸島の領有権を主張し始めた。その後、鄧小平によりこの帰属問題は、いったん先送りされたが、中国は九二年に領海法を制定し、尖閣諸島の領有権を公然と表明した。

領海法の条文からは、「自らの領海に許可なく侵入する外国軍艦を排除する権限を海・空軍に与えることができる」と解釈できる。つまり、中国が自国の領土とみなす尖閣諸島を防衛し、同諸島周辺の海洋資源および海洋権益を確保するためには軍事力を行使する意志がうかがえる。ここに、尖閣諸島をめぐる日中軍事対立の将来構図が排除できない現実が横たわっている。

二〇一〇年九月の海保巡視船への中国漁船衝突事件では日中間に緊張が走った。この直接原因や中国側の意図についてはいまだに不明であるが、中国がわが国の民主党代表選挙という政治的空白を利用して、同事件を意図的に生起させ、日本政府および自衛隊の対応を見極めようとしたとの見方も完全には排除できない。さらに一二年九月の尖閣諸島国有化以降の、法執行船の領海侵犯や海監航空機による領空侵犯が尖閣諸島に対する侵略を想定した威力偵察であった可能性も否定できない。

中国の軍事侵攻シナリオについては、わが国のメディアがさまざまに報じているが、代表的なものは以下のようなものだ。

中国が海上民兵を漁船団として組織して尖閣諸島に奇襲上陸させる。それに対し海上保安庁が排除という行動に出れば、その保護を目的に準軍事組織である中国海警が法執行船を使用して、海上保安庁に対する阻止行動に出る。これら船舶は海軍から転用され、武装し、海上保安庁巡視船よりも格段に大きい。わが海上自衛隊が排除行動に出れば、海軍艦艇を公然と派遣し、最終的には海軍力をもって尖閣諸島を奪取する。そして日本が最初に軍事行動をとったから、中国もやむを得ず軍事力行使に踏み切ったという大義を国際世論に訴え、領有権問題が存在することを世界に発信し、宣伝戦で勝利する。

しかし、尖閣諸島の奪取は、真の狙いである南西諸島への足がかりにすぎない。「中華民族の偉大なる復興」を目指す中国にとって、尖閣諸島の奪取だけでは不十分であり、西太平洋進出の回廊となる南西諸島こそが真の戦略的目標なのである。

中台有事が対日武力攻撃へと発展

中国が平和統一に失敗し、武力統一へと政策転換した場合、台湾関係法に基づき米軍が日本の基地から中台有事に参戦し、後方支援を日本が担任すると中国は見積るであろう。

そこで、在沖米軍をはじめとする在日米軍の戦力発揮を妨害することを目的に、中国が対日武力攻撃を行なう可能性が出てくる。米国が何らかのかたちで参戦を表明した際に、中国が在日米軍基地から出撃する米海空軍などに対するヒット・エンド・ラン式の擾乱作戦、長距離ミサイル攻撃などを仕掛ける可能性は否定できない。また後方支援にあたる自衛隊の施設に対し、各種の限定攻撃を仕掛ける可能性もあろう。

そこで、次節ではまず中台有事のシナリオを描き、これに伴う中国の対日武力攻撃と併用して展開されるインテリジェンス戦争を見積ってみよう。

2 有事におけるインテリジェンス戦争

二〇XX年、中台有事が勃発

二〇XX年、中国国内では新疆ウイグル自治区、チベット自治区における少数民族の独立運動が激化し、社会はますます不安定になっている。中国は治安維持強化を目的に少数民族地域に人民武装警察を増強派遣し、取り締まりを強化している。人民解放軍も武装警察の後衛として、西部戦区（旧成都・蘭州軍区）の特殊大隊を主体とした対テロ部隊を特別編成して少数民族地域に展開させ、対テロ訓練などを名目に即応態勢を強化している。こうした中国の対応行動に対して、各国マスコミは「治安維持を名目にした人権弾圧だ」との批判を高めるようになってきた。

近年、中台軍事バランスは中国が圧倒的に凌駕し、台湾海峡における航空優勢、海上優勢を一時的に獲得することができるまでに至った。弾道ミサイルの量と質の向上、空母三隻運用体制の開始、艦載機J‐15の戦力化、五世代戦闘機J‐20およびJ‐31の本格運用の開始、新型潜水艦の導入などによる軍事装備の大幅近代化が図られ、東シナ海における米軍戦力に対する「A2／AD」（接近阻止、領域拒否）能力も格段に増強された。航空・海上優勢のもと、台湾本島に対し、数個師団規模の着上陸部隊を経空および経海により投入できる態勢が整った。

中国国内における少数民族の独立運動の激化に呼応するかたちで、台湾内では独立を党是とする民進党が二〇一六年に政権与党に返り咲き、独自色を鮮明にした政策を打ち出している。統一反対を主張する台湾世論も漸次高まり、民進党は、国民党が合意した一九九二年の共通認識「一つの中国」を否定する主張を鮮明にしている。

米国はアフガンから撤退を進展させているものの、イラクおよびシリアの情勢が悪化の一途を辿っており、再びNATOとの協力による地上軍増派が検討されている。韓国などの東アジアの駐留軍の数は減少し、おおむね指揮機能を残すのみとなり、このことは中国の軍事力増強に比して、東アジアの勢力バランスが不安定に移行しているとの見方を強くしている。日本に対しては、日米同盟を維持し、沖縄などの在日米軍基地には依然として米軍が駐留している。しかし、その規模は二〇〇〇年代に比して減少している。台湾防衛については、台湾関係法に基づく防衛意志を表明し、東アジアの発火点に対しては横須賀、佐世保、さらにはグアムなどから兵力を緊急展開する姿勢を表明しているが、その実態は不透明だ。

このような情勢下、中国は臨時の党中央政治局会議を開催した。台湾問題に関する議題提起に対し、会議参加の軍人副主席は「台湾問題の複雑化が国内の少数民族問題に火をつける可能性が高い。このため台湾問題を早急に処理する必要がある。これまで経済関係を梃子に中台統一に向けた政治対話を目指したが、何らの成果も出ていない。台湾当局が政治対話に応じなければ『軍事力も辞さない』との断固たる措置が必要と考える。われわれはすでに軍事闘争の準備を整えている」と発言した。この発言は政治局会議メンバーから満場の拍手をもって支持され、ここに中国指導部は台湾の武力統一を決断した。

作戦方針――米軍の台湾来援前に首都台北を制圧

作戦目的は「台湾統一により少数民族問題などの内患を一挙に払拭し、共産党政権の求心力回復を図り、中華民族の偉大なる復興に向けた基盤を強固にする」ことが掲げられた。

作戦方針には、「米軍の台湾来援以前に首都台北を制圧し、台湾指導部に対し統一を強要するという速戦即決の作戦を重視する」「約三カ月間の作戦準備期間を設定し、国内における国防動員態勢を強化する。国際的には三戦（世論戦、心理戦、法律戦）により、「台湾は国内問題であり、『中国は一つしかない』という世論形成を推進する。二〇〇五年に制定した『反国家分裂法』の存在を再認識させることで、対台湾軍事力行使に関わる政治的合法性を獲得する」などが示された。

日本および米国に対しては「台湾問題への関与排除を狙いに、経済力を背景とする心理的威嚇と、国民に対して対政府批判の気運を醸成するための水面下秘密工作を行なう」との方針が示された。さらに作戦開始一カ月前から、「侵攻作戦のための情報活動を強化するとともに、台湾対岸地域に戦力を集中させ、本格侵攻のための諸準備を完遂する」ことが示された。

開戦前――国防動員の完遂と国内治安の強化

以上のシナリオを基に、対日インテリジェンス戦争の展開を見積ることとする。この際、インテリジェンス戦争は性質上、作戦開始に先立って先行的に実施されるものであることから、作戦開始前の段階に焦点をあてる。

対台湾侵攻の三カ月前頃から、中国は国防動員態勢を整斉と完遂するために、国内の治安強化、思想引き締め、保全・防諜態勢の強化などの措置を強化する。とくに少数民族地域および辺境地域における住民の監視、取り締まりは一層強化されよう。さらに国内の民主化グループの摘発、インターネットの規制などの情報統制と思想引き締めを強化し、民主運動の発生・拡大を封じ込めることを企図するであろう。

同様に少数民族や中国人民主活動家に接触を試みる外国人に対する監視が強化される。この際、日本人記者、日本人滞在者なども重要な監視対象になることが予想される。彼らの中国国内における行動は厳しく制限され、ホテルおよび住居地においては、中国情報機関による盗聴、モニター監視などの活動が強化される。これら監視活動により、不審な予兆が探知されれば、直ちに拘束あるいは国外追放などの処置がとられるであろう。

中国は「侵攻作戦の成功は企図の秘匿と奇襲にある」と認識し、党、政府および軍隊内における保全措置を一段と強化し、そのため、国外および在中国の報道機関に対する情報統制などを強化することになる。また中国の党、政府高官と接触する外国人に対する監視、盗聴などは当然に強化され、在中国日本大使館などに対しても監視レベルが一段と高くなろう。

海外においても、海外発の少数民族独立運動の鼓舞や民衆化運動の支援呼びかけを阻止するための各種活動が強化される。また国外の民主化グループからのインターネットを通じた国内の民主化運動の呼びかけを警戒し、情報統制が厳しくなり、中国当局にとっての有害サイトに対する、サイバー・ポリスによる徹底的な摘発が行なわれるであろう。

侵攻前——作戦地域に対する情報活動が強化

中国は侵攻作戦の主対象である台湾のほか、日米に対するインテリジェンス戦争を活発化する。中国は平素から日本を舞台に、台湾の軍事情報機関や産官学関係者に対する接触を図り、台湾関連情報の収集を行なっているとみられる（一〇九頁参照）が、情勢が緊迫すれば、これらの活動がさらに強化されるであろう。

中国にとってわが国に対する最大の情報関心は「日米による対台湾作戦への関与の可能性およびその度合い」になると考えられる。

中国は、対台湾作戦において、沖縄などわが国に駐留する米軍の戦力発揮を妨害する狙いから、在日駐留米軍および自衛隊の動向などを重視して情報収集するであろう。

中国は、わが国の親中派の政治家・官僚・財界人、軍事関係者および地方自治体関係者などに広く情報源や協力者網を設定することになるが、すでにわが国に浸透している合法情報要員のほか、身分を偽装した非合法情報要員などを運用し、さらに広範多岐なインテリジェンス戦争を展開するであろう。

各種の秘密工作が進展

中国は、「戦わずして台湾統一」という目的を成就するために秘密工作を活発化させる。まず「一つの中国」原則を繰り返し喧伝し、日本政府および日本国民に働きかけ、「台湾問題は中国の国内問題であるから干渉すべきではない」との世論作りがその狙いだ。これは中台有事における沖縄や南西諸島への攻撃は、日本が米国に加担して中国の国内問題に関与した報復であるとの、事後の正当化を主張する理屈になり得る。

次に日米離間工作の推進である。日本の財界人、左派マスコミ関係者および教育関係者などに働きかけ、「日中親善は双方の経済的利益と安全保障において有益である。日米同盟を強化して共同行動をとることは危機を招来する」と喧伝し、日本における反戦気運と反米意識の高揚を画策する。

他方、米国に対しては経済協力関係などを梃子に、米国議会などにおけるロビー活動を展開し、米中関係の重要性を喧伝する。また在米の反日中国人団体を活用し、歴史認識問題などに基づく対日批判運動を強化する可能性がある。

国防動員の一環として、日本に在留する中国人、華僑、華人に対し、在日中国大使館による呼び出しなどが頻繁に行なわれ、彼らの連携強化が模索される。

作戦地域として予想される沖縄、南西諸島における秘密工作はとくに重視されるとみられ、同地域におけるマスコミの偏向報道を煽り、現地のマスコミに対する支援なども強化するとみられる。これら地域に対しては中国のソフトパワーを最大限に活用し、親中国意識の醸成をさらに促進する一方で、反米・反自衛隊意識を高揚させ、それを反米軍基地闘争へと発展するよう画策する可能性もある。

侵攻直前――作戦レベルのインテリジェンス戦争が激化

対台湾侵攻開始の一カ月前になれば、作戦レベルのインテリジェンス戦争が激化するのは間違いない。作戦地域および作戦対象として予想される、主要な米軍基地、九州・沖縄地区における情報活動が活発になると見積られる。

このため、艦艇および航空機などによる情報活動を東シナ海およびその上空、逐次にわが国の領土・領海に近接して、活発化させると見積られる。また偵察衛星による作戦地域の偵察を強化するとともに、ヒューミント情報活動などが活発化するとみられる。

侵攻作戦時――サイバー攻撃と情報心理戦

中国は前述の侵攻作戦と並行して情報作戦を展開すると予想される。まず代表的な情報作戦であるサイバー攻撃については、わが国のコンピュータ・ネットワークをかく乱、無力化させることを目的に実施される。

攻撃対象としては、官公庁、自衛隊、在日米軍、地方行政機関およびインフラ施設が選定され、これらコンピュータシステムの機能妨害やシャットダウンを試みる。

その要領は次のようなものとなるであろう。まず作戦開始に先立ち、官公庁などのネットワークに密かに侵入し、ウイルスを仕掛け、攻撃時に妨害活動ができる基盤を構築する。作戦準備の進展推移に応じて、日本の重要インフラの弱点に対してサイバー攻撃を開始し、揺さぶりをかける。対台湾作戦の開始とともに、ネットワークにあらかじめ埋め込んでおいたロジック爆弾を活動させ、重要インフラを攻撃して日本の金融市場を混乱、電力・エネルギー供給システムを破壊し、社会生活を不安定化する。情報通信システムに対する攻撃により通信の不通、交通・航空管制の混乱と無力化、国家指揮統制システムの無力化を図る。かくして日本国内の社会的混乱と経済活動を破壊し、日本の対台湾防衛支援能力と離島侵攻対処能力の弱体化を企図すると考えられる。

情報心理戦については日米の軍事作戦に対する士気低下、わが国の民心の混乱、厭戦気運の醸成を目的として実施する。中国はわが国のマスコミに働きかけ、新聞、テレビなどの公共媒体を使用し、「米軍が駐留するから日本は戦争に巻き込まれて危険」「日米が台湾問題へ介入することは内政干渉」「日中関係の悪化は日本経済に深刻な悪影響を及ぼす」などの報道を通した宣伝を展開する。またインターネット・サイトを通じて、一般大衆に対して厭戦気運や反政府批判を盛り上げることを狙いに、サイトの書き込み、宣伝文の投稿などが行なわれる可能性も大きい。

政府、在日米軍および自衛隊などの作戦機能に対してはサイバー攻撃と併用して偽情報を流布し、中国による対台湾作戦および対日作戦に対する日米の誤判断を生じさせることを企図する。また地域密着・直接型の情報心理戦を展開し、厭戦気運の増大と反政府・反米闘争を扇動するとみられる。

情報心理戦は、作戦開始後も強化され、ヘリコプターなどから宣伝リーフレットを散布し、米軍や自衛隊に対する地域住民の不信感を一層増幅させる手段も用いるであろう。

終章
中国インテリジェンス戦争への対処法

　これまで全章にわたって、中国がたゆまず継続しているインテリジェンス戦争の軌跡をみてきた。これを、このまま放置しておけば悪性腫瘍のように、気がついた時には手術不能なまでに悪性細胞が肥大し、わが国の国家体制、社会秩序は回復不能に陥ろう。そこで、わが国の国益を守るために何をなすべきかについて、主としてインテリジェンス戦争対処の視点から私見を提示することで、本書の締めくくりとしたい。

対中脅威認識を常に保持せよ！

　中国は、政治、軍事、経済および科学技術の各領域において、中国共産党の一元的指導に基づき、組織的かつ長期的レンジに立ったインテリジェンス戦争を展開している。

　中国が仕掛けるインテリジェンス戦争を放置することは、平時における敗北を意味し、日本の国家としての尊厳が冒瀆され、日米同盟の弱体化へとつながる。有事には軍事的劣勢に置かれ、みすみすわが国の領土および主権が喪失する危険性がある。

　かかる事態に陥らないためには、第一に、孫子の「敵を知り己を知れば、百戦危うからず」との警鐘を肝に銘じ、中国が仕掛けるインテリジェンス戦争の実態を究明し、これに厳然と立ち向かう姿勢と気概を堅持することが重要であろう。

　この際、中国の団体・組織は民間団体や民間企業だからといって決して軽視してはならない。なぜならば民間団体とは名ばかりで、国家機関と密接に関係し、なかには情報機関の意図を直接的に反映しているものが実に多くあるからである。これらの団体は友好親善の名のもとに、一党独裁の中国の意向を受けてインテリジェンス戦争を行なっているとみるべきである。たとえば、「国際友好連絡会」は民間団体の体裁を装っているが、実態は中国人民解放軍の総政治部連絡部の息のかかった軍情報機関である（六一、一九六、二六〇頁参照）。したがって、民間団体だからといって警戒を怠ると、中国の国家的なインテリジェンス戦争にさらされることになる。

また、中国は「軍民融合」「寓軍于民（軍は民に宿る）」などをキーワードに、国民経済と民間経済の一体化、民間の科学研究と生産力の助力により国防科学工業レベルの向上を目指している。つまり中国は民間企業を通じてさまざまな先端技術を取得し、それを軍事技術に応用していることも忘れてはならない。

さらに付言すれば、台湾の民間企業だからといって安心してはならない。二〇一六年二月、台湾の「鴻海《ホンハイ》精密工業」が事実上、シャープを買収することが決定したという。鴻海の経営者は国民党支持者であり、同社のほとんどの工場や資産は中国大陸に所在するという。シャープの技術が台湾経由で中国に流れ、それが中国軍の近代化を促進する可能性は否定できない。

第二に、中国は単なる情報収集活動にとどまらず、最も得意とするのは秘密工作であることを忘れてはならない。秘密工作（影響化工作）では「クモの巣」のように大きくなったり小さくなったりして、壁の染みのようにさまざまな階層から浸透してくる。そして、いったん浸透が成功すれば、被工作者が国家の重大情報を自発的に漏洩するなど、中国にとって有利な活動を展開するという特性を有している。

秘密工作は、わが国の公安当局や情報機関から発見されにくく、たとえ発見されたとしても摘発・立件が容易ではない。結果的に中国のインテリジェンス戦争を野放しにすることになる。このことを念頭に中国が「友好」の名のもとに行なう各種の秘密工作の実態を解明し、浸透を水際で食い止める努力が必要となろう。

日米同盟を堅持せよ！

中国の広範多岐にわたる国外活動は「国際統一戦線」に基づいて、組織的かつ長期的なレンジで進められている。たとえば、中国は日米同盟に亀裂を生じさせ、米国と手を結ぶことで、対日優位の態勢を作ることを基本戦略とする。

中国は、第二次世界大戦の連合国である米国と戦争歴史観を共有することで、米国を友人にしようとする統一戦線工作を仕掛けている。中国情報機関は米国の親中派に莫大な資金提供を行ない、米議会におけるチャイナロビーを組織し、親中政治家や研究者に対する各種の買収および接待工作を展開している。ニューヨーク・タイムズ紙などのリベラル報道機関を使用した世論・宣伝工作にも熱心だ。米国では日本軍の侵略の歴史を扱う映像を用いた広報活動により、これが親中・反日世論の形成に一役買っているという。

ひるがえって、昨今の日米関係に目を向ければ、沖縄米軍基地撤去問題などによる日米間の軋轢が生じている。この状況を中国が奇貨《きか》として、米国も異を唱えている靖国神社や遊就館の歴史認識問題などを執拗に持ち出して、米国における対日批判運動を展開する動きもみられる。これらは中国による日米離間工作とみるべきであり、沖縄米軍基地をめぐる場当たり的な対応によって日米関係が悪化することは、中国の「戦わずして勝つ」の術中に陥るようなものであろう。

わが国は日米同盟を堅持し、あくまでも大局に立って日米の懸案事項を共同で処理する姿勢を中国に敢然と示すことが必要である。これこそが中国の「国際統一戦線」を無効化する方策であり、中国情報機関による対日インテリジェンス戦争への大きな牽制力になることを再度認識する必要があろう。

情報共有を活性化せよ！

中国に対するインテリジェンス戦争で敗北しないためには、わが国の情報機関相互の情報共有を活性化する必要がある。わが国の情報機関の欠点はストーブ・パイプスの組織にあるといわれる。つまり、各省庁の情報機関が別個独立の情報活動を実施しており、省庁間の縄張りなどから十分な情報共有ができないというわけである。これでは、いざというときにわが国政府の政策に資する一元的な情報が利用できない。別の側面からはシギント、イミント、オシント、ヒューミントの各機能が別個独立の動きをしており、相手国の意図および能力を総合的かつ漏れなく分析できないという指摘もある。

何が何でも共有すればよいというわけではないが、省庁間横断、オールソース融合の情報活動が実施できなければ、広範多岐にわたり仕掛けられる中国の対日インテリジェンス戦争に対処することは困難である。少なくとも国家戦略レベルにおける情報共有は促進すべきであろう。

次に、わが国の情報能力の不足を補う観点からは、米国をはじめとする西側諸国との情報共有を積極的に推進することも必要不可欠となろう。現状では、早期警戒情報などの能力欠落は米国に依存するほかない。ところが米国は同盟関係のレベルに応じて、情報をコントロールしている。そこでわが国と米国との同盟国としての絆の強さ、相互依存関係の必要性の大きさが、米国の情報コントロールを打破する鍵となる。つまり中国に対し、わが国がインテリジェンス戦争で敗北しないためには、日米同盟関係のレベルを強化することが重要となる。

情報機関の関係強化の基本は「ギブ・アンド・テイク」にある。そこでギブの観点から、わが国情報機関は東洋的思考、漢字文化を優位点とする分析能力をもって有効な対米協力を行なうことが重要であろう。

中国のインテリジェンス戦争の最大の脅威である秘密工作に対処するという観点からも、欧米諸国との情報協力の促進が必要である。中国の対日インテリジェンス戦争は「国際統一戦線」理論に基づき、海外において親中団体を育成し、日本の歴史認識問題に火をつけ、海外発の反日批判を展開するというやり方である（二一九〜二二二頁参照）。中国の秘密工作はしばしば第三国経由で仕掛けられるため（「第三国制御工作」一三七〜一三九頁参照）、これを先行的に探知し、中国側の効果に先んじて無力化するためには、諸外国との情報協力が不可欠となろう。

法的措置を強化せよ！

わが国は「スパイ天国」と揶揄され、世界各国の情報機関にとっての活動の舞台となっている。わが国の保全・防諜態勢の脆弱ぶりについては「日本におけるインテリジェンス戦争は成果を挙げて当たり前、だからスパイにとって世界で最も厳しい勤務地は東京、逆が北京である」と揶揄される始末である。

中国情報機関も日本に対するインテリジェンス戦争は容易であるとの認識を保持していると見て間違いない。一九八九年の天安門事件では、中国は西側諸国から外交を断絶され、科学技術の流入が停止するという外交上の苦境に立たされた。その際、中国は西側連合の弱い部分に秘密工作を仕掛けることで、外交上の苦境を打破することを企図したとされる。そのため中国は九二年の「日中国交正常化二〇周年」を利用し、中日友好ムードを煽る各種の象徴的行事を企画し、西側連合に風穴を開けたとされる。（銭其琛『銭其琛─回顧録』）

実際、中国の対日インテリジェンス戦争は次々と具体的な成果を挙げている。輸出規制対象品の不正輸出、日本企業が有する重要な国益情報の流出、自衛隊関連情報の流出など、こうした国益侵害犯罪が後を絶たない原因の一つとして、わが国の保全・防課の関連法が未整備であることが指摘される。つまり罰則規定がゆるいために犯罪抑止の効果が期待できないというわけである。

戦前のわが国では軍機保護法や国防保安法によって、外国のスパイ活動やそれに協力した者に対して、「死刑または無期もしくは三年以上の懲役」という厳格な罰則が設けられていた。戦前に共産主義スパイとして有名になったゾルゲにもこの罰則が適用され、ゾルゲは死刑に処せられた。しかし終戦と同時にこれらの法律すべてが廃止され、戦後のわが国の政治指導者は国民感情に配慮し、適切な情報保全関連法の整備を避けてきた。

同盟国である米国では産業スパイに対して厳しい法的措置を講じたことから、重要情報流出防止に一定の成果も挙げつつあるという。米国は日本経由で米国の重要情報が中国に流出することに極めて敏感になっている。つまり重要情報が漏洩すると、わが国独自の国益のみならず、米国の国益にも多大な影響を及ぼすことになる。かかる事態が放置されれば、わが国は米国情報機関からの信頼感を喪失し、ひいては日米同盟そのものの弱体化へとつながる。

二〇一三年一二月、特定秘密保護法が制定され、特定秘密を漏洩した者に対し、一〇年以下の懲役と一千万円以下の罰金が科せられることになった。同法案により、罰則規定などが強化されたが、同法の制定をめぐって、国民の「知る権利」を冒瀆するものだとの反対意見も依然として多い。こうした反対意見に対しては、中国によるインテリジェンス戦争がわが国の国益侵害になっている事実を根気強く説明するほかはない。

ヒューミント機能は段階的に強化せよ！

9・11同時多発テロ以後、世界的に対外情報機能の強化が再認識されるなかで、わが国においても対外情報機能の強化が叫ばれるようになった。その要旨は「国際社会においてわが国が果たすべき役割が増大する一方で、国際テロや大量破壊兵器の拡散など新たな脅威が拡散している。こうしたなか、情報力の強さが問題の解決に決定的な意味合いをもつようなった。それにもかかわらず、わが国の対外情報機能は不十分であるので強化が必要だ」というものである。

対外情報機能の強化をめぐっては、「焦点は日本の情報機能の最大の脆弱点であるヒューミント機能の強化だ」とする議論が根強い。たしかに諸外国の例を見ればわかるように、各国情報機関はヒューミントを重視している。湾岸戦争以降、シギントやイミントなどのテキントには限界があることが認識され、テロリストなどの意図を知り得るヒューミントが再び脚光を浴びている。ゆえに「日本の情報機関にもヒューミント機能を付与すべきである」というわけだ。

ただし、必要性の論理だけでCIAのような国外諜報活動や秘密工作までを網羅するヒューミント機能を持つのは不可能だ。なぜならば、ヒューミント機能を発揮するためには、活動地域における語学、歴史および文化などに対する深い造詣、ならびに地縁、血縁および友人関係などの人脈が不可欠となるからだ。今日の世界で最も強力とされる英国のヒューミント機関においては、世々代々の地域専門家が存在し、その知的財産や関連資料、蔵書、人脈などが、親から子、そして孫へと受け継がれているといわれている。こうした土壌のない現在のわが国が、いきなりヒューミント組織を立ち上げ、ヒューミント要員を海外に派遣したからといって成果が出るはずはない。

第二に、ヒューミント活動は、相手国の防諜機関の厳しい監視の下に行なわれる危険な活動である。中国では国家安全部および公安部（四八～五二頁参照）が二本柱となり、国内の隅々まで強固なカウンターインテリジェンス体制を敷いている。わが国の公館職員、政府機関職員、新聞記者、商社員、留学生などは、両機関の監視対象とされ、その行動は徹底的にマークされる。さらに生活に密着した治安防衛委員会などが、外国人やこれと接触する中国人を常時監視し、少しでも不審な予兆があれば国家安全部や公安部に通報する仕組みになっているとみられる。軍内においても、総政治部が軍全体の保全を担当し、カウンターインテリジェンスの専門組織として総政治部保衛部を有している。このような鉄壁なカウンターインテリジェンス体制を前にしては、専門の訓練と熟練された技術なくしては、ヒューミント活動はまったくの画餅《がべい》であるといわざるをえない。

第三に、わが国では意識的にヒューミント活動を封殺してきた歴史がある。多くの国民はヒューミントといえばスパイを連想し、日本の武士道に反する卑劣な手段であると認識する傾向が強い。戦前の特務機関の活動とヒューミントを結びつけてタブー視する傾向も大きい。こうしたわが国の社会文化は容易には更改できないため、優秀な人材がヒューミント活動を志す土壌が育っていない。

そこで素人ともいうべきわが国におけるヒューミント機能の強化については、対外情報機能ではなくカウンターインテリジェンス機能の強化から始めることを提案する。わが国はまず、国家レベルのカウンターインテリジェンス機関を構築し、相手国のヒューミント活動を探知し、摘発を目指す。そのような態勢が整備され、要員の技能が一定程度に向上した段階で初めて、対外情報機能も有するヒューミント組織へと発展させることが賢明である。くれぐれも素人の民間人を活用して中国に対するヒューミント活動などを安易に行なわせてはならない。それはまさに命取りなのである。

有事情報体制を整備せよ!

中国による台湾侵攻、尖閣諸島侵攻などには必ず何らかの予兆(兆候)がある。情勢を組織的かつ継続的に監視し、微細な変化の予兆を探知し得る態勢・体制を確立しておくことが重要となる。

予兆を探知できれば、事後の相手側の行動パターンを見積ることが可能になるし、相手方の行動を抑止するための事前措置を打つことも可能となる。

予兆を探知するためには、平時から有事にかけての中国の国家的活動、軍事作戦、さらに情報機関によるインテリジェンス戦争などをシミュレートしておき、それに応じた情報収集・処理態勢を整備しておくことが必要である。その際、中国の対日侵攻などにおいて段階的に発生が予測される「予兆の項目リスト」を作成し、これを国家レベルで共有し、これに基づく情報要求と具体的な情報収集項目を設定し、情報収集を行なう部署の責任を明確にしておくことが重要である。

第二に、中国が何らかの軍事行動をとる場合、部隊間の通信連絡の増大や部隊の移動・展開などの動態（カレント）情報が増加する。このため、収集・分析の要となるシギント、イミントなどのテキントのレベル向上が重要なポイントとなる。わが国は伝統的に優れたシギント能力を有しており、近年は政府が運用する情報収集衛星の打ち上げなどによりイミント能力も逐次強化されている。一方の中国も、わが国のこうした情報能力の強化に対抗するため、偽装、撮影妨害、通信の秘匿化・暗号化などの保全措置を強化しているとみられる。したがって、わが国としては暗号解読技術の向上、偵察衛星の能力向上、シギント衛星の開発・配備などの情報収集能力を強化する必要があろう。その一方で、中国人民解放軍のシギント、イミント機能に対して、わが国の通信の秘匿化・暗号化などの保全措置を強化することも怠ってはなるまい。

第三は、効率的な分析を行なうための中央情報機関の処理・統制能力の向上である。有事になれば、中国はあらゆる階層と領域でのインテリジェンス戦争を活発化させることが予想される。意図的にわが国の情報機関を錯乱することなどを目的に情報操作や偽情報を混入する可能性もあろう。このため、わが国は情報を集約する中央情報機関の処理能力を平素から高めていくことが重要である。また中央情報機関は、各情報機能に対して焦点を絞った情報活動を実施するよう統制を実施し、無駄や重複を排除する必要があろう。

第四は、インテリジェンス戦争への対処能力の強化である。その最たるものが対サイバー戦能力の強化であろう。中国が対日侵略を実行する場合、高度情報社会の弱点といってもよい情報インフラに対してサイバー戦を仕掛けてくる可能性は高い。一方のわが国は、攻撃的サイバー戦がタブー視されている関係からか、対サイバー戦の分野については相当に遅れている。早急な対策が必要である。

有事にはサイバー戦と並行して、マスメディア、インターネットなどの情報ツールを駆使する情報心理戦も展開されるであろう。たとえば、中国が南西諸島などの離島侵攻に際して、わが国政府と離島地域住民の離反、地域における親中国感情および反戦気運の醸成などを目的に情報心理戦を展開する可能性は高い。こうした中国の情報心理戦に対処するためには、平時から地域住民に対する物心両面の支援と、情報心理戦に対抗するための啓蒙教育、適切な広報・報道活動を行なうことも必要である。

資料1
中国インテリジェンス戦争史

一九二一年

●中国国民党第一回全国代表大会が開催。第一次国共合作（一月）

一九二四年

●第一次国共合作が成立（一月）

●中国共産党中央宣伝部が設立（五月）

一九二五年

●黄埔軍官学校が設立。周恩来が政治部副主任に、葉剣英が教授部副主任、聶栄臻《じょえいしん》などが教官に就任（五月）

一九二六年

●中華全国総工会が広州で結成（五月）

一九二七年

●上海労働者第三回武装蜂起（南京事件）。第一次国共合作が崩壊（三月）

●上海クーデター（四・一二事件）勃発。蒋介石が共産党を弾圧（四月）

●「中共中央軍事委員会特務工作処」を武漢に設立（五月）

●南昌蜂起（八月）

●「中共中央軍事委員会特務工作処」が武漢から上海に移転。「特別行動科」に改編（九月）

●中国共産党中央特別行動科（中央特科）が創設（一一月）

●広州ソビエト政府の下に粛反委員会が設置（一二月）

一九二八年

●国民党、中央調査局（中統）を組織。陳立夫が責任者に任命（三月）

●軍事系統の参謀本部第二部（庁）が設立（三月）

●工農革命軍第四軍が編成。同時に情報工作活動が開始（五月）

●中央特科の秘密工作を直接指導する中央特別委員会が設置（一〇月）

一九二九年

●毛沢東、工農革命軍第四軍の政治部内に政治保衛科を設立（四月）

一九三〇年

●蔣介石、第一次包囲掃討戦（囲剿）を発動（一二月）

●紅軍、第一次反囲剿に勝利。敵通信機を利用して情報収集開始（一二月）

一九三一年

●中央政治保衛処が設立。紅軍総政治部主任の王稼祥が処長を兼務（一月）

●中央特科の顧順章が国民党に逮捕。中共、中央特科の内部組織の改革に着手（四月）

●「中央特別秘密工作委員会」が設立。周恩来、康生、陳雲らが指導（六月）

●中華ソビエト共和国臨時中央政府が江西省の瑞金に樹立。毛沢東が主席に選出。中央政治保衛処に代わり、国家政治保衛局が設置（一一月）

●新華社の前身である紅色通信社が設立（一一月）

●周恩来、ソビエト共和国の中央軍事委員会副主席に就任（一二月）

一九三二年

●中華ソビエト共和国中央軍事委員会の隷下に総参謀部偵察科を設置（?月）

●偵察科は情報局（軍事委員会二局）となり、紅軍の統一した情報活動が開始（?月）

●国民党、藍衣社（中華民族復興社）を創設（三月）

●第一軍団政治保衛局が設立。局長には羅瑞羅が就任（六月）

●周恩来、紅一方面軍の総政治委員に就任（一一月）

一九三三年

●中央軍事委員会、中国工農紅軍総部の設立を決定。情報局のほかに机要（秘密）通信局を増設（五月）

●康正、ソ連モスクワに留学（七月）

一九三四年

●中国、長征を開始（一〇月）

一九三五年

●国家政治保衛局が西北政治保衛局に改称。局長に王首道が就任（一月）

●毛沢東は紅軍総司令部二局に無線電隊の設立を指示。無線機を使用した秘密通信が開始（一一月）

●中央特科が解散（一一月）

一九三六年

●中国共産党司令部は、保安から延安に移駐（一〇月）

●西安事件が発生。「一致抗日」への転換（一二月）

一九三七年

●紅色通信社が延安に移り、新華社に改名（一月）

●盧溝橋事件（七月）。その後、第二次国共合作が成立

●モスクワに派遣（三三年〜）され、国家政治保安部（GPU）から情報・謀略技術を学んだ康生が帰国（一一月）

●「中央特別工作委員会」が延安に設立。周恩来が主任（一二月）

一九三八年

●藍衣社が解散（一月）

●国民党、軍事委員会に調査統計局（軍統）を設置。藍衣社の戴笠が指導

●「中央特別工作委員会」に戦区部、都市部、幹部部、中央保衛部が設置（春）

●第六回中央委員会拡大全体会議が開催。日本人捕虜を〝友人〟として扱い、反戦陣営への取り組み開始（一一月）

一九三九年

●中共、中央統一戦線工作部を設置（一月）

●中央社会部が結成。部長には康生、副部長に李克農らが就任（二月）

●日本軍、国民党中央委員会特務委員会特工総部（ジェスフィールド七六号）を設立（五月）。丁黙邨や李士群が運営に従事

一九四〇年

●国民党調査科が中央執行委員会調査統計局（中統）に発展改組

一九四一年

●毛沢東系列の情報機関として調査研究局が設立

●延安新華ラジオ局が設立。抗日戦争のための日本語放送が開始（一二月）

一九四二年

●毛沢東による延安整風運動開始。康生の指揮する情報機関が暗躍（二月）

一九四三年

●調査研究局が中央研究局に改編。隷下の情報部は中央社会部に吸収合併

●延安整風運動が終了（一二月）

一九四五年

●中央社会部においては康生が失脚。副部長の李克農が部長に昇任（一二月）

一九四六年

●国民党と共産党の内戦勃発（三月）

●戴笠が飛行機事故で死亡（三月）

一九四九年

●中華人民共和国が建国（一〇月）

●外交部が創設（一〇月）

●公安部が創設。中国人民革命軍事委員会に武装保衛局が設立（一一月）

一九五〇年

●中ソ友好相互援助条約が締結（四月）

●朝鮮戦争勃発。国内取り締まり、在外における対米国情報収集を強化（六月）

一九五一年

●中国共産党中央対外連絡部が設置。初代部長に王稼祥

一九五二年

●情報総署が廃止。機能は新設された人民解放軍連絡部に移管（八月）

●毛沢東、党中央特別工作委員会を設立。劉少奇が委員会の代表

一九五四年

●康生、政治協商会議常務委員として中央政権に復

帰

●国防部が設置。彭徳懐が初代部長に就任（五月）

一九五五年

●毛沢東、高崗および饒漱石を「ソ連スパイ」と断定し、排除（三月）

●中央調査部が設立。李克農が初代部長に就任（六月）

一九五六年

●〝宇宙開発の父〟銭学森が米国から帰国

●毛沢東、党政治局拡大会議にて「百家斉放、百家争鳴」の方針提起（四月）

一九五七年

●毛沢東、「整風運動に関する指示」を公布、反右派闘争を開始（五月）

●「人民警察条令」を公布（六月）

一九五八年

●第八期六中全会が開催。毛沢東、国家主席を辞任（一一月）

一九五九年

●廬山会議が開催。毛沢東、大躍進政策の中止を求める彭徳懐を粛清（七月）

●公安部長が羅瑞卿から謝富治へと交代（九月）

一九六〇年

●特殊訓練学校が北京に設置。中南米からの訓練生を教育

一九六二年

●李克農が急死。中央調査部部長に羅青長が就任（二月）

一九六三年

●中華全国総工会、中国人民外交学会など二〇近い中日関係団体を網羅して中日友好協会が設立（一〇月）

一九六六年

●羅瑞卿、自宅で飛び降り自殺（三月）

●文化大革命が開始（五月）

一九六八年

●康生、「新疆反逆者集団冤罪事件」など数々の冤罪事件を捏造（九月）

一九七一年
●林彪国防部長が陰謀を企てて失敗。林彪は逃亡時に死亡（九月）
一九七二年
●公安部長である謝富治が不審死（三月）
一九七三年
●公安部長である李震が就任して一年も経たないうちに死亡（一月）
一九七五年
●康正が死亡（一二月）
一九七六年
●毛沢東が死亡（九月）。華国鋒が後継者に選出（一〇月）
●汪東興が率いる八三四一部隊により、江青女史ら四人組が逮捕（一〇月）
一九七七年
●第十期三中全会で、鄧小平が国務院副総理に就任し、完全復帰（七月）
●第十一回党大会が開催。文化大革命終了が宣言（八月）
●「中国政経懇談会（中政懇）」と人民解放軍との年次会合が開始（一〇月）
一九七八年
●鄧小平、日中平和友好条約批准のため、初来日。昭和天皇と会見（一〇月）
●第十一期三中全会が開催。改革開放路線が決定（一二月）
一九七九年
●米中国交正常化。鄧小平が訪米（一月）
●中越戦争勃発、軍の近代化が本格的に開始（三月）
一九八〇年
●中央政法委員会が設立（一月）
一九八一年
●中国国際交流協会が設立（一一月）
一九八二年
●教科書問題が生起（六月）
一九八三年

●国家安全部創設。初代国家安全部長には凌雲が就任（六月）
一九八四年
●中国国際友好連絡会（友連会）が結成（一二月）
●香港返還に関する「中英合意文書」が発表（一二月）
一九八五年
●靖国問題が生起（八月）
一九八六年
●「高技術研究発展計画綱要」、通称「八六三計画」が発表（三月）
一九八八年
●「中華人民共和国国家秘密保護法（保守国家秘密法）」制定（九月）
一九八九年
●天安門事件が発生（六月）
一九九〇年
●「軍事施設保護法」制定（二月）
●「国家秘密保護法実施要領」制定（三月）
●中国、海外交流協会（民間組織）を設立。海外発の民主化運動を取り締まり
●人民解放軍総参謀部第四部が設立（七三年設立という説もある）
一九九一年
●湾岸戦争。中国、米国との軍事力格差を認識
一九九二年
●全国の省・軍の幹部に対し、『中共中央七号文献』が発出。非合法手段によるハイテク軍事技術の取得を行なうよう徹底（九月）
一九九三年
●「新時期の軍事戦略方針」を発表し、軍建設の方針を量的規模型から質的機能型、人的集約型から科学技術集約型へと転換（一月）
●「国家安全法」が制定（二月）
一九九四年
●「宗教活動場所管理条令」、「外国人宗教活動管理規定」を制定（一月）
●中国、インターネット接続開始（四月）

● 「国家安全法実施細則」が制定（六月）
● 中宣部、「愛国主義教育実施綱要」を発表（八月）
一九九七年
● 「出版管理条令」の制定。新聞、定期刊行物、図書、音響・映像媒体、電子出版物などの内容を制限（一月）
● 香港返還（七月）
一九九八年
● 国家科学技術委員会が科学技術部に改編（三月）
一九九九年
● 一万人の法輪功メンバーが中南海を包囲（四月）
● 法輪功を取り締まる安定維持弁公室が設置（六月）
二〇〇〇年
● 「インターネット情報サービス管理規則」を制定（九月）
● 「インターネット電子広告サービス管理規則」を制定（一〇月）

二〇〇二年
● 「インターネットサービス営業所管理規則」を制定（一〇月）
二〇〇三年
● 公安部、通信・ネットワークの情報統制を強化する「金盾プロジェクト」の運用を開始
● 商務部が発足（三月）
● 「中国人民解放軍政治工作条令」改訂。輿論戦、心理戦、法律戦からなる「三戦」という概念を提起（一二月）
二〇〇四年
● 「孔子学院」が韓国ソウルで初めて開校（一一月）
● 「宗教事務条令」公布。「宗教活動場所管理条令」が廃止（一一月）
二〇〇五年
● 反日デモが中国全土で展開（三月～四月）
● 「インターネットＩＰアドレス行政登録管理規則」を制定（五月）

二〇〇六年

●「外国通信社による中国国内におけるニュース情報の発表に関する管理規則」制定

二〇〇七年

●中国、対衛星破壊兵器（ＡＳＡＴ）の実験を実施（一月）

二〇〇八年

●チベット暴動が発生（三月）

●工業情報（信息）化部・国防科学技術工業局が発足（三月）

●一党独裁を批判する『〇八憲章』がネット上で発表（一二月）

二〇〇九年

●中国社会科学院の日本研究所副所長の金熙徳、「日本や韓国に対する機密情報漏洩」容疑で摘発（一月）

●新疆ウイグル自治区で暴動が発生（七月）

二〇一〇年

●『中国の国防』（国防白書）で、軍の任務に「サイバー空間における国家安全保障上の利益を擁護すること」の一文が追加（三月）

●「中華人民共和国国家秘密保護法」改正（四月）

●中国漁船、海上保安庁巡視船に衝突。反日デモ発生（九月）

二〇一一年

●「中国人民解放軍秘密条令」が改正（四月）

●サイバー対抗部隊を創設（五月）

二〇一二年

●わが国が尖閣諸島を国有化。日中関係が緊張化（九月）

●全人代常務委員会は「ネット情報保護強化に関する規定」を採択（一二月）

年二〇一三年

●『南方週末』の社説が共産党広東省委員会の検閲で差し替え（一月）

●朱建栄・東洋学園大学教授が上海で拘束（七月）

二〇一四年

●「中華人民共和国反間諜法」が制定（一一月）

二〇一五年

●「中華人民共和国国家安全法」が制定（七月）

●中央統戦部を指導する「中央統一戦線工作指導（領導）小組」設置（七月）

二〇一六年

●人民解放軍の組織改編。ロケット軍、陸軍指導機構（司令部）、戦略支援部隊を創設（一月）

●反テロ法（反恐怖主義法）が施行（一月）

資料2

情報関連機関（各種公刊資料から整理・再録）

【人民団体系の情報関連機関】

■中国人民外交学会

一九四九年一二月発足。党中央外事工作指導小組、対外連絡部、国務院外交部等の指導を受けて、国際問題および外交政策の研究、国際交流の推進、人民の外交活動の展開等を実施。内部部局に研究部、編集部、弁公室、アジア・アフリカ・ラテンアメリカ部、ヨーロッパ部、アメリカ・オセアニア部、国際部、行政管理部、連絡秘書処などの機構が設置。対外連絡部、国務院外事弁公室、外交部のダミーであり、民間団体のかたちを装い、党および国家の外交政策の実行のほか、外交および国際交流に必要な情報収集や各種工作活動に従事。

■中国人民対外友好協会

一九五四年五月に発足。中国人民と世界各国の人民との理解と友情の促進、相互間の経済・社会・文化・科学技術・教育などの面の交流と協力の促進、世界平和の擁護などが目的。弁公室、アジア・アフリカ部、日本部、ヨーロッパ・アジア部、アジア・オセアニア部、文化交流部、組織党委員会などを保有。

中日友好協会は、同友好協会の日本部として六三年一〇月に設立。日本のカウンターパートである日中友好協会を通じて、各種の工作を続けていると推定。

■中国国際貿易促進（委員）会

対外貿易部の人民団体。一九五二年に発足。中国の法律・法規・政策に基づく対外貿易の促進、外資の利用、外国の先進技術の導入、内外の経済技術協力の推進、世界各国との貿易・経済技術などの関係発展の促進、世界各国の経済貿易界との友好促進などが目的。内部組織として弁公室、会務部、人事部、連絡部、経済情報部、展覧部、直属財務処、組織党委員会などの機構を設置。六〇年代は日中間の貿易窓口として対中貿易に参加できる友好商社の認可業務などを実施。その際の日本側のカウンターパートは日本国際貿易促進協会。

■中国科学技術協会

一九五八年に発足。科学技術の発展、普及促進が目的。優秀な科学技術者の表彰または奨励、科学技術のアドバイス、各国の科学技術者との学術交流等が任務。弁公室、計画財務部、組織人事部、学会学術部、科学技術普及部、国際連絡部、宣伝部、組織党委員会などの機構を設置。直轄機関として中国科学技術協会情報センター、中国科学技術発展研究センター、中国科学普及研究所などを保有。民間団体として科学技術に関する情報収集に関与していると推定。

■中華全国帰国華僑連合会

一九五六年一〇月に発足。「中華人民共和国憲法」を活動根拠として、全国人民全体の利益を擁護、帰国華僑、海外在住華僑の国内にいる家族および海外在住の華僑同胞の合法的権利・利益の保護、海外在住の同胞の正当な権利と利益の配慮等を目的に活動。弁公室、組織人事部、法律事務部、文化連絡部、経済連絡部、組織党委員会などの機構が設置。

【シンクタンク】

［党直属系列機関］

■中共中央党校

党の高級、中級幹部とマルクス主義理論幹部が研修する最高学部。党の建設、思想理論および国家の重大政策の決定について調査・研究し、政策提案を行なう党直轄の学術機関。中央党校校長は、国家指導者の登竜門。胡錦濤も習近平も同校校長を歴任。全校で約六〇〇人弱の教師を任命。そのうち教授、准教授がそれぞれ一五〇人前後、博士課程指導教師は約七〇人。

■中共中央政策研究室

中共の直属機関。研究室主任は中央委員、政治局委員クラスが就任し、中央書記処書記を兼務することが通常。党の全国代表大会の中央委員会活動報告を起草。中央指導者の指示に基づき、中央の重要な文書および中央指導者の重要演説を起草。党の建設、思想・理論の重要な課題と中央の重要な政策決定の実行可能性について調査・研究を行ない、政策を提案する。共産党関連の情報収集、研究を行なっていると推定。

［政府系列機関］

■国務院研究室

国務院直轄のシンクタンク。総合的な政策研究と政策決定の諮問、政府活動報告の起草、関係部門と共同で国務院の関係重要文書の起草、国務院指導者の一部の重要講話の起草などが任務。六つの課で構成され、第一課は総務・官房、第二課がグローバル研究、第三課がマクロ経済研究、第四課が商業・輸送・産業研究、第五課が地域経済研究、第六課が社会発展研究を扱っている。商務部と科学技術部と連携し、商業、経済関係の情報収集と分析も実施。

■中国科学院

国家の科学技術分野の最高学術諮問機構。一九四九年一一月に北京で設立。数理学部、化学部、生物学部、地学部、技術科学部の五つの学部、一一の分院、八四の研究院・研究所、一つの大学、二つの学院、四つの文献情報センター、三つの技術支援機構を保有。中国科学院の専門職員は三万七千人。在籍する研究生は二万人余り、博士課程後期在学者は千人以上である。院士は二五〇人程度。

■中国社会科学院

国務院隷下の機関で、社会科学研究の最高学術機構。一九七七年五月に設立。研究所は三〇以上、研究センター四五程度を保有。世界八〇カ国のシンクタンク、高級研究機関二〇〇以上と恒常的に交流。研究員は四二〇〇人以上とされる。農村発展研究所、世界政治・経済研究所、工業経済研究所、財政・貿易・経済研究所、人口・労働経済研究所、社会学研究所、中国辺境地史研究センター、工業経済研究所、金融研究所などを保有。日本研究所は日本の政治、経済、社会、文化等を研究しており、情報収集にも従事。二〇一二年、スパイ容疑で書類送検された李春光は日本研究所に所属。

■上海社会科学院

中國社会科学院と同系列の学術機関。一九五八年九月に設立。七八年五月に再開。法律、経済、文化、歴史、哲学、情報等の一五の研究所を設置。職員七七〇人以上、研究生五八〇人以上。

■中国工程院

中国のプロジェクト製造部門における最高の学術・諮問機構。一九四四年に設立。六〇〇人以上の院士が在籍。国家および地方の経済発展や社会発展における重要な政策決定、重要なプロジェクト建設およびハイテク産業の発展戦略についての研究、諮問および評価に参加。国家と地方政府のために優先発展分野と重点的投資方向に関する意見を提出、国家の重要なプロジェクトに対する科学技術上の問題についての戦略的研究を展開。

■国務院発展研究センター

国務院に直属する政策研究および諮問機関。一九八一年設立。国民経済、社会発展および改革に関わる全局的、総合的、戦略的、長期的な問題を研究し、党中央と国務院のために政策提言などを行なうことが目的。マクロ経済政策、発展戦略と地域経済政策、産業経済と産業政策、農村経済、技術経済、対外経済関係、社会発展、市場流通、企業改革と発展、金融および国民経済などの分野における、国内外の著名な経済学者やハイレベルの専門家、研究者を多数擁している。

■国家行政学院

国務院直属の行政に関する諮問機関。一九九四年に設立。法に依拠した行政の推進、行政管理体制の改革、中国政府の機構改革の深化などの研究任務に参加。国務院の関係部門や地方省・市政府が委託する行政管理に関する諮問を任務。院長には国務委員兼国務院秘書が就任。

■中国現代国際関係研究院

国家安全部に隷属する総合的な国際問題研究機関。国家安全部の設立とともに現代国際研究所の名称で設立され、二〇〇三年に現代国際関係研究院に改称し、グローバルな政治、経済問題の研究に従事。北米研究室、日本研究を行なう北東アジア研究室、対テロ研究センターなどの七つの研究所を保有し、三つの院直属の研究室、一〇個の研究センターが設けられている。研究、行政および補助要員は約三七〇人おり、そのうち研究員、副研究員は一五〇人程度。研究雑誌『現代国際関係』を発刊。二〇一一年八月、訪中したバイデン副大統領が会談したうちの一人は、現代関係研究院院長の崔立如であった。

（野口東秀『中国の真の権力エリート』）

■中国国際問題研究所

外交部に隷属するシンクタンク。一九九八年設立。前身は一九五六年に創設された中国科学院国際関係研究所。五八年に国際関係研究所、八六年一二月に中国国際問題研究所に改称。八八年に国務院「中国国際問題研究センター」を合併。

■国際貿易経済協力研究院

商務部のシンクタンクで、前身は一九四八年八月に設立された中国国際経済研究所。九七年に、対外経済貿易部国際貿易研究所、国際経済協力研究所および行政司第一管理処を基礎に設立。研究、情報収集、新聞出版、教育訓練などの機能を一体的に実施。高級職、高学歴の専門家を擁し、国内の商業・貿易系統では最大の図書資料庫を保有。高級技術職一〇〇人、修士研究生以上の学歴者は七〇人。

■国家海洋局海洋発展戦略研究所

国家海洋局の管轄機関、海洋政策、法律、経済および権益研究に従事する機関。一九八七年に設立。国家レベルの海洋発展戦略研究センター。海洋法規、海洋政策と管理、海洋経済と科学技術、海洋環境と資源党、四つの業務研究室と一つの弁公室からなる。毎年の『中国海洋発展報告』を編纂。外郭団体として中国海洋発展研究所がある。

■中国海洋発展研究所

海洋発展戦略研究所の外郭団体で、国家の海洋政策策定のための諮問・提案実施機関。二〇〇六年九月に設立。海洋経済、海洋行政管理、海洋科学技術等のサービスを提供。

■上海国際問題研究所

上海市に所属する中国の外交戦略に関するシンクタンク。学術・政策面から現在の国際政治、経済、安全保障問題を研究し、中央政府および上海市に提供。月二回、雑誌『国際展望』を発刊。

［軍系列機関］

■軍事科学院

人民解放軍の組織。軍事科学、軍事戦略のシンクタンク。一九五六年に葉剣英元帥によって設立。北京市海淀区に所在。院長には人民解放軍上将が就任。科研指導部、政治部、院務部、研究生部、戦争理論・戦略研究部、作戦理論・条令研究部、軍隊建設研究部、世界軍事研究部からなる。二〇一一年一二月、戦争理論・戦略研究部に国防政策研究センター、世界軍事研究部に米中防衛関係研究センターが設立。国防政策研究センターの業務は国防白書の作成、安全保障に関する年次戦略評価報告の準備、国防関連の理論の検討、国防理論に関する各種国際セミナーの開催など。世界軍事研究部は外国軍隊の戦略や組織体制と配置などの基本情報を集めており、米中防衛関係研究センターは米中関係に関する現実問題の検討、学術交流促進業務などを行なう。

■軍事科学学会

軍事科学を研究する全国的な学術団体。一九九一年に設立。軍事科学院の外郭機関であり、事務機構は同科学院研究指導部に設置。主として軍退職者が所属している。しばしば対外的な過激発言で著名な羅援少将は軍事科学院の世界軍事研究部副部長、軍事科学学会の副秘書長を歴任。

■中国国際戦略学会

中国の軍事政策、軍改革等に関する研究や提言を行なう総参謀部系の総合シンクタンク。会員は二〇〇人程度。一九七九年一〇月に北京国際戦略問題学会として発足、一九九二年一〇月に国際戦略学会に改編。『国際戦略研究』を刊行。同学会は民間組織のかたちをとっているが、会長は外交・情報担当の副総参謀長が実施し、ほとんどの会員は現職の軍人、退役軍人から構成。初代会長は伍修権、以降、熊光楷、馬暁天、戚建国、孫建国といずれも副総参謀長が会長を兼務し、実態は総参謀部第二部の指揮下にある情報機関とみなされている。熊光階は九八年には日本財団との直接対話ルートを開拓。二〇〇一年以降、日本財団による日中佐官級交流の中国側の主宰機関となった。

■中国国際友好連絡会

一九八四年に北京で設立。略称は友連会。民間友好交流を目的。総務課、人事部、アジア一部、アジア二部、アメリカ部、オセアニア部、東欧中央アジア部、西欧部、華人部、諮問部といった部署に分かれている。現在の会長は李肇星・元外務次官。実態は中国人民解放軍総政治部に属する政治団体とみられている。友連会の経費の一部は総政治部が自ら経営する「凱利公司」から充当されている可能性があり、欧米の情報機関が強い関心を寄せている。会員は引退閣僚、軍人、外交官等。シンクタンク「平和と発展研究センター」があり、機関誌『平和と発展』を発行。

［その他］

■中国戦略・管理研究会

国家の学術団体にして総合的な戦略シンクタンク。一九八九年設立。国家と民族の根本的利益を長期的に発展させるための政策への諮問と提言が目的。国内外の著名な政治家、外交家、軍事専門家、経済学者、文学者が高級顧問。同研究会は、国内外の関係政府機関、学術団体、非政府組織などと良好な協力関係を保持。

■中国国際戦略研究基金会

外交部、国防部等の複数の系列の研究者によるシンクタンク。国際戦略学会における唯一の全国的な財団組織。一九八九年に設立。隷下に危機管理研究センター、台湾問題研究センター、防衛政策研究センターなどを保有している。

■台湾海峡問題研究センター、情報化作戦理論研究室

二〇〇四年に新設。中国人民解放軍の対台湾作戦と情報戦の強化を反映した機構とみられ、台湾側は両部署を「三戦」の基地とみている。詳細は不明。

【台湾の情報機関】

■国家安全局

台湾の国家安全に関する情報の収集・分析を行ない、総統府が政策決定に資するインテリジェンスを提供。現役の国軍上将が局長を務めるが、軍組織ではない。

一九五三年に設立以降、国家安全会議の隷下にあったが、九三年一二月に制定された国家安全会議組織法と国家安全局組織法に基づき独立組織となった。

任務は軍事情報局、電信発展室、憲兵司令部、行政院海岸巡防署、内政部警政署、法務部調査局などの情報関係諸機関に対する総合指導、調整、支援など。

第一処（国際情報戦）、第二処（中国大陸地区情報戦）、第三処（台湾地区安全情報戦）、第四処（国家戦略情報の研究分析）、第五処（科学技術情報と電信安全工作）、第六処（暗号装備の管理および研究開発）の計六個の処と、要人警護センター、電信科学技術センター、訓練センター、特殊勤務指揮センターなどがある。このほか「安康」通信科学技術センターを有し、通信傍受と暗号解析などの業務を実施。なお同センターの受信器材は電信発展室のものよりも高性能であるとされる。新店市の北誼公路に設置された「興国」衛星通信収集局では、国際衛星通信の傍受を行なっていると推定。

■軍事情報局

編制上は国防部に所属するが、実態上は独立した組織。中国をはじめアジア各国にスパイを派遣しているとされる。軍事情報局の人員は二千人程度、予算は数十億台湾ドルと推定。軍事情報局は六つの処から構成。第一処が総務や全体計画の立案・作成、第二処は情報分析、第三処が北東アジア地区、第四処が東南アジア地区、第五処が台湾本島および金門などの島嶼地区、それぞれでの情報活動を担任、第六処が中国の協力者の獲得など。

■電信発展室

国防部隷下のシギント機関。電信発展室は新店市「清風園」に所在し、大渓に所在する通信傍受センターと三〇カ所以上の地上傍受局を運用して、主として中国人民解放軍のカレント情報を収集・分析し、毎日、国防部および国家安全局に報告。大陸通信研究所は捜索、測定、暗号研究、通信分析、情報資料研究の各部門を有し、中国人民解放軍の通信、暗号解析、情報資料の研究・整備などを行なっている（二〇〇八年二月『全球防衛雑誌』）。最近は、南シナ海における関係国の軍事的動向を把握するために、太平島に監視所を設置する動きも取り沙汰されているが（『香港鳳凰ネット』）、それが実現したかどうかは不明。

資料3

主要事件簿（新聞、雑誌から整理・再録）

■上海総領事館事件

二〇〇四年五月、中国の在上海日本総領事館の男性職員が自殺した。自殺した職員は外務省と総領事館の間で交わされる公電信を担当する電信官であった。

電信官は上海のカラオケ店「かぐや姫」で中国人ホステスと親密な関係になった。中国情報機関はホステスを売春容疑で拘束し、その釈放と引き換えに電信官を紹介するよう強要。ホステスが電信官に助けを求めたことから、情報機関による電信官への接触が開始。情報機関は当初、電信官に好意的に接しながら、さまざまな機密文書の提供を求めてきたが、これに恐怖を感じた電信官が上司に転属を願い出ていることを知ると、好意的な態度は豹変し「我々の関係をばらす」と脅し、機密情報を漏洩するよう強要。電信官はもはや情報機関の手から逃れられないと思い、国益侵害の自責の念から自殺を決意。

また、電信官の自殺の原因となった「かぐや姫」を舞台に別の事件が発生していた。二〇〇六年八月、海上自衛隊対馬防備隊上対馬警備所（長崎県対馬市）の一等海曹（四五歳）が、中国への無許可渡航を繰り返し、「かぐや姫」に通っていたことが判明。しかも、この海上自衛官は外国潜水艦に関する内部資料をコピーし、職場から部隊内の隊舎まで持ち出し、部内処分を受けていたという。長崎県警は電信官自殺事件との関連性を重視し、機密情報が中国側に漏洩した可能性もあるとみて捜査した。海上幕僚監部はその後の内部調査により、「機密情報が外部に流出した形跡はない」と判断。

■輸出規制品の輸出

二〇〇六年一月二三日、経済産業省は「外為法」

（外国為替および外国貿易法）に違反容疑で、ヤマハ発動機を静岡県警に告発した。具体的な容疑は〇五年一二月に農薬散布や空中撮影に使う無人ヘリコプター「R　MAX　TYPEⅡG」を改良した「L181」型一機を経済産業省の許可を受けることなく中国に輸出しようとしたとの容疑。それまでに同機十数機が不正輸出されたのではないかとの疑惑が指摘されたが、同社は「輸出されたのは農薬散布に使用されるヘリコプターであり、軍事目的に利用できるものではない」と反論。

しかし、無人ヘリコプターは偵察、哨戒および攻撃などあらゆる軍事領域において幅広く使用が可能であり、現実に軍事用としても運用されている。その後の調査でヤマハ発動機が売却したヘリコプター一機が、中国の国防企業「保利科学技術有限公司」に売却されていたことが判明したという。同公司は総参謀本部系列の企業であることから人民解放軍の装備品に転用された可能性がある。

二〇一二年一〇月、軍事転用される恐れのある炭素繊維が大阪府内の商社から中国に不正持ち出しされたとの疑惑がメディアなどの取材で明らかになった。炭素繊維は、ミサイルやロケットの複合材に使用されるため、外為法で輸出が禁止されている。関係者などによると、戦闘機の機体に転用したい中国軍事関係者が最新の旅客機「ボーイング787」の機体にも使われている東レが開発・製造する最先端の炭素繊維を入手するよう、大阪府内の商社に依頼したという。依頼された商社は〇九年八月、静岡県内のベンチャー企業に依頼。ベンチャー企業は東レに虚偽説明を行ない、炭素繊維のサンプルを入手し、大阪府内の商社に手渡した。それが、中国側に渡ったようである。実際には中国側に渡ったのは低品位の炭素繊維であったとされるが、中国の軍事増強に利する行為であったことは間違いない。

■中朝スパイ合戦

早稲田大学の重村智計教授は「中朝間で諜報合戦という様相を呈している」と指摘し、次のような事例を紹介した。二〇〇六年、国家安全部の課報員が北朝鮮で次々と摘発、処刑された。そこで国家安全部が情報漏洩の疑念を抱き内偵した結果、同年四月、吉林省・延辺朝鮮族自治州の国家安全局・副局長の息子が同局所属の課報員リストを北朝鮮の情報機関に売り渡したことが発覚した。その息子は北京から派遣された国家安全部により逮捕された。同事件の追及は北朝鮮工作員の摘発に及んだ。吉林省・延辺朝鮮族自治州では、中国公安部および国家安全部による北朝鮮工作員の摘発が相次いだ。これには吉林省延吉市内にある北朝鮮系ホテル（柳京賓館）の社長を含め、複数の北朝鮮工作員が逮捕された。同時に、延辺朝鮮族自治州安全局の複数の要員も逮捕された。事件の全容が明らかになるや、国家安全部は報復のため、さらに次々と北朝鮮工作員を摘発し始め、事態は両国課報機関どうしの面子をかけた暗闘に発展したというのである。（テレビ朝日系『サンデー・プロジェクト』および二〇〇六年六月一六日『毎日新聞』で断片的に言及された）

中朝の経済関係は国境を往来する民間貿易が主流となっている。中国商人は貿易商のかたわら「スパイネットワーク」という別の顔を持つようである。商人は北朝鮮の民衆の生活状況から、朝鮮労働党および軍の人事情報まで幅広く情報収集し、中朝関係筋によると、これらの情報は中央対外連絡部に伝えられるという。（二〇〇九年四月二五日『朝日新聞』）

対する北朝鮮側も、中国に逃亡した脱北者に対する監視目的、あるいは脱北亡命者を通じた反政府活動を取り締まるため、中国領内に課報要員を浸透させている。中朝国境を交えての北朝鮮情報機関と中国情報機関との情報合戦は、想像以上に熾烈さを極めている可能性がある。

■日本企業中国人社員による産業スパイ事件

二〇〇七年三月一六日、愛知県警は、愛知県刈谷市に本社を置く大手自動車部品メーカー「デンソー」に勤務する中国人社員・楊魯川（四一歳）を横領容疑で逮捕した。楊は同社のデータベースから一三万件以上の機密データをパソコンにダウンロードし、そのパソコンを自宅に無断で持ち帰り、ＵＳＢメモリとハードディスクにコピーしていた。同データには各種センサー、産業用ロボット、ディーゼル燃料噴射装置などに関する同社の最高機密情報が含まれていた。

同年二月中旬に行なわれた同社のシステム点検で、楊が大量のデータをダウンロードして、そのパソコンを自宅に持ち帰ったことが判明した。楊は犯行を否認し、その直後の二月二六日に急遽中国に帰国し三月四日に再入国していた。警察が逮捕した時、楊は三月一七日の帰国航空券を所持していた。すでに二月下旬の時点で中国に重要な情報が流出した可能性が指摘された。

事件発覚後の対応が迅速、周到なことから、楊が中国情報機関から十分なスパイ教育を受けていた背景がうかがえた。調査により楊は中国のミサイル開発・製造などをしている国防企業「中国航天工業総公司」に勤務したあと、平成二年に都内の工業系大学に留学し、一三年一二月にデンソーに入社したことが判明した。

楊は「在日華人汽車工程協会」副会長の職にもあった。つまり日本での自動車エンジニアのネットワーク作りにも精を出していた。楊は止体を隠す十分な肩書きを有し、大手メーカーの社員という偽装で日本の先端技術を盗もうとしていたとみるべきであろう。

この事件の教訓は、会社側の初動対応の甘さが主因となり、楊の立件、全容解明に失敗した点である。会社側は社内調査の際、調査担当社員が楊の自宅に同行し、会社パソコンの返却と私有パソコンの提出を求めたところ、担当社員は外で待たされ、約一時間後に部屋に入ったところ、私有パソコンが破壊されていたという。その後、会社側は愛知県警に相談したが、結局のところ証拠が不十分で名古屋地検は四月六日、楊を処分保留で釈放した。

日本国内では民間企業、大学および独立行政法人で働く中国人が増加している。日本の大学には多くの中国人留学生がいる。中国人が日本の大学を卒業して、民間企業に入社すれば警戒感も薄れる。しかし、留学生や日本企業のなかで働く中国人が、中国情報機関の統制下で何らかの情報戦に加担している可能性は否定できないのである。

■米国防省情報漏洩事件

二〇〇八年三月、中国系米国人タイ・シェン・クオと中国籍で米国永住権を持つユー・シン・カン（クオの愛人）、国防省職員のグレッグ・W・バーガセンが情報漏洩容疑で逮捕された。クオは〇八年八月に禁固一五年八カ月の刑を受けた。クオは九〇年代、北京で人民解放軍の情報将校であるリン・ホンの指令を受け、米国で情報戦を展開。クオは軍からの委託業務を請け負うコンサルト会社を設立するとのカバーストーリーで米国防省関係への接触を試みた。この情報戦網に引っかかったのがバーガセンであった。彼は海軍退役後、バージニア州にある国防省下部組織で、米国製の武器販売に関するプロジェクト管理部門に勤務。バーガセンはクオに国防省の書類や情報を提供したが、クオは受け取った情報は台湾へ送られると述べた。

クオの情報戦網に引っかかった別の人物が、米太平洋軍のワシントン連絡事務所のファンドレン所長代理である。〇九年五月一三日、米司法省は、「米中の軍高官会議の関連機密を中国工作員に提供した」としてファンドレンをスパイ共同容疑で逮捕。ファンドレンは元空軍中佐で、退役後の〇一年に同事務所に再就職。彼は〇四年一一月から〇八年二月頃にかけ、国防省の公電や元同僚に依頼して収集した機密文書などを一回につき三百ドルから八百ドルでクオに提供。クオは台湾当局のスパイを装い、台湾に情報が流れていると思い込ませていた。（二〇〇九年五月一四日『産経新聞』ほか）

クオは自分が台湾スパイであると思わせることで、バーガセンおよびフォンドレンの罪の意識を希薄にすることを狙ったのである。

■台湾軍スパイ事件

二〇〇九年一一月、台湾の検察当局は台湾総統府の職員二名が、総統府が保有する機密情報を漏洩した容疑で逮捕した。逮捕者は総統府参事室専門委員・王仁炳（五五歳）および元立法委員助手・陳品仁（四八歳）であった。

調べによると、〇八年五月の陳水扁から馬英九への政権交代に際し、王は引き継ぎ書などの機密書類のコピーを陳に渡した。陳は中国高官にファックスや手渡しなどで機密資料を金銭と引き換えに提供し、これが最終的に中国情報機関の手に渡ったという。

台湾では総統府に軍事や外交、対中関係に関する戦略を決める「国家安全会議」が設置されており、ここに機密情報が集中している。検察当局は史上初めて総統府を捜索し、「情報漏洩がないかどうか」「他にも情報漏洩に関与した人物がいないか」を調査したという。

このほか以下のような中国情報機関の仕業とみられる事件が発生している。

●二〇一一年一月、台湾国防部は、中国に軍事機密情報を提供したスパイ容疑で陸軍司令部の羅賢哲少将を検察当局が逮捕したと発表した。国防部によると、同容疑で検挙された軍人としては過去五〇年で最上位であった。中国側に渡った情報には米台軍事協力などに関する機密文書も含まれているとみられ、『台湾聯合報』は「米国も高度な関心を寄せている」と報じた。台湾国防部によれば、羅は軍の情報システムを所管する部署のトップであり、タイで駐在武官をしていた〇四年当時、中国側のスパイとなり、米国から購入したハイテク通信システムに関する極秘文書や、軍用光ファイバー通信網に関する機密資料のコピーを中国側に漏洩したとされる。〇五年に台湾に戻ったあとは、海外出張の折に中国側に情報提供を続け、報酬は約一五万米ドルに上った。中国側の狙いは三軍統合指揮通信システム「博勝案」の関連情報だったとされる。現代戦は通信の優劣が決定的な意義を有するため、かかる関連情報が中国に渡ったとすれば重大な支障をきたすものであった。

●二〇一一年一〇月、台湾国防部の最高軍事法院は、羅奇正大佐を「利敵スパイ活動従事罪」で逮捕し、羅大佐は無期懲役に処せられた。羅大佐は台湾の情報部門で諜報員の募集や派遣工作などを担任していた。判決文や報道から、大佐は〇七年から一二回にわたり、台湾当局がビジネスマンを偽装して中国に派遣した男性諜報員を通じ、百件以上の情報を中国に提供したとされる。男性諜報員は中国に逮捕され、拷問を受けた結果、二重スパイになった。大佐はこの諜報員に籠絡されて情報を提供するようになったという。

●二〇一二年一〇月、海軍大気海洋局の政治作戦処元処長を退役した海軍中佐（四五歳）ら退役将校三人を逮捕。台湾大衆紙『蘋果（リンゴ）日報』によれば、「中国は『尖閣で共闘』を呼びかける陰で、スパイ活動を通じて武力行使の準備を冷徹に進めている」と報じた。この退役海軍中佐が所属していた海軍大気海洋局は潜水艦の行動に不可欠な台湾周辺海域の海底地形、潮流および塩分濃度など機密度の高い情報を収集しているという。

元中佐は一〇年にマレーシアを旅行した際、知人の元大尉を通じて中国側と接触し、その後、ベトナム、福建省廈門《アモイ》および福州への旅行を通じて中国情報機関との接触を持った。仲介役の元大尉は台湾内で飲食店を経営する関係で中国に出かけることが多く、廈門の国家安全部の獲得工作により中国側のスパイとなっていた。

調べに対し、元中佐は金銭的誘惑だけではなく、現役時代の自らの昇任に対し不満を持っていたようだ。国防部は「漏洩情報は機密情報ではなく、ソマリアへの艦艇派遣計画（取り止め）だった。現役軍人も事件に関与していない」と述べたが、事の真相は定かではない。その後、高華柱国防部長は「海外の駐在武官五〇人を帰国させ、面接したが異常はなかった」と立法院で報告した。立法院は「今後、一年に一度、駐在武官を台湾に帰国させ、人物審査を行なうことを決定した」と発表した。（『二〇一一年一一月一日『産経新聞』）

●二〇一四年一二月五日に国家安全局の王徳麟副局長が、中国軍の退役幹部である鎮小江（少将とも大尉ともいわれている）を台湾国内で逮捕したことを立法院の席上で認めた。中国国籍のスパイが国内で逮捕されることは初めてだという。調べによると、鎮は福建省廈門市で公職につき、台湾と取引のあるビジネスマンや台湾の退役軍人らと接触を開始し、香港でもスパイ活動を行なっていたようである。すでに一四年の秋頃には台湾空軍の退役中佐である周自立を協力者として獲得した。周が元空軍士官学校のAT－3練習機の教官であり、周を通じて空軍関係内のネットワークを築いたとみられる。

●二〇一五年一月一六日、台湾の台北地方検察署はフランス製戦闘機「ミラージュ２０００」や地対空ミサイル「パトリオット」などの機密情報を中国側に流したとして、中国軍の鎮小江被告や台湾軍の退役陸軍少将である許乃権など六人を国家安全法違反で起訴した。

許は一四年一一月の金門県の県知事選に立候補し、落選したものの、候補者の中で三番目の支持票を獲得した。同氏の立候補には中国マネーが流れていたとみられる。

米軍事専門誌『ディフェンス・ニュース』によると、鎮は台湾軍関係者を日本や東南アジアに招待し、渡航先で中国情報機関のメンバーと会食させるなどして、機密情報の収集を行なっていた。たとえば、ある招待では渡航費、滞在費などに約一一〇万円がかかったが、その金はすべて中国側から支払われたという。

二〇一五年四月、台湾法務部は空軍士官学校の飛行訓練指揮部幹部の現役中佐と退役大佐を中国人スパイに機密情報を漏らした疑いがあるとして、同校を家宅捜索した。二人の容疑者は別の退役中佐（周自立?）を通じて海外旅行の接待を受け、旅行先で中国の情報機関の要員と接触、訓練情報を漏洩したという。この事件の背後には前述の鎮小江の関与が指摘されている。

これらの事件は二〇〇八年以降、中台関係が修復され、交流が活発になる一方で中国による執拗なスパイ活動が行なわれていること、中国情報機関の常套手段である「第三国制御方式」（一三七～一三九頁参照）が採用されていることなどをうかがわせる。

■J - 20スパイ疑惑

二〇一一年一月、中国初の五世代ステルス戦闘機とされるJ - 20の初飛行が実施された。クロアチア軍関係者によれば、同機は一九九九年にセルビア上空で撃墜された米国のF - 117ステルス攻撃機「ナイトホーク」の残骸から、レーダー波を吸収する特殊塗料などを分析し、その製造ノウハウを得たとされる。英『カーディアン』誌によれば、コソボ紛争当時、クロアチア軍参謀総長を務めていたダボル・ドマジェトロソ大将は「中国の工作員は、F - 117機が墜落した地域に潜入し、現地の農夫から同機の残骸を収集。我々は中国がこの残骸から同型機のステルス技術を入手し、リバースエンジニアリングでJ - 20戦闘機を作り上げたと信じている」と主張した。J - 20の関連技術は米国との技術協力から得たものとの見方もある。『東方ネット』は、クリントン政権時、某米国企業が中国との複合材料分野の製造および加工に関する新技術を共有し、これが中国の軍事ステルス技術分野における研究開発を急速に発展させる一因になった。中国は米国企業とのさまざまな形態での協力により、関連技術を修得し、ステルス技術等に利用している」と報道した。（二〇一一年二月一〇日『東方ネット』）

『東方ネット』はJ - 20に対するロシアのミグ社による技術供与説についても言及し、その根拠として

J‐20は一九九七年にプロジェクトが廃案になったロシア製ステルス機に形状が奇妙なほどに類似していることを挙げた。（二〇一一年一月二五日『東方ネット』）

こうした報道に対し、中国軍パイロットの徐勇凌は『環球時報』のインタビューで、「F‐117の技術はすでに時代遅れであり、中国には当該機の技術を利用する必要がない。自主開発したJ‐20は技術開発面で大きな進展があり、過去の戦闘機とは異なる」と反駁した。中国の軍事雑誌『航空知識』の副編集長である王亜南は、「中国がF‐117の残骸からステルス技術を獲得したなどとは荒唐無稽。F‐117は爆撃機であるが、J‐20は戦闘機として開発されている」と反駁した。なお、こうした中国側の主張に対して米国防省は「中国が技術盗用を否定している以上、その主張を疑う根拠がない」との立場を示した。

■中国人外交官の外国人登録法違反事件

二〇一二年五月、在日中国大使館の一等書記官・李春光（四五歳）による外国人登録法違反事件が発覚。警視庁公安部は李に対する出頭を要請したが、中国大使館はこれを拒否。李は緊急帰国した。

調査によれば、李は二〇〇八年に葛飾区役所で外交官である身分を隠匿し、過去に東京大学の付属研究所の研究員を務めていた時（〇三年九月～〇四年九月）に取得した外国人登録証を更新し、個人名義の銀行口座を複数開設。李は日本企業に中国企業への出資を持ちかけて数千万円を集めたとされ、複数の口座には都内の健康食品会社（東京都千代田区）など数社から顧問料などの振り込みがあった。

本事件は外交官が個人利益を目的に商業活動を行なうこと禁じているウィーン条約四二条の違反容疑である。しかし、李の活動がスパイ活動ではないかと注目を浴びた。日本の新聞紙は「警察当局は、中国の諜報活動で情報協力者に払われる資金は原則一人一万円未満であり、顧問料などを工作資金に充てていた疑いがあるとみている」と報じた。

李は一九八九年六月に河南大学日本語学科を卒業後、九三年まで河南省洛陽市の国際文化交流センターに勤務。同時期に洛陽市の姉妹都市である福島県須賀川市の日中友好協会で勤務するため初来日。その後、福島大学で修士を取得し、松下政経塾でインターン（九九年四月～一〇月）、静岡県浜松大学（〇二年八月～〇四年八月）および東京大学（〇三年九月～〇四年九月）で客員教授などとして勤務。日中間の往来を複数回にわたり繰り返し、中国社会科学院の日本研究所に在籍し、同学院出版社を通じて、日中外交関係、日本政治、台湾問題などに関する論文を複数執筆。日本通の研究者として知られていた。

二〇〇七年七月以降、李は駐日中国大使館で経済担当書記官として勤務するようになってから、来日後に構築してきた豊富な人脈を利用し、一〇年八月頃からは筒井農水副大臣（当時）への接触を開始。一一年七月に一般社団法人「農林水産物等中国輸出促進協議会」が発足してからは、同協議会の活動にも関与した。この社団法人代表には筒井副大臣の元秘書が就任し、同代表を通じ農水省の機密文書が李に漏洩した可能性が指摘された。これに対し筒井副大臣は「促進協議会代表には事業で必要な情報を口頭で流したが、文書は一切渡していない」と弁明し、促進協議会代表も「書記官には文書を見せていない」と機密漏洩容疑を否認した。

しかし、新聞が「李は総参謀部第二部傘下の洛陽外国語学院を卒業。しかも李の父親が少将であり同校院長としての経歴を有する」と報じたことから、李と中国軍との並々ならぬ関係が世間の注目を浴びた。なお同学院は第二部の指導の下で軍人に対し外国語教育を行なうほか、外国人留学生に対する中国語教育などを行なっている。外国に赴任する中国武官は同学院か、南京の国際関係学院で赴任前の情報・語学教育を受ける。

李は帰国後、国際電話で読売新聞の取材に「外国人登録証明書の不正更新について違法とは知らなかった。ウィーン条約が外交官の商業活動を禁じていることは知らなかった。農産物の対中輸出企業に参加していたことは認めるが、日本が中国に農産物を輸出する手助けをした。農水省の機密文書はもらっていない。親は軍人だが、自分は民間人だ」などと応じ、諜報活動も軍のスパイであることも全面否定した。

結局「李の行動が私的蓄財であったのか？」「集めた資金を使って軍の諜報活動を行なっていたのか？」「重要文書が中国に漏洩されたのか？」などは不明。ただし、ロシアが機密文書などの「現物」の獲得を重視するのに対し、中国は幅広く対象と接触を持ち、対象が有する秘密に関わる「知識」の獲得を重視している。筒井農水副大臣の発言・コメントなどは中国情報機関が欲する情報に間違いない。さらに中国情報機関の十八番は相手の心理に働きかけ、被工作者自らが主導的に中国有利のために働くように仕向ける工作活動である。これに関して、李の活動目的が野田首相のＴＴＰ参加を牽制する意図があったとの見解もある。（二〇一二年七月『正論』）

こうした視点からみるならば、李の活動は「スパイ活動以外のなにものでもなく、十分すぎるほどの成果を挙げていた」とみるべきなのであろう。

■国家安全部情報漏洩事件

二〇一二年五月、香港紙『東方日報』は、国家安全部副部長の秘書が米国に機密情報を漏らして拘束されたと報道した。同紙によれば、この男は当時三八歳で九〇年代に北京国際関係学院を卒業し、六年前から副部長の秘書として勤務。〇九年頃に仕事で香港を訪れた際に米ＣＩＡが仕掛けたハニー・トラップの陥穽に落ち、ＣＩＡスパイとなったという。中国家安全部にとって一九八六年の兪真三亡命以来の大事件であり、連座して副部長を停職処分にした。

この副部長は元北京国際関係学院出身の日本専門家の陸忠偉であるという。陸は「新日中友好二一世紀委員会」のメンバーであり、朝日新聞のコラムニストでもあった。米中スパイ合戦よりも、むしろ情報機関高官が有力紙上で健筆を振るっていたとの事実の方が世間の注目を集めた。

朝日新聞が、かかる情報機関高官を採用して、親中的な記事や主張を掲載していたのか、それとも、同紙がそうした事実を知らずに工作を受けていたのかは定かではない。

■日本人拘束事件

二〇一五年一〇月、日本人四人が同年五月頃にスパイ活動を行なった嫌疑で中国当局に拘束されたことが判明。三人は、北朝鮮から脱出した日本人妻の子供、民間の会社員、日中交流に尽力する人物とみられている。うち二人は、日本政府機関から情報提供を依頼されたとされるが、実態は不明である。

男性の一人は神奈川県在住の自営業者（五五歳）で、中朝国境の遼寧省丹東市で拘束された。この男性は北朝鮮で軍の宣伝部の幹部などを務めるなど恵まれた生活をしていたが、日本人の母親とともに脱北し、二〇〇〇年代初頭に神奈川県で暮らし始め、日本国籍を取得した。日本での生活は順調であったが、北朝鮮に残る妹らを心配し、数年前から中朝国境を行き来するようになったという。

もう一人の男性は愛知県在住の会社員（五一歳）で、浙江省平陽県で拘束された。この男性は中国人経営の調査・人材派遣会社に勤め、浙江省をたびたび訪問していたという。今回、拘束された地域では、レーダー施設の存在や、尖閣諸島周辺を警備する海警局の基地建設も予定されている。

さらにもう一人の男性は北海道在住の六〇代で、北京で拘束された。この男性は定年後に北海道で牧場経営に携わりながら日中間の人材派遣の公益団体を設立し、日中の政財界にも人脈を持ち、党機関紙の人民日報に取り上げられたこともある。

先の二人が拘束された場所は政治・軍事的に機微なところであり、関係国の情報機関、マスコミ、軍事マニアなどの関心の高いところである。これら場所に近づくことのできる公共交通機関はなく、民間人が容易に立ち入ることはできない。当然、中国当局も監視の目を厳しくしており、両邦人が何らかの意図を持って往訪していたことは間違いない。

今回の逮捕につながった行動がどのようなものかは定かではないが、両人ともに中国を頻繁に訪問しており、拘束地域が通常の旅行地ではないことなどから、彼らは中国当局からすでにマークされ、これまでの行動の累積が中国当局の許容範囲を超えたため、逮捕された可能性がある。

北京で拘束された男性については、日中の政財界に深く人脈を持っていたとされることから、中国共産党にとって都合の悪い何らかの政治情報が漏洩した嫌疑で拘束された可能性がある。こちらの拘束は、先の二つのケースとは様相が異なるようである。

中国当局は従来、外国人がスパイ容疑で拘束され、それが海外報道で明らかにされても、否定も肯定もしなかったが、近年は外国人の「スパイ事件」を開示することが増えているという。この理由としては、二〇一四年に制定した反スパイ法（反間諜法）の存在や実効性を世に知らしめる、反日カードの新たな材料、国内統制の強化の必要性などが挙げられている。

中国におけるスパイ行為の最高刑は死刑である。仮に、一度の行為がたまたま問題にならなかったとしても、それは中国当局による意図的な〝泳がし〟である可能性もあり、危険な行為を無用心に繰り返すと命取りになりかねないということの実例を示している。

資料4
中国による文書発禁・報道機関処分

二〇〇三年六月　新型肺炎（SARS）の感染拡大問題を追及した雑誌『財経』を発禁処分。

二〇〇四年三月　焦国標・北京大学助教授が『中央宣伝部を討伐せよ』と題する中国批判記事をインターネット上で発表。同助教授は二〇〇五年三月に解雇。

二〇〇四年九月　「江沢民が党軍事委員会主席からの辞意を表明した」と報じたニューヨーク・タイムズ北京支局の中国人スタッフが、国家機密漏洩の容疑で中国当局に拘束。シンガポール「ストレイト・タイムズ」誌の香港在住スタッフが「スパイ容疑」で取り調べ受けた。

二〇〇六年一月　『中国青年報』の付属紙『氷点週刊』が、中国の歴史認識を批判する、袁偉時教授の論文を掲載したとして、同編集長を更迭。雑誌は発禁処分。

二〇〇六年一月　中国当局の隠蔽を暴いた「財経」誌は、金融スキャンダルの内幕記事を暴露したとして発禁処分。役人による農民虐待などを告発した「中国農民調査」も事実上の発禁処分。

二〇〇九年一〇月　「新聞記者証管理弁法」を発出。

二〇〇九年一二月　訪中したオバマ大統領との単独記者会見を掲載した中国広東省の週刊誌『南方週末』の編集長が降格処分。

二〇一〇年七月　浙江省温州での高速鉄道事故の報道で『新京報』と『京華時報』が北京市党委宣伝部の管理下に移行。

二〇一三年一月　共産党広東省委員会の検閲により『南方週末』の社説が差し替え。

二〇一三年五月　国家新聞出版広電総局が反日ドラマの「伝奇劇」化を禁止、一方で反日ドラマ放映を強化の通達を発出。

二〇一三年八月　『新快報』の劉虎・記者が自身の

「微博」（ミニブログ）に、「馬正其・国家工商総局副局長が重慶市の幹部時代に多額の賄賂を受け取っていた」と書き、社会紊乱罪が適用。

二〇一三年一〇月　国家新聞出版広電総局が全国記者の統一試験および試験に先立つ記者研修の実施に関する通達を発出。

二〇一四年五月　新疆ウイグルの爆弾事件を報じるNHK海外放送のニュース番組が数分間にわたり中断。

二〇一四年五月　天安門事件において学生の民主化運動が当局に武力弾圧された内容を報じるNHK海外放送のニュース番組が数分間にわたり中断。

二〇一四年七月　国家新聞出版広電総局が、国家機密などの情報に接した記者、編集者、キャスターらに対する管理強化を命じる規制を発出。

二〇一五年八月　天津市爆発事故で、中国の宣伝当局が国内メディアに対し、国営新華社通信や同市共産党委員会宣伝部が管轄するニュースサイトの情報のみを報じるよう通達。

二〇一五年八月　中国新華社通信は、上海株価の乱高下や天津市爆発事故などをめぐって、インターネット上に「デマ」を流したとして、公安当局が一般のネットユーザーら一九七人を処罰し、一六五の関連サイトを閉鎖したと報道。

二〇一六年　二〇一五年、香港で中国政府に批判的な本を扱う出版社「巨流」の関係者五人が相次いで行方不明になり、警察が捜査に乗り出した。報道によれば、同社は習近平国家主席の過去の「女性関係」に関する書籍の出版を計画していたという。五人は中国当局に拘束されたとの見方が出ており、二〇一六年一月三日には香港にある中国政府の出先機関の前で抗議デモが行なわれた。その後、中国の公安当局は「巨流」の関係者三人の身柄を拘束していることを公式に認めた。三月、香港警察はこのうち三人が香港へ戻ったと発表。三人は事件をめぐる捜査の取り消しを要求し、詳細については語ろうとしなかったという。

参考文献

【日本語書籍】
青木直人『中国利権の真相』（宝島社、二〇〇四年）
秋元千明『アジア震撼』（NTT出版、一九九八年）
天児慧など編「岩波現代中国事典」（岩波書店、一九九九年）
上田篤盛『戦略的インテリジェンス入門』（並木書房、二〇一六年）
袁翔鳴『蠢く！中国「対日特務工作」マル秘ファイル』（小学館、二〇〇七年）
大森義夫『日本のインテリジェンス機関』（文藝春秋、二〇〇五年）
大森義夫『国家と情報―日本の国益を守るために』（ワック、二〇〇六年）
柏原竜一『中国の情報機関』（祥伝社、二〇一三年）
茅原郁生編『中国軍事用語事典』（蒼蒼社、二〇〇六年）
茅原郁生編「中国の軍事力―二〇二〇年の将来予測―」（蒼蒼社、二〇〇八年）
河添恵子『中国人の世界乗っ取り計画』（産経新聞社、二〇一〇年）
許家屯『香港回収工作（上・下）』青木まさこほか訳（筑摩書房、一九九六年）
ゲルト・ブットハイト『情報機関―その使命と技術』（三修社、一九七一年）
小谷賢編『世界のインテリジェンス―21世紀の情報戦争を読む』（PHP研究所、二〇〇七年）
斎藤遼太郎『北京私書箱一号』（世界日報社、一九八〇年）
謝幼田『抗日戦争中、中国共産党は何をしていたか』（坂井臣之助訳、草思社、二〇〇六年）
朱逢甲『間書』守屋洋訳（徳間書店、一九八二年）
ジョック・ハスウェル『陰謀と諜報の世界』遊佐雄彦訳（白揚社、一九七八年）
ジョン・バイロン、ロバート・パック『龍のかぎ爪康生（上・下）』田畑暁生訳（岩波書店、二〇一一年）
ジョン・フィアルカ『経済スパイ戦争の最前線』（文藝春秋、一九九八年）
杉本信行『大地の咆哮―元上海総領事が見た中国』（PHP研究所、二〇〇六年）

菅沼光弘・須田慎一郎『日本最後のスパイからの遺言』（扶桑社、二〇一〇年）
銭其琛『銭其琛回顧録』濱本良一訳（東洋書院、二〇〇六年）
竹田純一『人民解放軍』（ビジネス社、二〇〇八年）
張可炳『孫子之謀略』（JCA出版、一九七八年）
デイヴィッド・ワイズ『中国スパイ秘録 米中情報戦の真実』石川京子訳（原書房、二〇一二年）
野口東秀『中国真の権力エリート』（新潮社、二〇一二年）
原博文『私は外務省の傭われスパイだった』茅沢勤訳（小学館、二〇〇八年）
春名幹夫『米中冷戦と日本』（PHP、二〇一二年）
平松茂雄『中国は日本を奪い尽くす』（PHP研究所、二〇〇七年）
平松茂雄『中国は日本を併合する』（講談社インターナショナル、二〇〇六年）
平可夫『二〇〇〇年の中国軍』（蒼蒼社、一九九五年）
ピョートル・ウラジミロフ他『延安日記（上・中・下）』（サイマル出版会、一九七五年）
福田晃一『中国人に学ぶ「謀略の技術」』（PHP研究所、二〇〇七年）
福田博幸『中国対日工作の実態』（日新報道、二〇〇六年）
船橋洋一『内部』（朝日新聞社、一九八三年）
焦国標『中央宣伝部を討伐せよ』坂井臣之助訳（草思社、二〇〇三年）
水谷尚子『「反日」以前　中国対日工作者たちの回想』（文藝春秋、二〇〇六年）
惠隆之介『沖縄が中国になる日』（育鵬社、二〇一三年）
鳴霞『あなたのすぐ隣にいる中国のスパイ』（飛鳥新社、二〇一三年）
ユン・チアン、ジョン・ハリディ『マオ　誰も知らなかった毛沢東』（上下）土屋京子訳（講談社、二〇〇五年）
リンダ・ヤーコブソン、ディーン・ノックス『中国の新しい対外政策』（岩波書店、二〇一一年）
李天民『中共の革命戦略』（東邦研究会、一九五九年）
リチャード・マクレガー『中国共産党』小谷まさ代訳（草思社、二〇一一年）
ロジェ・ファリゴ『最新「中国諜報機関」』永島章雄訳（講談社、一九九九年）
ロジェ・ファリゴ、レミ・クーファー『中国諜報機関』黄昭堂訳（光文社、一九九〇年）
E・シュミット・エーンホーム、J・アンゲラー『水面下の経済戦争』（文藝春秋、一九九五年）
N・エフティミアデス『中国情報部』（早川書房、一九九四年）
『中国人の交渉術―CIA秘密研究』産経新聞外信部監訳（文藝春秋、一九九五年）

『世界スパイ大百科実録99』（双葉社、二〇〇八年）
『北朝鮮&中国の対日工作！』（「軍事研究」ワールド&インテリジェンスVOL3、二〇〇六年一一月号別冊）
『自衛隊vs中国軍』（別冊宝島一一九〇号、二〇〇五年）
『別冊正論15　中国共産党　野望と謀略の90年』（産経新聞社、二〇一一年）

【中国語書籍】

張暁軍『軍事情報学』（軍事科学出版社、二〇〇一年）
閆晋中『軍事情報学』（時事出版社、二〇〇二年）
郝在今『中国秘密戦』（作家出版社、二〇〇五年）
銭其琛『外交十記』（世界知識出版社、二〇〇三年）
『中国人民解放軍事百科全書』（軍事科学出版社、一九九七年）
『当代軍官百科辞典』（解放軍出版社、一九九七年）
『中国人民解放軍軍史大辞典』（吉林人民出版社、一九九三年）
『二〇一〇年中国的国防』

【英語書籍】

Richard Deacon『The Chinese Secret Service』(Crafton Books,1989)

【論文・定期刊行物】

『中国的国防』白皮書
『眺望』（二〇〇九年一月二六日）
『星島環球ネット』（UPI、平可夫、二〇〇八年九月二八日）
『尖端科技』月刊誌（尖端科技軍事雑誌社会・台北市、二〇〇二年四月）
『全球防衛雑誌』月刊誌（全球防衛雑誌社有限公司・台北市、二〇〇八年一一月）
『東亜』月刊誌
『聯合早報』（二〇〇九年三月一二日）
『亜州週刊』（二〇一五年九月）
『北京時事』（二〇一一年六月二八日）
『解放軍報』（二〇一一年六月一六日）
『国際先駆導報』（二〇〇九年三月三日、二〇一三年五月一六日）
『中華民国国防報告書』（二〇一一年七月）

『産経新聞』（二〇〇六年四月一五日、二〇〇七年四月二八日、二〇〇八年二月四日／二月九日／二月一三日、二〇〇九年二月一八日／三月一八日、二〇一一年一月一日、二〇一二年一〇月二四日、二〇一三年一月六日、二〇一四年五月二七日、二〇一五年一月八日）
『読売新聞』（二〇〇九年二月一日、二〇〇九年一〇月四日、二〇一二年七月一〇日、二〇一三年一二月一四日、二〇一四年二月四日）
『朝日新聞』（二〇〇二年一二月一一日、二〇一一年一一月七日）
『毎日新聞』（二〇一一年一月一五日、二〇一二年二月二〇日、二〇一二年二月二九日）
『日本経済新聞』（二〇一二年一二月二八日、二〇一四年六月四日）
『ワシントン・タイムズ』（二〇一〇年八月八日、二〇一二年二月一四日）
『ＵＰＩ』（アンドレイ・チャン、平可夫、二〇〇八年一一月一二日）
『週刊新潮』（二〇〇九年五月二八日号）
『国防雑誌』（二〇〇二年一一月号）
『ＳａｎｋｅｉＢｉｚ』（二〇一四年五月一一日）
『ＳＡＮＫＥＩ ＥＸＰＲＥＳＳ』（二〇一四年一〇月一四日）
『ＳＡＰＩＯ』（二〇〇五年六／八月号、二〇一〇年八月号、二〇一四年四月号、二〇一四年六月号、二〇一四年九月号）
『日生研レポート』（社団法人日本生活問題研究所、二〇〇〇年以降のレポート）
『ＷｉＬＬ』月刊誌（二〇〇七年六月号）
『正論』月刊誌（二〇〇五年七月号、二〇一二年七月号）
『軍事研究』月刊誌（二〇一一年四月号、黒井文太郎、中国「網絡警察」と網軍）
Jetro「アフリカにおける中国　戦略的な概観」
Executive research associates ltd The Chinese People's Liberation Army Signals Intelligence and Cyber Reconnaissance Infrastructure Mark A. Stokes, Jenny Lin and L.C.Russel Hsiao 11.11.2011 PROJECT 2049
Chinas Economic Espionage（中国の経済インテリジェンス戦争）Foreigin Affairs Uodate ジェームズ・A・ルイス

あとがき

中国によるスパイ活動が全世界的に注目され、わが国においても『あなたのすぐ隣にいる中国のスパイ』（鳴霞著）などのセンセーショナルな内容の書籍が刊行されたり、「防衛大学校を揺さぶる中国美女学生スパイ騒動」「在日中国人留学生、大使館に集められ情報戦を命じられる」などのショッキングな記事が雑誌をにぎわしている。

筆者は、これらの信憑性を論じる資格もなければ、これらを裏付ける情報も持ち合わせていないが、おそらくそこには、なんらかの真実か、あるいは背景があるのであろう。こうした事象または不穏な動向を注意深く観察し、警戒心の薄い行政機関や国民に対して警告を発する意義は大きいと思う。しかしながら、表層事象ばかりにとらわれていては、中国のインテリジェンス戦争の実態を見誤ることになろう。

インテリジェンス戦争というものは、国家目標を達成するために、国家戦略のもとでほかの政策、作戦など一体となって、相手国の脆弱性に指向されるものである。すなわち、平時・有事の総力戦の一端なのである。その実態を見極めるには、歴史的な考察、現実の国家戦略、外交政策、軍事戦略などとの関連性、インテリジェンスの特性・効果などからの多角的かつ戦略的な考察がなされなければならない。

また、鉄壁な保全態勢という障害はあるものの、秘密のベールに包まれて不透明な、インテリジェンス戦争の主体である情報機関についても、公開された資料（オシント）を中心に分析力を駆使して、解明する努力を怠ってはならないと思う。

先の大戦におけるわが国の敗戦がインテリジェンス戦争の敗北でもあったことは否定できない事実である。にもかかわらず、わが国では戦前・戦中の暗い記憶が課報活動などをダーティな活動として忌み嫌い、それが謀略や人権抑圧、非条理な他国への侵略を連想させるということから、かかる活動の歴史は封印されようとしている。

しかし、世界各国は国家生存と繁栄をかけて、インテリジェンス戦争を戦っている。諜報活動ひとつをとっても、「秘密が存在する以上、相手側は秘密を探ろうという行為を生じさせる。これが基本的な課報活動の課題であり、その活動は決して卑劣なものではなく、情報保全の活動と同程度に人間本能に根ざした働き」（ラディスラス・ファラゴー）なのである。よって、わが国はインテリジェンス戦争をタブー視することは許されないのである。

また、わが国が中国によるインテリジェンス戦争に飲み込まれないためには、いたずらに脅威認識だけを抱き、「中国悪玉論」を振り回すだけでは解決しない。すなわち、中国が仕掛けるインテリジェンス戦争を「聖戦」として、正面から正々堂々と受け止める覚悟が必要なのである。

本書は筆者にとって、二〇一六年一月に出版した『戦略的インテリジェンス入門』に次ぐ二冊目の単著となるが、その共通項は「インテリジェンス・リテラシー」（中西輝政・京都大学名誉教授の造語。筆者は情報の価値を理解し、情報を分析して、インテリジェンスを生成・使用・発信する力と認識）の向上という一点にある。

筆者は長年、関係国の軍事情勢の分析に携わってきた。したがって本書のようなテーマは自らのフィールドではなかったし、私が元所属していた組織のテーマでもなかった。しかし、軍事について分析すればするほど、『孫子』の「戦わずして勝つ」という信条が頭から離れず、政治・軍事意図と軍事能力の考察だけでは、わが国の安全保障に資する情勢評価は不十分だと認識するようになった。

すなわち、インテリジェンスの視点を欠いていては中国の真実の意図は解明できないし、「戦略的インテリジェンス」の目的である脅威の実態を炙《あぶ》り出すことはできないことを確信したのである。

そこで、余暇を活用し、関連書籍、雑誌、新聞記事などの公開資料に着目・渉猟した。幸いにも、最近、本書で引用した郝在今著『中国秘密戦』をはじめとする中国側の書籍やインターネット記事も複数公開されるようになり、以前よりは、中国の情報機関や情報活動に関する〝秘密のベール度〟が下がり、少しずつではあるが、関連知識の蓄えもできた。

しかし、本書で扱うテーマは、情報分析の基本である一次情報源への接触や、情報源の信頼性および情報の正確性を評価することが非常に困難なこともあって、これまでは軍事分析などを行なう上での筆者独自の一つの分析視点にとどめてきた。

ところが、二〇一五年一〇月に「日本人が中国におけるスパイ容疑で逮捕された」との驚愕ニュースや、「南京大虐殺」がユネスコの世界記憶遺産に登録されたことに触発され、前著『戦略的インテリジェンス入門』の執筆作業が完了しないなかで、本書の完成を急いだ。

本書の出版では前著と同様に並木書房に大変御世話になった。心より感謝申し上げる。

また本書の執筆・出版は、三人の先生による大きな力添えがあった。

まず、佐藤優先生には前著『戦略的インテリジェンス入門』刊行の際、過分な推薦文をいただいた。お陰をもって同書は注目され、今回の本書の執筆に対して力強いスタートを切ることができた。佐藤先生に心から感謝申し上げる。

次に拓殖大学名誉教授・茅原郁生先生は中国分析における我が師匠であり、先生なくしては本書の完成はなかった。先生は中国分析のイロハも知らない筆者に対して、『中国軍事用語事典』と『中国の軍事力二〇二〇年の将来予測』における共同執筆などを通じて、情報分析の手法などを教え導いてくださった。この場を借りて、長年の御恩に感謝申し上げる。

最後に筆者がインテリジェンスの伝道師として尊敬してやまない元内閣情報調査室長の大森義夫先生から、過分な推薦文をいただいた。あわせて、前著『戦略的インテリジェンス入門』に対する講評、インテリジェンスに取り組む上での心構えなどを賜り、感謝の気持ちで一杯になった。大森先生に心から感謝申し上げたい。

本書を読まれて、読者がどのような感想を持たれるかは正直わからない。また、この内容は、あくまでもオシントに基づく分析・推理であるので、それゆえの限界、あるいは「実情は異なる」との指摘もあるかもしれない。

ただし、わが国が平和と独立を守り、未来永劫、この美しい国家をわれらの子孫に残すためには、二度とインテリジェンス戦争に敗北してはならず、まずはさまざまな視点からの国民レベルでのインテリジェンス論議が必要不可欠となっていることだけは、警鐘として発したいのである。

上田篤盛

二〇一六年三月

上田篤盛（うえだ・あつもり）
1960年広島県生まれ。元防衛省情報分析官。防衛大学校（国際関係論）卒業後、1984年に陸上自衛隊に入隊。87年に陸上自衛隊調査学校の語学課程に入校以降、情報関係職に従事。92年から95年にかけて在バングラデシュ日本国大使館において警備官として勤務し、危機管理、邦人安全対策などを担当。帰国後、調査学校教官をへて戦略情報課程および総合情報課程を履修。その後、防衛省情報分析官および陸上自衛隊情報教官などとして勤務。2015年定年退官。現在、軍事アナリストとしてメルマガ「軍事情報」に連載中。著書に『中国軍事用語事典（共著）』（蒼蒼社、2006年11月）、『中国の軍事力 2020年の将来予測（共著）』（蒼蒼社、2008年9月）、『戦略的インテリジェンス入門―分析手法の手引き』（並木書房、2016年1月）など。

中国が仕掛けるインテリジェンス戦争
―国家戦略に基づく分析―

2016年 4 月10日　印刷
2016年 4 月20日　発行

著　者　上田篤盛
発行者　奈須田若仁
発行所　並木書房
〒104-0061東京都中央区銀座1-4-6
電話(03)3561-7062　fax(03)3561-7097
http://www.namiki-shobo.co.jp
印刷製本　モリモト印刷
ISBN978-4-89063-338-8